できる
Excel 関数
エクセル

Office 365 / 2019 / 2016 / 2013 / 2010 対応

データ処理の効率アップに役立つ本

尾崎裕子&できるシリーズ編集部

インプレス

できるシリーズは読者サービスが充実！

できるサポート
わからない操作が解決
本書購入のお客様なら**無料**です！

書籍で解説している内容について、電話などで質問を受け付けています。無料で利用できるので、分からないことがあっても安心です。なお、ご利用にあたっては284ページを必ずご覧ください。

詳しい情報は **284ページへ**

ご利用は3ステップで完了！

ステップ1
書籍サポート番号のご確認

対象書籍の裏表紙にある6けたの「書籍サポート番号」をご確認ください。

ステップ2
ご質問に関する情報の準備

あらかじめ、問い合わせたい紙面のページ番号と手順番号などをご確認ください。

ステップ3
できるサポート電話窓口へ

● 電話番号（全国共通）
0570-000-078

※月〜金　10:00〜18:00
　土・日・祝休み
※通話料はお客様負担となります

以下の方法でも受付中！

- インターネット
- FAX
- 封書

操作を見てすぐに理解 できるネット解説動画

レッスンで解説している操作を動画で確認できます。画面の動きがそのまま見られるので、より理解が深まります。動画を見るには紙面のQRコードをスマートフォンで読み取るか、以下のURLから表示できます。

本書籍の動画一覧ページ
https://dekiru.net/kansu2019

スマホで見る！　パソコンで見る！

最新の役立つ情報がわかる！ できるネット

新たな一歩を応援するメディア

「できるシリーズ」のWebメディア「できるネット」では、本書で紹介しきれなかった最新機能や便利な使い方を数多く掲載。コンテンツは日々更新です!

● **主な掲載コンテンツ**

- Apple/Mac/iOS
- Windows/Office
- Facebook/Instagram/LINE
- Googleサービス
- サイト制作・運営
- スマホ・デバイス

パソコンはもちろん
スマートフォンでも読みやすい

https://dekiru.net

ご利用の前に必ずお読みください

本書は、2019年2月現在の情報をもとに「Microsoft Excel 2019」の操作方法について解説しています。本書の発行後に「Microsoft Excel 2019」の機能や操作方法、画面などが変更された場合、本書の掲載内容通りに操作できなくなる可能性があります。本書発行後の情報については、弊社のWebページ（https://book.impress.co.jp/）などで可能な限りお知らせいたしますが、すべての情報の即時掲載ならびに、確実な解決をお約束することはできかねます。また本書の運用により生じる、直接的、または間接的な損害について、著者ならびに弊社では一切の責任を負いかねます。あらかじめご理解、ご了承ください。

本書で紹介している内容のご質問につきましては、できるシリーズの無償電話サポート「できるサポート」にて受け付けております。ただし、本書の発行後に発生した利用手順やサービスの変更に関しては、お答えしかねる場合があります。また、本書の奥付に記載されている初版発行日から3年が経過した場合、もしくは解説する製品やサービスの提供会社がサポートを終了した場合にも、ご質問にお答えしかねる場合があります。できるサポートのサービス内容については284ページの「できるサポートのご案内」をご覧ください。なお、都合により「できるサポート」のサービス内容の変更や「できるサポート」のサービスを終了させていただく場合があります。あらかじめご了承ください。

練習用ファイルについて

本書で使用する練習用ファイルは、弊社Webサイトからダウンロードできます。
練習用ファイルと書籍を併用することで、より理解が深まります。

▼練習用ファイルのダウンロードページ
https://book.impress.co.jp/books/1118101139

●用語の使い方

本文中では、「Microsoft Windows 10」のことを「Windows 10」または「Windows」と記述しています。また、「Microsoft Office 2019」のことを「Office 2019」または「Office」、「Microsoft Office Excel 2019」のことを「Excel 2019」または「Excel」と記述しています。また、本文中で使用している用語は、基本的に実際の画面に表示される名称に則っています。

●本書の前提

本書では、「Windows 10」に「Office Professional Plus 2019」がインストールされているパソコンで、インターネットに常時接続されている環境を前提に画面を再現しています。お使いの環境と画面解像度が異なることもありますが、基本的に同じ要領で進めることができます。

「できる」「できるシリーズ」は、株式会社インプレスの登録商標です。
Microsoft、Windowsは、米国Microsoft Corporationの米国およびそのほかの国における登録商標または商標です。
その他、本書に記載されている会社名、製品名、サービス名は、一般に各開発メーカーおよびサービス提供元の登録商標または商標です。
なお、本文中には™および®マークは明記していません。

Copyright © 2019 Yuko Ozaki and Impress Corporation. All rights reserved.
本書の内容はすべて、著作権法によって保護されています。著者および発行者の許可を得ず、転載、複写、複製等の利用はできません。

まえがき

「Excelの関数は自信ない。」と聞くことがあります。そんなときは、「どうしてそう思う？」、「普段はどんな使い方？」といろいろ細かく聞いてみます。すると結局「なんとなく不安」という漠然とした回答に行き着くことが多いのです。より具体的に聞いてみると、「ほんとにこの関数でいいのか？」、「この結果で間違いない？」という根本的なものです。

こうした不安をぬぐうには、関数の経験を積むしかないのではないでしょうか。といってもそんなに難しいことではありません。たとえば、ある関数を使って「？」と思ったら、事例を変えて使ってみる、答えが不安なら答え合わせができるぐらいにデータを減らして試してみる。こうした繰り返しが関数に自信を持つ近道ではないかと思っています。その信念から本書では、できる限り関数のいろいろな使い方を「ヒント」や「テクニック」で紹介しています。さらに練習問題も用意しました。同じ関数でも別の使い方をしてみれば、そこに理解を深めるヒントがあるかもしれません。「関数に自信がない。」というのは、ほんのちょっとの知識と経験が足りないだけです。本書をぜひ活用して自信にかえてください。

併せてチャレンジしていただきたいのはExcelの新関数です。本書は、最新のExcel 2019、使用料金を払いながら使うOffice 365のExcelにも対応するように改訂しました。Excelはバージョンが変わるごとに新しい関数が追加されていますが、Excel 2019やOffice 365のExcelに追加されたものは、これまでの関数に比べ使い方や計算のしくみがわかりやすく、使ってみると新感覚を実感できます。本書ではExcel 2019の新しい関数も、とくに汎用性の高いものを選んで事例とともに紹介しています。Office 365ユーザーの方には、今後追加予定（現時点ではまだ一般公開されていません。）の関数も付録で紹介しています。これらは近い将来あたりまえのように使うことになる関数です。そしてこれからも新しい関数が追加されることは間違いありません。この機会にぜひチャレンジしてみてください。

本書がExcelといっしょにお役に立てる一冊になれば幸いです。

2019年2月　尾崎裕子

できるシリーズの読み方

レッスン
見開き完結を基本に、やりたいことを簡潔に解説

やりたいことが見つけやすいレッスンタイトル
各レッスンには、「○○をするには」や「○○って何?」など、"やりたいこと"や"知りたいこと"がすぐに見つけられるタイトルが付いています。

機能名で引けるサブタイトル
「あの機能を使うにはどうするんだっけ?」そんなときに便利。機能名やサービス名などで調べやすくなっています。

関数
レッスンで解説する関数の書式や使い方について解説しています。左上に関数の分類を明記しているので、[関数ライブラリ]から関数を入力するときに便利です。右上には対応バージョンが記載されています。引数にどんな値を指定するかも詳しく紹介しています。

左ページのつめでは、章タイトルでページを探せます。

関連する関数
レッスンで解説する関数と関連の深い関数の一覧です。その関数を解説しているページを掲載しています。

キーワード
そのレッスンで覚えておきたい用語の一覧です。巻末の用語集の該当ページも掲載しているので、意味もすぐに調べられます。

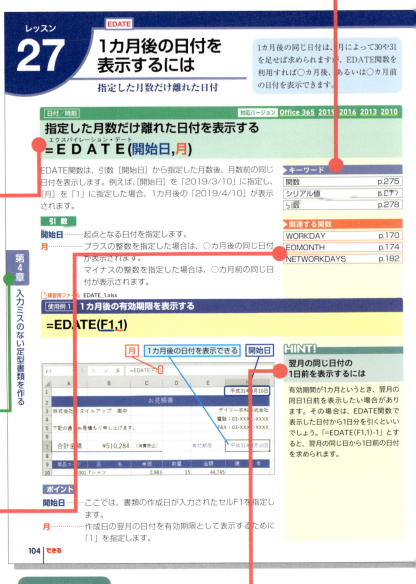

HINT!
レッスンに関連したさまざまな機能や、一歩進んだ使いこなしのテクニックなどを解説しています。

練習用ファイル
手順をすぐに試せる練習用ファイルを用意しています。章の途中からレッスンを読み進めるときに便利です。

使用例
関数の具体例を紹介しています。1つ1つの引数を画面写真上で指し示しているので、引数の指定に迷いません。

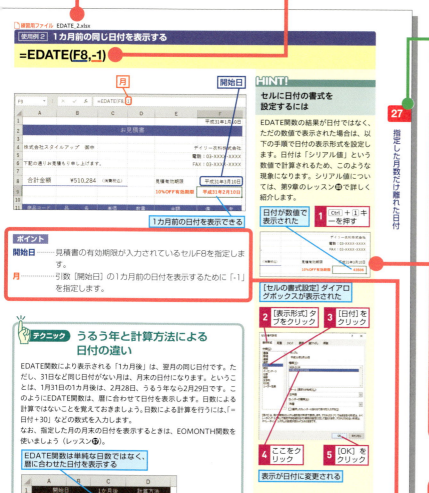

右ページのつめでは、知りたい機能でページを探せます。

手 順
必要な手順を、すべての画面とすべての操作を掲載して解説

操作説明
「○○をクリック」など、それぞれの手順での実際の操作です。番号順に操作してください。

解説
操作の前提や意味、操作結果に関して解説しています。

ポイント
使用例で、引数にどんな値を指定しているのかを詳しく解説しています。

テクニック
レッスンの内容を応用した、ワンランク上の使いこなしワザを解説しています。身に付ければExcelがより便利になります。

※ここに掲載している紙面はイメージです。実際のレッスンページとは異なります。

Excelで関数を利用するメリットを知ろう

メリット1 データの入力作業を省力化できる

関数を使う第1のメリットは、計算が簡単になることですが、関数を使いこなしていくと、もっと大きなメリットに気付きます。その1つが入力作業の省力化です。見積書のような書類、売り上げの評価表など、さまざまな書類や資料に関数を一度入力しておけば、次からは、最小限のデータを入力するだけ。時給の計算や発送日の日付など、データを入力するだけで必要な結果を求められます。関数を理解して使うには、多少の時間はかかりますが、結果的に作業にかかる時間を大幅にカットできるのです。

メリット 2

計算以外の処理ができる！

関数が得意なのは、数値の合計や平均といった計算だけではありません。それなら電卓でもできますが、データの個数を数えたり、条件に合うデータを取り出したりするといった複雑な処理を関数で実行できます。しかも、処理できるデータは数値だけではありません。文字列の加工や日付の処理も、すべて関数の得意とするところです。単純な計算処理に使うときも便利ですが、知れば知るほど関数の活用範囲は広がります。

4月の各店舗の売り上げの中で、最も高いものを取り出す

文字列からふりがなを取り出す

メリット 3

複雑な計算も思いのままに

データの構成や傾向を分析し、将来を予測するには、ときには統計学的なアプローチが必要です。本来なら難しい数式による計算を行うわけですが、基本的な数式は関数にも用意されています。関数なら、面倒な計算は不要です。分析や予測に必要ないくつかのデータを指定するだけで、結果を導き出せます。複雑な計算も関数を使うことで、簡単に終わらせることができるのです。

試験成績の偏差値を求める

特定の率で増加する値を予測する

目次

できるシリーズ読者サービスのご案内 …………………………………… 2
ご利用の前に必ずお読みください ……………………………………… 4
まえがき ……………………………………………………………………… 5
できるシリーズの読み方 ………………………………………………… 6
Excelで関数を利用するメリットを知ろう …………………………… 8
関数索引（アルファベット順）………………………………………… 18
関数索引（目的順）……………………………………………………… 23
練習用ファイルの使い方 ……………………………………………… 28

第1章　関数の基本　29

❶ 関数の仕組みを知ろう　＜関数の役割と書式＞ …………………………… 30
❷ 関数を入力するには　＜［関数の引数］ダイアログボックス＞ ………… 34
　テクニック　ダイアログボックスやボタンの一覧から関数を入力できる …… 37
❸ 関数をコピーするには　＜オートフィル＞ ………………………………… 38
❹ 関数の式を確かめるには　＜トレース＞ …………………………………… 40
　テクニック　数式がどこに入力されているかを確かめるには ……………… 43

この章のまとめ ………… 44

第2章　基本関数でできる集計表を作る　45

❺ 集計表によく使われる関数とは　＜売上集計表＞ ………………………… 46
❻ 合計値を求めるには　＜数値の合計＞ SUM ……………………………… 48
❼ 平均値を求めるには　＜数値の平均＞ AVERAGE ………………………… 50
❽ 最大値や最小値を求めるには　＜最大値、最小値＞ MAX MIN ………… 52
❾ 絶対参照を利用して構成比を求めるには　＜セル参照＞ ………………… 54
　テクニック　行や列だけを絶対参照にできる ………………………………… 59
❿ 累計売り上げを求めるには　＜数値の累計＞ SUM ……………………… 60
⓫ 複数シートの合計を求めるには　＜3D集計＞ SUM …………………… 62

この章のまとめ ………… 64
練習問題 ………… 65　　　解答 ………… 66

第3章　順位やランクを付ける評価表を作る　　67

- ⑫ 評価表によく使われる関数とは　＜評価表＞ ………………………………………… 68
- ⑬ 評価を2通りに分けるには　＜場合分け＞ `IF` …………………………………… 70
- ⑭ 評価を3通りに分けるにはⅠ　＜ネスト＞ `IF` …………………………………… 72
- ⑮ 評価を3通りに分けるにはⅡ　＜複数の場合分け＞ `IFS` ……………………… 74
  - テクニック　どの条件も満たしていないときの処理を指定するには …………………… 74
- ⑯ 別表を使って評価を分けるには　＜別表の取り出し＞ `VLOOKUP` …………………… 76
- ⑰ 複数の条件に合うかどうかを調べるには　＜複数条件の組み合わせ＞ `AND` `OR` ……… 78
  - テクニック　IF関数に複数条件の組み合わせを指定する ………………………………… 78
- ⑱ トップ5の金額を取り出すには　＜大きい方から数えた値＞ `LARGE` ……………… 80
  - テクニック　ワースト5の金額を取り出す `SMALL` ……………………………………… 81
- ⑲ トップ5の店舗名を取り出すには　＜データの取り出し＞ `INDEX` `MATCH` …… 82
  - テクニック　ワースト5の店舗名を取り出してみよう …………………………………… 83
- ⑳ 順位を求めるには　＜順位＞ `RANK.EQ` ……………………………………………… 84
  - テクニック　同率順位を平均値で表示できる `RANK.AVG` ……………………………… 85
- ㉑ 標準偏差を求めるには　＜標準偏差＞ `STDEV.P` …………………………………… 86
  - テクニック　サンプルによる標準偏差を求めるには `STDEV.S` ………………………… 87
- ㉒ 偏差値を求めるには　＜偏差値＞ `STANDARDIZE` …………………………………… 88
- ㉓ 百分率で順位を表示するには　＜百分率の順位＞ `PERCENTRANK.INC` …………… 90
- ㉔ 上位20%を合格にするには　＜百分位数＞ `PERCENTILE.INC` …………………… 92

この章のまとめ …………… 94
練習問題 …………………… 95　　解答 …………………… 96

第4章　入力ミスのない定型書類を作る　　97

- ㉕ 見積書や請求書によく利用する関数とは　＜定型書類＞……………………………98
  - テクニック　Excelのエラー表示の種類を知ろう……………………………101
- ㉖ 今日の日付を自動的に表示するには　＜今日の日付＞ TODAY ……………………102
  - テクニック　現在の日付と時刻をまとめて入力する NOW ……………………103
- ㉗ １カ月後の日付を表示するには　＜指定した月数だけ離れた日付＞ EDATE ………104
  - テクニック　うるう年と計算方法による日付の違い……………………………105
- ㉘ 番号の入力で商品名や金額を表示するには　＜別表の値の取り出し＞ VLOOKUP ……106
- ㉙ エラーを非表示にするには　＜エラーの処理＞ IFERROR ……………………………110
  - テクニック　IF関数でもエラーを非表示にできる IF VLOOKUP ……………110
- ㉚ 指定したけた数で四捨五入するには　＜四捨五入＞ ROUND ……………………112
  - テクニック　小数点以下を切り捨てたい INT ……………………………113
- ㉛ 複数の数値の積を求めるには　＜複数の数値の積＞ PRODUCT ……………………114
  - テクニック　掛け算とPRODUCT関数の違い……………………………114
- ㉜ 分類別の表を切り替えて商品名を探し出すには　＜間接参照＞ INDIRECT ………116
- ㉝ データが何番目にあるかを調べるには　＜データの位置＞ MATCH ………………118
- ㉞ 行と列を指定してデータを探すには　＜位置を指定した値の取り出し＞ INDEX ……120
- ㉟ 番号の入力で引数のデータを表示するには　＜番号による値の入力＞ CHOOSE ……122
- ㊱ 基準値単位に切り捨てるには　＜切り捨て＞ FLOOR.MATH ………………………124
  - テクニック　基準値の倍数で数値を切り上げる CEILING CEILING.MATH ……125
- ㊲ 割り算の余りを求めるには　＜割り算の余り＞ MOD ………………………………126
  - テクニック　金種計算表を作ってみよう INT ……………………………127

　　この章のまとめ…………128
　　練習問題……………………129　　　解答……………………130

第5章　条件に合わせて計算する集計表を作る　　131

- ㊳ 複雑な集計表によく使われる関数とは　＜複雑な集計表＞ ……………………… 132
- ㊴ 数値の個数を数えるには　＜数値の個数＞ `COUNT` ………………………………… 134
  - テクニック　データが入力されていない空白セルも数えられる `COUNTBLANK` ……… 135
- ㊵ 条件を満たすデータを数えるには　＜条件を満たすデータの個数＞ `COUNTIF` …… 136
  - テクニック　引数のセル範囲を絶対参照にすれば、再利用が簡単 ………………… 137
  - テクニック　COUNTIF関数でデータの重複を調べられる ………………………… 137
  - テクニック　複数の表で条件を満たすデータを数えたい ……………………………… 137
- ㊶ 条件を満たすデータの合計を求めるには　＜条件を満たすデータの合計＞ `SUMIF` ……… 138
  - テクニック　ワイルドカードで文字列の条件を柔軟に指定できる …………………… 139
- ㊷ 条件を満たすデータの平均を求めるには
  - ＜条件を満たすデータの平均＞ `AVARAFEIF` ……………………………………… 140
  - テクニック　複数の条件に合う平均値を求めるには `AVARAFEIFS` ………………… 141
- ㊸ 条件を満たすデータの最大値を求めるには
  - ＜条件を満たすデータの最大値＞ `MAXIFS` `MINIFS` ……………………………… 142
  - テクニック　MAXIFS関数が使えないときには `MAX` ……………………………… 143
- ㊹ データの分布を調べるには　＜データの分布＞ `FREQUENCY` …………………… 144
  - テクニック　配列数式の使い方を知ろう `SUM` ………………………………… 144
- ㊺ データの最頻値を調べるには　＜データの最頻値＞ `MODE.SNGL` ……………… 146
  - テクニック　複数の最頻値を調べる `MODE.MULT` ……………………………… 147
- ㊻ 複数条件を満たす数値を数えるには　＜複数条件を満たす数値の個数＞ `COUNTIFS` …… 148
- ㊼ 複数条件を満たすデータの合計を求めるには
  - ＜複数条件を満たすデータの合計＞ `SUMIFS` ……………………………………… 150
- ㊽ 複雑な条件を満たす数値の個数を求めるには
  - ＜複雑な条件を満たす数値の個数＞ `DCOUNT` ……………………………………… 152
  - テクニック　文字データの個数を求める `DCOUNTA` ……………………………… 153
- ㊾ 複雑な条件を満たすデータの合計を求めるには
  - ＜複雑な条件を満たすデータの合計＞ `DSUM` ……………………………………… 154
  - テクニック　AND条件とOR条件の指定方法を覚えよう `AND` `OR` ……………… 154
  - テクニック　複雑な条件を満たすデータの平均を求める `DAVERAGE` ……………… 155

50 複雑な条件を満たすデータの最大値を求めるには
　　　　　　　　＜複雑な条件を満たすデータの最大値＞ `DMAX` ……………… 156
　テクニック　複雑な条件を満たすデータの最小値を求めるには `DMIN` …………… 156
　テクニック　条件が設定されていない場合 …………………………………………… 157
51 行と列で指定したセルのデータを取り出すには
　　　　　　　　＜行と列で指定したセル参照＞ `OFFSET` …………………………… 158
52 表示データのみ集計するには　＜さまざまな集計＞ `SUBTOTAL` ……………… 160

　　この章のまとめ…………162
　　練習問題………………163　　　解答………………164

第6章　日付や時刻を扱う管理表を作る　　165

53 日付や時刻を計算する表によく使われる関数とは　＜日付や時刻の計算＞ …… 166
54 日付から曜日を表示するには　＜表示形式の変更＞ `TEXT` …………………… 168
　テクニック　日付を和暦にして表示するには ………………………………………… 169
55 1営業日後の日付を表示するには　＜1営業日後の日付＞ `WORKDAY` ………… 170
56 期間の日数を求めるには　＜期間の日数＞ `DATEDIF` ………………………… 172
57 月末の日付を求めるには　＜月末の日付＞ `EOMONTH` ……………………… 174
58 年、月、日を指定して日付を作るには　＜特定の日付＞ `DATE` ……………… 176
　テクニック　シリアル値の仕組みを覚えよう ………………………………………… 177
59 別々の時と分を時刻に直すには　＜時刻の表示＞ `TIME` ……………………… 178
　テクニック　時刻から時、分、秒を求める `HOUR` `MINUTE` `SECOND` ………… 178
　テクニック　日付や時刻の表示形式を変更するには ………………………………… 179
60 土日を判別するには　＜曜日の判別＞ `WEEKDAY` …………………………… 180
　テクニック　祝日はどうやって調べる `COUNTIF` `IF` `OR` …………………… 181
61 土日祝日を除く勤務日数を求めるには　＜土日祝日を除く日数＞ `NETWORKDAYS` …… 182
62 勤務時間と時給から支給金額を求めるには　＜積の和＞ `SUMPRODUCT` …… 184
　テクニック　条件に合う行の計算ができる …………………………………………… 185

　　この章のまとめ…………186
　　練習問題………………187　　　解答………………188

第7章　文字を整えて一覧表を作る　189

(63) 名簿やリストによく使われる関数とは　＜文字列操作＞……190
(64) 特定の文字の位置を調べるには　＜文字列の位置＞ FIND ……192
テクニック バイト数の位置を調べる FINDB ……192
(65) 文字列の一部を先頭から取り出すには　＜文字列を先頭から抽出＞ LEFT ……194
テクニック バイト数を指定して文字を取り出せる LEFTB ……194
テクニック 文字列を末尾から取り出す RIGHT RIGHTB ……195
(66) 文字列の一部を指定した位置から取り出すには　＜文字列を指定した位置から抽出＞ MID ……196
テクニック 指定した位置から何バイトかを取り出す MIDB ……196
(67) セルの文字列を連結するには　＜指定した文字列の連結＞ CONCAT TEXTJOIN ……198
テクニック Excel 2016以前で文字列をつなぐには CONCATENATE ……199
(68) ふりがなを表示するには　＜ふりがなの抽出＞ PHONETIC ……200
テクニック ふりがなをカタカナにするには ……201
(69) 位置と文字数を指定して文字列を置き換えるには　＜文字列の置換＞ REPLACE ……202
テクニック 指定した位置の文字列を削除できる ……203
(70) 文字列を検索して置き換えるには　＜検索文字列の置換＞ SUBSTITUTE ……204
テクニック Excelの機能でも置換を実行できる ……204
(71) 文字列が同じかどうかを調べるには　＜文字列の比較＞ EXACT ……206
テクニック EXACT関数の結果を分かりやすくする IF NOT ……206
(72) セル内の改行を取り除くには　＜制御文字や特殊文字の削除＞ CLEAN ……208
テクニック 不要な空白はまとめて削除しよう TRIM ……208
テクニック 関数を使わずに改行コードを削除するには ……209
(73) 半角や全角の文字に統一するには　＜半角や全角に変換＞ ASC JIS ……210
テクニック 空白も全角に統一できる JIS ……211
(74) 英字を大文字や小文字に統一するには　＜大文字や小文字に変換＞ LOWER UPPER ……212
テクニック 英単語の先頭文字だけを大文字にしたい PROPER ……213
(75) 文字数やけた数を調べるには　＜文字列の長さ＞ LEN LENB ……214
(76) 先頭に0を付けてけた数をそろえるには　＜文字列の繰り返し＞ REPT ……216
テクニック 記号を利用した簡易グラフを作成する ……217

この章のまとめ……218
練習問題……219　　解答……220

第8章　データを分析・予測する表を作る　　221

- ⑦ 分析や予測に利用する関数を知ろう　　<データ分析表>············222
- ⑱ 中央値を求めるには　　<中央値> `MEDIAN` ·······················224
  - テクニック　0を除いて中央値を求めたい　`IF` ·····················225
- ⑲ 値のばらつきを調べるには　　<分散> `VAR.P` ······················226
  - テクニック　統計でよく利用する不偏分散を求める　`VAR.S` ···········227
- ⑳ 極端な数値を除いて平均を求めるには　　<中間項平均> `TRIMMEAN` ······228
  - テクニック　「0」などの特定の数値を指定して平均値を求める　`AVERAGEIF` ·······229
- ㉑ 伸び率の平均を求めるには　　<相乗平均> `GEOMEAN` ·················230
  - テクニック　平均値には3つの種類がある　`HARMEAN` ·················231
- ㉒ 成長するデータを予測するには　　<指数回帰曲線による予測> `GROWTH` ·····232
- ㉓ 2つの値の相関関係を調べるには　　<相関係数> `CORREL` ··············234
  - テクニック　相関関係を表すグラフを作るには·····················235
- ㉔ 1つの要素を元に予測するには　　<単回帰直線による予測> `FORECAST.LINEAR` ·······236
  - テクニック　回帰係数や切片を求める　`INTERCEPT` `SLOPE` ···········237
- ㉕ 2つの要素を元に予測するには　　<重回帰直線による予測> `TREND` ········238

　この章のまとめ···········240
　練習問題················241　　解答··················242

第9章　いろいろ使える関数小ワザ　　　　　　　　　　243

- ㊠ 常に連番を表示するには　＜連番＞ `COLUMN` `ROW` ……………………………………… 244
- ㊡ 分類ごとに連番を表示するには　＜分類ごとの連番＞ `IF` ……………… 246
  - テクニック　分類の文字がすべて入力されているときに連番を表示する ……… 247
- ㊢ 1行置きに数値を合計するには　＜1行置きに合計＞ `MOD` `ROW` `SUMPRODUCT` ……… 248
  - テクニック　2行置きで合計する ………………………………………………… 249
- ㊣ 「20190410」を日付データに変換するには
  　　　　　　　　　　　＜数字を日付に変換＞ `DATEVALUE` ……………………………… 250
  - テクニック　「2019年」「4月」「10日」をつないでシリアル値に変換する ……… 251
- ㊤ ランダムな値を発生させるには　＜乱数＞ `RAND` `RANDBETWEEN` ……………… 252
- ㊥ 土日の日付に自動で色を付けるには　＜日付と条件付き書式＞ `WEEKDAY` ……… 254
- ㊦ 入力が必要なセルに自動で色を付けるには　＜空白と条件付き書式＞ `ISBLANK` ……… 256
- ㊧ 分類に応じて罫線を引くには　＜分類と条件付き書式＞ `ISBLANK` `NOT` ……… 258

この章のまとめ ………… 260
練習問題 ………………… 261　　　解答 …………………… 262

付録1　バージョンの異なるExcel間でデータをやり取りするには ……………… 263
付録2　Office 365で追加される新関数を知ろう ……………………………… 265
付録3　関数小事典 …………………………………………………………… 267

用語集 ……………………………………………………………………………… 275
索引 ………………………………………………………………………………… 280

できるサポートのご案内 …………………………………………………………… 284
本書を読み終えた方へ …………………………………………………………… 285
読者アンケートのお願い ………………………………………………………… 286

関数索引（アルファベット順）

本書に掲載している関数を関数名のアルファベット順で探せる索引です。

A

AND(論理式1,論理式2,…,論理式255)	78
ASC(文字列)	210
AVERAGE(数値)	50
AVERAGEIF(範囲,条件,平均対象範囲)	140
AVERAGEIFS(平均対象範囲,条件範囲1,条件1,条件範囲2,条件2,…,条件範囲127,条件127)	141

C

CEILING(数値,基準値)	124
CEILING.MATH(数値,基準値,モード)	124
CHOOSE(インデックス,値1,値2,…,値254)	122
CLEAN(文字列)	208
COLUMN(参照)	244
COLUMNS(配列)	245
CONCAT(文字列1,文字列2,…,文字列253)	198
CONCATENATE(文字列1,文字列2,…,文字列255)	199
CORREL(配列1,配列2)	234
COUNT(値1,値2,…,値255)	134
COUNTA(値1,値2,…,値255)	135
COUNTBLANK(範囲)	135
COUNTIF(範囲,検索条件)	136
COUNTIFS(範囲1,検索条件1,範囲2,検索条件2,…,範囲127,検索条件127)	148

D

DATE(年,月,日)	176
DATEDIF(開始日,終了日,単位)	172
DATEVALUE(日付文字列)	250
DAVERAGE(データベース,フィールド,条件)	155
DAY(シリアル値)	177
DCOUNT(データベース,フィールド,条件)	152
DCOUNTA(データベース,フィールド,条件)	153
DMAX(データベース,フィールド,条件)	156
DMIN(データベース,フィールド,条件)	156

DSUM(データベース,フィールド,条件)	154

E

EDATE(開始日,月)	104
EOMONTH(開始日,月)	174
EXACT(文字列1,文字列2)	206

F

FIND(検索文字列,対象,開始位置)	192
FINDB(検索文字列,対象,開始位置)	192
FLOOR(数値,基準値)	125
FLOOR.MATH(数値,基準値,モード)	124
FORECAST(予測に使うx,yの範囲,xの範囲)	237
FORECAST.LINEAR(予測に使うx,yの範囲,xの範囲)	236
FREQUENCY(データ配列,区間配列)	144

G

GEOMEAN(数値1,数値2,…,数値255)	230
GROWTH(yの範囲,xの範囲,予測に使うxの範囲,定数の扱い)	232

H

HARMEAN(数値1,数値2,…,数値255)	231
HOUR(シリアル値)	178

I

IF(論理式,真の場合,偽の場合)	70
IFERROR(値,エラーの場合の値)	110
IFNA(値,エラーの場合の値)	111
IFS(論理式1,真の場合1,論理式2,真の場合2,…,論理式127,真の場合127)	74
INDEX(配列,行番号,列番号)	82
INDIRECT(参照文字列,参照形式)	116
INT(数値)	113
INTERCEPT(yの範囲,xの範囲)	237
ISBLANK(テストの対象)	256
ISTEXT(テストの対象)	257

J

JIS(文字列)	210

L

LARGE(配列,順位)	80
LEFT(文字列,文字数)	194
LEFTB(文字列,バイト数)	194
LEN(文字列)	214
LENB(文字列)	214
LOWER(文字列)	212

M

MATCH(検査値,検査範囲,照合の種類)	82
MAX(数値)	52
MAXIFS(最大対象範囲,条件範囲1,条件1,条件範囲2,条件2,…,条件範囲126,条件126)	142
MEDIAN(数値1,数値2,…,数値255)	224
MID(文字列,開始位置,文字数)	196
MIDB(文字列,開始位置,バイト数)	196
MIN(数値)	52
MINIFS(最小対象範囲,条件範囲1,条件1,条件範囲2,条件2,…,条件範囲126,条件126)	143
MINUTE(シリアル値)	178
MOD(数値,除数)	126
MODE(数値1,数値2,…,数値255)	146
MODE.MULT(数値1,数値2,…,数値254)	147
MODE.SNGL(数値1,数値2,…,数値254)	146
MONTH(シリアル値)	177

N

NETWORKDAYS(開始日,終了日,祭日)	182
NETWORKDAYS.INTL(開始日,終了日,週末,祭日)	183
NOT(論理式)	79
NOW()	103

O

OFFSET(参照,行数,列数,高さ,幅)	158
OR(論理式1,論理式2,…,論理式255)	78

P

PEARSON(配列1,配列2)	234
PERCENTILE(配列,率)	93
PERCENTILE.INC(配列,率)	92
PERCENTRANK(配列,数値,有効桁数)	91
PERCENTRANK.EXC(配列,数値,有効桁数)	90
PERCENTRANK.INC(配列,数値,有効桁数)	90
PHONETIC(参照)	200
PRODUCT(数値1,数値2,…,数値255)	114
PROPER(文字列)	213

Q

QUOTIENT(数値,除数)	127

R

RAND()	252
RANDBETWEEN(最小値,最大値)	252
RANK(数値,参照,順序)	85
RANK.AVG(数値,参照,順序)	85
RANK.EQ(数値,参照,順序)	84
REPLACE(文字列,開始位置,文字数,置換文字列)	202
REPLACEB(文字列,開始位置,バイト数,置換文字列)	203
REPT(文字列,繰り返し回数)	216
RIGHT(文字列,文字数)	195
RIGHTB(文字列,バイト数)	195
ROUND(数値,桁数)	112
ROUNDDOWN(数値,桁数)	112
ROUNDUP(数値,桁数)	112
ROW(参照)	244
ROWS(配列)	245

S

SECOND(シリアル値)	178
SLOPE(yの範囲,xの範囲)	237
SMALL(配列,順位)	81

STANDARDIZE(値,平均値,標準偏差)	88
STDEV.P(数値1,数値2,…,数値254)	86
STDEV.S(数値1,数値2,…,数値254)	87
STDEVP(数値1,数値2,…,数値255)	87
SUBSTITUTE(文字列,検索文字列,置換文字列,置換対象)	204
SUBTOTAL(集計方法,参照1,参照2,…,参照254)	160
SUM(数値)	48
SUMIF(範囲,検索条件,合計範囲)	138
SUMIFS(合計対象範囲,条件範囲1,条件1,条件範囲2,条件2,…,条件範囲127,条件127)	150
SUMPRODUCT(配列1,配列2,…,配列255)	184

T

TEXT(値,表示形式)	168
TEXTJOIN(区切り記号,空のセル,文字列1,文字列2,…,文字列252)	198
TIME(時,分,秒)	178
TODAY()	102
TREND(yの範囲,xの範囲,予測に使うxの範囲,切片の定数)	238
TRIM(文字列)	208
TRIMMEAN(配列,割合)	228

U

UPPER(文字列)	212

V

VAR.P(数値1,数値2,…,数値254)	226
VAR.S(数値1,数値2,…,数値254)	227
VLOOKUP(検索値,範囲,列番号,検索方法)	76, 106

W

WEEKDAY(シリアル値,種類)	180
WORKDAY(開始日,日数,祭日)	170
WORKDAYS.INTL(開始日,日数,週末,祭日)	171

Y

YEAR(シリアル値)	177

関数索引（目的順）

アルファベット・50音順に目的から関数を探せる索引です。

記号・数字

目的	関数	ページ
○番目に大きい値を求める	LARGE	80
○番目に小さい値を求める	SMALL	81
0以上1未満の小数の乱数を発生させる	RAND	252
1つの要素から予測する（互換性関数）	FORECAST	237
1つの要素から予測する	FORECAST.LINEAR	236
1営業日後の日付を求める	WORKDAY	170
2つの文字列を比較する	EXACT	206
2つの要素から予測する	TREND	238
2組のデータの相関係数を調べる	CORREL、PEARSON	234

ア

目的	関数	ページ
値が[#N/A]エラーの場合に指定した値を返す	IFNA	111
値がエラーの場合に指定した値を返す	IFERROR	110
英字を大文字に変換する	UPPER	212
英字を小文字に変換する	LOWER	212
英単語の先頭文字だけを大文字にする	PROPER	213

カ

目的	関数	ページ
回帰直線の傾きを求める	SLOPE	237
回帰直線の切片を求める	INTERCEPT	237
開始日から終了日までの期間を求める	DATEDIF	172
基準値の倍数で数値を切り上げる（互換性関数）	CEILING	124
基準値の倍数で数値を切り上げる	CEILING.MATH	124
基準値の倍数で数値を切り捨てる（互換性関数）	FLOOR	125
基準値の倍数で数値を切り捨てる	FLOOR.MATH	124
行と列で指定したセルのセル参照を求める	OFFSET	158
今日の日付を求める	TODAY	102
空白セルの個数を数える	COUNTBLANK	135
区間に含まれる値の個数を調べる	FREQUENCY	144
現在の日付と時刻を求める	NOW	103
検索条件を満たすデータの合計を求める	SUMIFS	150
検査範囲内での検査値の位置を求める	MATCH	82

サ

さまざまな集計値を求める	SUBTOTAL	160
時、分、秒から時刻を求める	TIME	178
時刻から時を求める	HOUR	178
時刻から分を求める	MINUTE	178
時刻から秒を求める	SECOND	178
指数回帰曲線で予測する	GROWTH	232
指定した位置から何バイトかを取り出す	MIDB	196
指定した位置から何文字かを取り出す	MID	196
指定した位置の文字列を置き換える	REPLACE	202
指定したけたで切り上げる	ROUNDUP	112
指定したけたで切り捨てる	ROUNDDOWN	112
指定したけたで四捨五入する	ROUND	112
指定した月数だけ離れた月末の日付を求める	EOMONTH	174
指定した月数だけ離れた日付を表示する	EDATE	104
指定したバイト数の文字列を置き換える	REPLACEB	203
指定した範囲内の整数の乱数を発生させる	RANDBETWEEN	252
指定した文字列を区切り文字や空のセルを挿入して結合する	TEXTJOIN	198
指定した文字列を連結する	CONCAT	198
指定した曜日を除外して期間内の日数を求める	NETWORKDAYS.INTL	183
順位を求める（同じ値は最上位の順位にする）	RANK.EQ	84
順位を求める（同じ値は順位の平均値を表す）	RANK.AVG	85
順位を求める（互換性関数）	RANK	85
条件に合わないとき「TRUE」を表示する	NOT	79
条件を満たすデータの合計を求める	SUMIF	138
条件を満たすデータの個数を数える	COUNTIF	136
条件を満たすデータの最小値を求める	MINIFS	143
条件を満たすデータの最大値を求める	MAXIFS	142
条件を満たすデータの平均を求める	AVERAGEIF	140
小数点以下を切り捨てる	INT	113
商を求める	QUOTIENT	127

数値の合計値を表示する	SUM	48
数値の個数を数える	COUNT	134
数値の最小値を表示する	MIN	52
数値の最大値を表示する	MAX	52
数値の最頻値を求める	MODE.SNGL	146
数値の最頻値を求める(互換性関数)	MODE	146
数値の相乗平均を求める	GEOMEAN	230
数値の中央値を求める	MEDIAN	224
数値の中間項平均を求める	TRIMMEAN	228
数値の調和平均を求める	HARMEAN	231
数値の不偏分散を求める	VAR.S	227
数値の分散を求める	VAR.P	226
数値の平均値を表示する	AVERAGE	50
数値を指定した表示形式の文字列で表示する	TEXT	168
積を求める	PRODUCT	114
セルが空白かどうかを調べる	ISBLANK	256
セルの行番号を求める	ROW	244
セルの内容が文字列かどうかを調べる	ISTEXT	257
セルの列番号を求める	COLUMN	244
セル範囲の行数を数える	ROWS	245
セル範囲の列数を数える	COLUMNS	245
先頭から何バイトかを取り出す	LEFTB	194
先頭から何文字かを取り出す	LEFT	194

タ

データの個数を数える	COUNTA	135
データを検索して同じ行のデータを取り出す	VLOOKUP	76
特殊な文字を削除する	CLEAN	208
土日以外を除いた営業日を数える	WORKDAYS.INTL	171
土日祝日を除外して期間内の日数を求める	NETWORKDAYS	182
年、月、日から日付を求める	DATE	176

ハ

配列の中で行と列で指定した位置の値を求める	INDEX	82

内容	関数	ページ
配列要素の積の和を求める	SUMPRODUCT	184
引数のリストから値を選ぶ	CHOOSE	122
日付から月を求める	MONTH	177
日付から年を求める	YEAR	177
日付から日を求める	DAY	177
日付から曜日の番号を取り出す	WEEKDAY	180
日付を表す文字列からシリアル値を求める	DATEVALUE	250
百分位数を求める	PERCENTILE.INC	92
百分位数を求める(互換性関数)	PERCENTILE	93
百分率での順位を表示する	PERCENTRANK.INC	90
百分率で順位を表示する(0%と100%を除く)	PERCENTRANK.EXC	90
百分率での順位を表示する(互換性関数)	PERCENTRANK	91
標準化変量を求める	STANDARDIZE	88
標準偏差を求める	STDEV.P	86
標準偏差を求める(互換性関数)	STDEVP	87
標本データから標準偏差を指定する	STDEV.S	87
複雑な条件を満たす空白以外のデータの個数を求める	DCOUNTA	153
複雑な条件を満たす数値の個数を求める	DCOUNT	152
複雑な条件を満たすデータの合計を求める	DSUM	154
複雑な条件を満たすデータの最小値を求める	DMIN	156
複雑な条件を満たすデータの最大値を求める	DMAX	156
複雑な条件を満たすデータの平均を求める	DAVERAGE	155
複数の条件がすべて満たされているか判断する	AND	78
複数の条件のいずれかが満たされているか判断する	OR	78
複数の条件を満たすデータの個数を数える	COUNTIFS	148
複数の最頻値を調べる	MODE.MULT	147
複数の条件を満たすデータの平均を求める	AVERAGEIFS	141
ふりがなを取り出す	PHONETIC	200

マ

内容	関数	ページ
末尾から何バイトかを取り出す	RIGHTB	195
末尾から何文字かを取り出す	RIGHT	195
文字列の位置を調べる	FIND	192

文字列のバイト位置を調べる	FINDB	192
文字列のバイト数を求める	LENB	214
文字列の文字数を求める	LEN	214
文字列を検索して置き換える	SUBSTITUTE	204
文字列を指定した回数だけ繰り返す	REPT	216
文字列を全角に変換する	JIS	210
文字列を半角に変換する	ASC	210
文字列を利用してセル参照を求める	INDIRECT	116
文字列を連結する(互換性関数)	CONCATINATE	199

ヤ

余計な空白文字を削除する	TRIM	208

ラ

論理式に当てはまれば真の場合、当てはまらなければ偽の場合を表示する	IF	70
論理式に当てはまれば、対応する真の場合を表示する	IFS	74

ワ

割り算の余りを求める	MOD	126

練習用ファイルの使い方

本書では、レッスンの操作をすぐに試せる無料の練習用ファイルを用意しています。Excel 2019の標準設定では、ダウンロードしたファイルを開くと、[保護ビュー]で表示される仕様になっています。本書の練習用ファイルは安全ですが、練習用ファイルを開くときは以下の手順で操作してください。

▼ 練習用ファイルのダウンロードページ
http://book.impress.co.jp/books/1118101139

練習用ファイルを利用するレッスンには、練習用ファイルの名前が記載してあります。

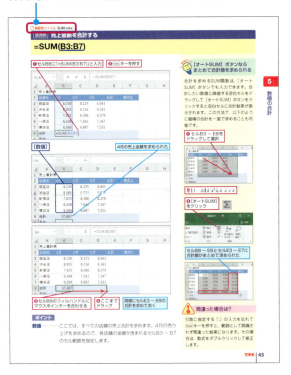

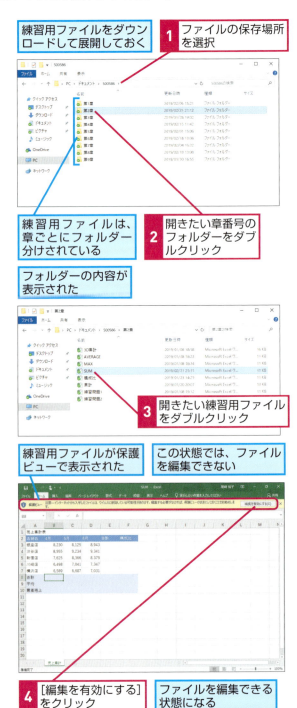

HINT!

何で警告が表示されるの?

2010以降のExcelでは、インターネットを経由してダウンロードしたファイルを開くと、保護ビューで表示されます。ウィルスやスパイウェアなど、セキュリティ上問題があるファイルをすぐに開いてしまわないようにするためです。ファイルの入手時に配布元をよく確認して、安全と判断できた場合は[編集を有効にする]ボタンをクリックしてください。一度[編集を有効にする]ボタンをクリックすると、次回以降同じファイルを開いたときに保護ビューが表示されません。

第1章 関数の基本

Excelの豊富な機能の中でも、関数はなくてはならないものの1つです。この章では、関数でできることや仕組み、書式や入力方法などの基本を紹介します。事前に確認しておくと、第2章以降の内容を理解しやすくなります。

●この章の内容
❶ 関数の仕組みを知ろう……………………………………………30
❷ 関数を入力するには ………………………………………………34
❸ 関数をコピーするには………………………………………………38
❹ 関数の式を確かめるには……………………………………………40

レッスン 1 関数の仕組みを知ろう
関数の役割と書式

関数を使う前に、関数の役割や書式について理解しておきましょう。併せてセルに入力した関数が、画面でどのように表示されるのかを解説します。

関数の仕組み

Excelには、計算や処理の内容ごとに異なる関数が用意されています。使うときには、たくさんある種類から目的の関数を選びます。ただし、選ぶだけでは結果は得られません。結果を引き出すには、「引数」（ひきすう）を与える必要があります。引数を例えるなら、自動販売機に投入するお金です。赤いジュースが欲しいのでそのボタンを押しますが、お金を入れなければ出てきません。しかもお金は赤いジュースに見合った金額です。

関数も同じで結果を得るには、目的の関数（赤いジュース）を選んで実行する（ボタンを押す）だけではダメで、関数に見合った引数（お金）を入れなくてはならないのです。

この仕組みを理解して、次のページの関数の式の書式（関数式の書き方）を見ていきましょう。

▶キーワード	
関数	p.275
行	p.276
書式	p.276
数式	p.277
数式バー	p.277
セル範囲	p.277
引数	p.278
標準偏差	p.279
分散	p.279

お金（引数）を入れてボタンを押す（実行）とジュース（結果）が出る

関数の書式と表示例

関数の入力方法には、マウスで関数を選んだり、キーボードから関数名を入力したりするなど、いろいろなやり方があります。入力の方法が違うだけで関数そのものはすべて同じです。下の例を参考にして関数の書式を確認しておきましょう。

関数は、先頭に必ず「=」が付き、その後に関数名が入ります。そして引数を指定しますが、引数は必ず「()」でくくります。なお、関数の種類によっては複数の引数が必要なものもあります。引数が複数あるときは、「,」（カンマ）で区切ることになっています。

関数を入力したセルには、結果のみが表示されます。入力した関数を確認するときは、数式バーを見るか、関数が入力されたセルをダブルクリックしましょう。

●関数の書式

= 関数名（引数）

- 半角の「=」に続けて関数名を記述する
- 関数名に続けて、「()」でくくった引数を記述する

=SUM(B3:B7)

●関数の表示例

数式バーに関数が表示される　◆数式バー

	A	B	C	D	E
1	売上集計表				
2	店舗名	4月	5月	6月	合計
3	銀座店	8,230	8,125	8,943	25,298
4	渋谷店	8,955	9,234	9,341	27,530
5	新宿店	7,625	8,366	8,379	24,370
6	川崎店	6,498	7,041	7,347	20,886
7	横浜店	6,589	6,687	7,031	20,307
8	合計	37,897	39,453	41,041	118,391
9					

セルB8選択、数式バーに =SUM(B3:B7)

関数を入力したセルには結果が表示される

HINT! セルに入力されている関数は数式バーで確認できる

関数を入力したセルには、関数の結果のみが表示されるため、セルを見ただけでは数式を確認できません。セルに入力された関数や数式を確認するには、数式バーを利用します。関数を入力したセルをクリックすると数式バーに数式が表示されます。この状態で数式バーをクリックすれば、数式を修正できます。

数式バーをクリックすれば、数式や引数を修正できる

× ✓ fx =SUM(B3:B7)

HINT! 引数を省略できる関数もある

関数の中には、レッスン㉖で紹介するTODAY関数をはじめ、指定すべき引数を持たない関数があります。また、複数の引数を利用する場合、引数の一部を省略できる関数もあります。詳しくは、各レッスンの引数の解説を確認してください。

HINT! セル範囲の表示方法を知ろう

セル範囲とは、連続したセルをマウスやカーソルで選択した複数セルのことです。セル範囲は、関数の引数に指定することが多く、範囲を開始するセルと終了するセルを「:」（コロン）で結んだ形で表します。例えばセルB3からセルB7までのセル範囲は「B3:B7」と表示されます。

次のページに続く

計算式を簡略化できる

関数は、合計や平均、そのほかの計算を行うことができる数式です。的確に使えば、数式を簡略化できます。例えば、合計を求めるとき、1つ1つの値を足し算すれば求められます。しかし、値が多い場合はどうでしょうか。「1+2+3+4+5+……」と数式が長くなり、入力ミスも生じやすくなります。関数なら「=SUM(範囲)」と短い式で済み、計算内容も分かりやすくなります。

HINT!
複雑な計算も簡単にできる

合計や平均などの簡単な計算だけでなく、標準偏差や分散、数値間の相関や予測値など、複雑な数式による計算も関数なら簡単にできます。

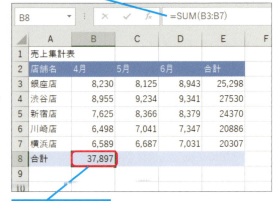

条件判断ができる

関数は足したり引いたりする加減乗除の計算ではできないことも処理できます。例えば、セルに入力されている値を判断することです。「セルの値が100より大きいか」を判定し、100より大きい場合はAの結果、そうでなければBの結果というように複雑な処理が可能です。このような処理は、加減乗除の数式ではできません。

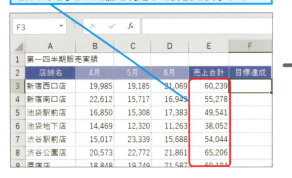

日付や文字も処理できる

関数では、数値だけでなく、日付や時間、文字も扱えます。例えば下の画面のように、ある日付を基点にして翌月の10日を表示したり、漢字のふりがなを自動的に表示したりすることができます。これらは、本来ならカレンダーを取り出して確認したり、漢字の読みがなを入力したりしなくてはなりませんが、関数を使えば、そうした手間を省けるので仕事の効率が上がります。

HINT!
関数を覚えるコツ

Excelの関数は数多くあります。これらをすべて覚えるのは困難ですし、またその必要もありません。自分の仕事の中で必要な関数から覚えていくといいでしょう。一方で、普段利用することがない関数にも、応用次第で便利に使えるものがあります。最初は、いろいろな関数をとにかく使ってみて、どんなことができるかを確認してみましょう。

●翌月10日を表示する

請求日の翌月10日を表示する

翌月10日を表示できた

●ふりがなを取り出す

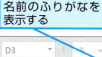
名前のふりがなを表示する

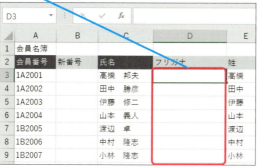

ふりがなを表示できた

レッスン 2 関数を入力するには

[関数の引数] ダイアログボックス

このレッスンでは、合計を求めるSUM（サム）関数を例に、関数の入力方法を紹介します。ここでは［関数の引数］ダイアログボックスを使って引数を入力します。

1 関数を入力するセルを選択する

［第1章］フォルダーの［売上集計表_1.xlsx］を開いておく

「銀座店」の4月から6月までの売り上げを合計する

SUM関数を入力する

1 セルE3をクリックして選択

2 関数を入力する

「=」と関数の先頭数文字を入力する

1 セルE3に「=SU」と入力

2 「SUM」をダブルクリック

続けて引数を指定する

3 ［関数の挿入］をクリック

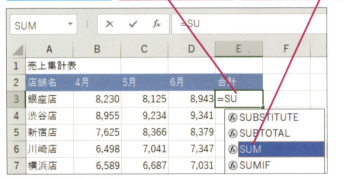

動画で見る
詳細は3ページへ

キーワード

関数	p.275
セル範囲	p.277
引数	p.278

レッスンで使う練習用ファイル
売上集計表_1.xlsx

HINT!
関数を入力するセルとは

関数は、結果を表示するセルに入力します。ここでは、セルE3に合計結果を表示するので、セルE3に関数を入力します。

HINT!
先頭文字の入力で関数名を選択できる

「=」に続けて関数名の最初の何文字かを入力すると、同じ文字で始まる関数の一覧が表示されます。Excelのバージョンによっては、入力した文字を含む関数も表示されます。目的の関数名をダブルクリックするか、↓キーを押して関数名を選び、Tabキーを押します。

⚠ 間違った場合は？

関数を入力するセルを間違えた場合、入力途中ならEscキーを押せば取り消せます。入力が完了しているときは、［元に戻す］ボタンをクリックします。

3 引数を指定する

[関数の引数] ダイアログボックスが表示された

1 [数値1] のここをクリック

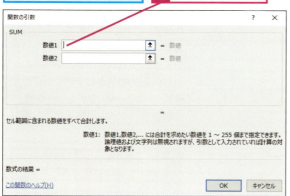

4 引数のセル範囲を選択する

引数となるセル範囲を選択する

1 セルB3にマウスポインターを合わせる

2 セルD3までドラッグ

	A	B	C	D	E	F
1	売上集計表					
2	店舗名	4月	5月	6月	合計	
3	銀座店	8,230	8,125	8,943	=SUM(B3:D3)	
4	渋谷店	8,955	9,234	9,341		
5	新宿店	7,625	8,366	8,379		
6	川崎店	6,498	7,041	7,347		
7	横浜店	6,589	6,687	7,031		

連続したセル範囲が選択され、点滅する枠線が表示された

HINT! 数値が入力されているセル範囲を引数とする

ここでは合計を求めるSUM関数を入力します。SUM関数は、引数に合計したい数値を指定しますが、数値はセルに入力済みなので、代わりにセル範囲を指定します。このレッスンで入力するSUM関数の書式は、「=SUM(B3:D3)」となります。

HINT! [関数の引数] ダイアログボックスとは

[関数の引数]ダイアログボックスは、引数の入力を手助けしてくれる画面です。引数は、関数により指定する数も内容も違うため、関数ごとにダイアログボックスが用意されています。[関数の引数] ダイアログボックスを使えば、引数の名前や解説を確認しながら引数を入力できます。

HINT! [関数の引数] ダイアログボックスを使わないときは

引数は [関数の引数]ダイアログボックスを使わなくても入力できます。その場合は、「=SUM(」まで入力した後、手順4に進み、引数のセル範囲をドラッグして選択します。引数が指定できたら「)」を入力して Enter キーを押しましょう。なお、この方法は、引数の数が多い関数では注意が必要です。引数と引数を区切る「,」も入力しなくてはなりませんし、必要な引数の個数をあらかじめ理解しておかなくてはなりません。ダイアログボックスを使えば、数式に「,」が自動で入力されます。

次のページに続く

5 関数の入力を確定する

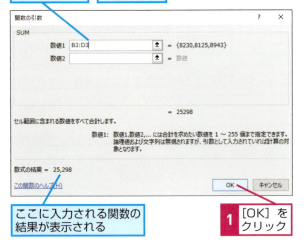

| 関数の引数が指定された | 関数の入力を確定する |

ここに入力される関数の結果が表示される

1 [OK]をクリック

6 関数が入力された

関数が入力された

銀座店の4月から6月までの売上合計が表示された

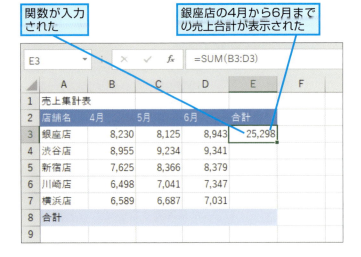

HINT!

入力済みの関数を修正するには

関数が入力されているセルをクリックすると、数式バーに関数が表示されます。この状態で数式バーの左にある［関数の挿入］ボタンをクリックすると、［関数の引数］ダイアログボックスが表示されるので、引数に指定されている文字を Delete キーで削除してから、引数を指定し直します。

1 セルE3をクリックして選択　**2** ［関数の挿入］をクリック

［関数の引数］ダイアログボックスが表示された

入力されている文字を Delete キーで削除し、前ページの手順3からの操作を参考にセル範囲を指定する

テクニック ダイアログボックスやボタンの一覧から関数を入力できる

これまでに紹介した方法以外でも関数を入力できます。なかでも、[関数の挿入] ダイアログボックスは、Excelの全バージョンで利用できることを覚えておきましょう。[関数の挿入] ダイアログボックスでは、[関数の分類] や [関数の検索] から使いたい関数を探せます。また、リボンの [数式] タブにある [関数ライブラリ] グループから関数を探すこともできます。なお、[関数ライブラリ] には関数が種類別に分類されています。

●[関数の挿入] ダイアログボックスから入力

1 [数式] タブをクリック

2 [関数の挿入] をクリック

[関数の挿入] ダイアログボックスが表示された

◆[関数の挿入] ダイアログボックス

ここをクリックして関数を分類別に表示できる

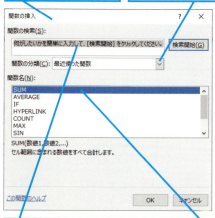

一覧から関数を選択できる

「個数」や「数値」「平均」などのキーワードを入力して [検索開始] をクリックすれば、関連する関数を表示できる

●[関数ライブラリ] から入力

1 [数式] タブをクリック

◆関数ライブラリ

関数の種類ごとにボタンが表示されている

ここではSUM関数を入力する

2 [数学/三角] をクリック

3 ここを下にドラッグしてスクロール

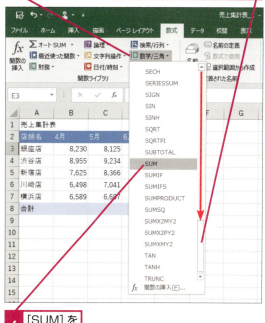

4 [SUM] をクリック

レッスン 3

関数をコピーするには

オートフィル

レッスン❷で入力した合計を求めるSUM関数の数式を下方向にコピーすると、ほかの行の合計もすぐに表示できます。数式のコピーの方法を確認しましょう。

① コピーするセルを選択する

「銀座店」に続いて、「渋谷店」「新宿店」「川崎店」「横浜店」の4月から6月までの売上合計を表示する

レッスン❷でセルE3に入力した関数をコピーする

1 セルE3をクリックして選択

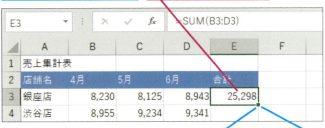

フィルハンドルが表示された

◆フィルハンドル

② 関数をコピーする

セルE3を選択できた

1 セルE3のフィルハンドルにマウスポインターを合わせる

マウスポインターの形が変わった

2 セルE7までドラッグ

動画で見る
詳細は3ページへ

キーワード

オートフィル	p.275
セル参照	p.277
セル範囲	p.277
相対参照	p.277
ハンドル	p.278

📄 **レッスンで使う練習用ファイル**
売上集計表_2.xlsx

HINT!
オートフィルって何？

オートフィルとはセルの内容を隣接したセルにコピーする機能です。セルを選択したとき、セルの右下に表示されるフィルハンドル(■)をドラッグするだけで、セルの内容がドラッグしたセルまでコピーされます。

HINT!
コピー先の数式は自動的に変わる

数式をコピーすると、引数に指定したセル番号が、コピー先の列や行に合うように自動的に修正されます。これはセル番号が相対参照になっているからです。詳しくは、レッスン❾を参照してください。

⚠️ **間違った場合は？**

フィルハンドルをドラッグしてコピーするセル範囲を間違えたときには、そのままフィルハンドルを正しいセル範囲までドラッグし直します。

③ 正しくコピーされていることを確認する

関数がコピーされた	セル参照が正しく指定されているか確認する

1 セルE4をクリック

	A	B	C	D	E	F
	E3		× ✓ fx	=SUM(B3:D3)		
1	売上集計表					
2	店舗名	4月	5月	6月	合計	
3	銀座店	8,230	8,125	8,943	25,298	
4	渋谷店	8,955	9,234	9,341	27,530	
5	新宿店	7,625	8,366	8,379	24,370	
6	川崎店	6,498	7,041	7,347	20,886	
7	横浜店	6,589	6,687	7,031	20,307	
8	合計					

④ セル参照を確認できた

セルB4 〜 D4の合計がセルE4に表示されていることが分かる	セル参照が正しく指定されていることを確認できた

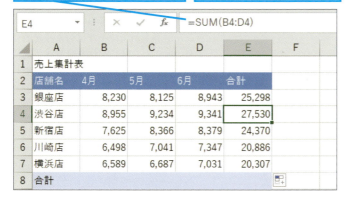

HINT!

セルをコピーして貼り付けてもいい

このレッスンでは、関数をオートフィルの機能でコピーしています。しかし、関数を入力したセルを選択して Ctrl+Cキーでコピーし、コピー先のセルを選択して Ctrl+Vキーで貼り付けてもかまいません。関数を離れた場所のセルにコピーしたいときにも便利です。

1 セルE3をクリックして選択

2 Ctrl+Cキーを押す

3 セルE4 〜 E7をドラッグして選択

4 Ctrl+Vキーを押す

関数がコピーされた

レッスン **4**

関数の式を確かめるには

トレース

関数の式に間違いがないか確認したいとき、式を入力したセルと計算に利用する値のセル、これらの関係を矢印線で見せてくれる「トレース」が有効です。

参照元のトレース

1 参照元のトレース矢印を表示する

[第1章] フォルダーの [売上集計表_3.xlsx] を開いておく

セルE8の数式の参照元を確かめる

1. セルE8をクリックして選択
2. [数式] タブをクリック
3. [参照元のトレース] をクリック

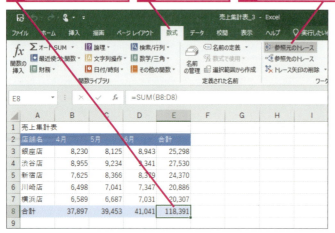

参照元のセルから関数の式に向かう矢印が表示された

枠線が表示された範囲（セルB4～D4）が参照元であることが分かる

セルE8の結果を求める計算の流れが分かる

 動画で見る
詳細は3ページへ

キーワード

参照先	p.276
参照元	p.276
数式	p.277
セル	p.277
セル参照	p.277
トレース	p.278

📄 **レッスンで使う練習用ファイル**
売上集計表_3.xlsx

HINT!
トレースって何？

表を一見しただけでは、どの値がどこで計算されているかは分かりません。トレースは、それを視覚的に表現する機能です。表示される矢印をたどっていくと、どのセルの値で計算が実行されているのかを確認できます。

HINT!
トレースの種類の使い分け方

トレースには「参照元のトレース」と「参照先のトレース」の2種類があります。「参照元のトレース」は、計算結果から「計算の元になる値」を明らかにしたいときに、「参照先のトレース」は、計算の元になる値から「計算結果」を明らかにしたいときに利用します。

❷ 参照元の参照元を表示する

| セルB8、C8、D8の参照元を表示する | 1 [参照元のトレース]をもう一度クリック |

| それぞれのセルの参照元を表す矢印線が表示された | セルE8の参照元（セルB8～D8）の参照元がわかる |

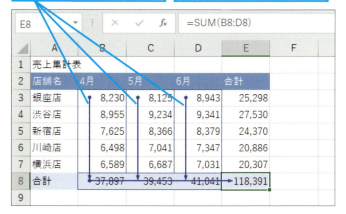

❸ トレース矢印を削除する

| すべてのトレース矢印を削除する | 1 [トレース矢印の削除]をクリック |

HINT!

「参照元」「参照先」とは

「参照元」と「参照先」の意味は、Excel独自のものです。Excelでは、ある値を計算して結果を出した場合、値のセルを「参照元」といい、結果のセルを「参照先」といいます。

セルB8～D8の計算結果であるセルE8は、セルB8～D8の参照先となる

セルE8に表示された計算結果の元の値となるセルB8～セルD8は、セルE8の参照元となる

HINT!

参照元と参照先のトレース矢印を別々に削除するには

トレースの矢印は、「参照元のトレース」と次のページで紹介する「参照先のトレース」があります。[トレース矢印の削除]は、その両方をすべて削除します。別々に削除したい場合は▼をクリックして選びます。

1 [トレース矢印の削除]のここをクリック

参照元か参照先のいずれかを選択して削除できる

次のページに続く

参照先のトレース

4 参照先のトレース矢印を表示する

| トレース矢印がすべて削除された | セルB4の参照先を確かめる |

1 セルB4をクリックして選択

2 [参照先のトレース]をクリック

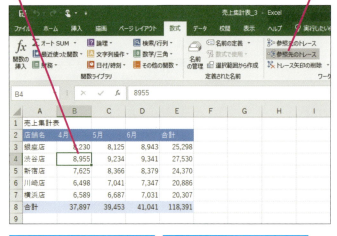

| セルB4から参照先の式に向かう矢印が表示された | 参照先のセルからさらに参照されている式を表示する |

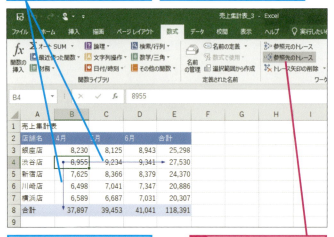

| セルB4がどのセルの式に使われているかが分かる | 3 [参照先のトレース]をもう一度クリック |

HINT!
参照先を確認してわかること

「参照先」は、数式が入力されているセルですが、最初にセルB4を選択しているので、セルB4が利用されている数式（ここではセルE4とB8）が参照先として表されます。ということは、セルB4を変更するとセルE4とB8が影響を受けます。さらに、セルE4とE8の参照先もあるので（手順5）そこも影響を受けることになります。セルB4を変更すると、その後どこが変わるのかを事前に把握することができます。

 間違った場合は？

最初に選択するセルを間違えて実行した場合、[トレース矢印の削除]で矢印を消した後、最初からやり直します。

⑤ 参照先の参照先が表示された

セルB4の参照先が使われている式を表す矢印線が表示された

セルB4の値がどのセルの式に使われているかが分かる

	A	B	C	D	E	F
1	売上集計表					
2	店舗名	4月	5月	6月	合計	
3	銀座店	8,230	8,125	8,943	25,298	
4	渋谷店	8,955	9,234	9,341	27,530	
5	新宿店	7,625	8,366	8,379	24,370	
6	川崎店	6,498	7,041	7,347	20,886	
7	横浜店	6,589	6,687	7,031	20,307	
8	合計	37,897	39,453	41,041	118,391	

HINT! トレース矢印で表の構造を理解する

ある値を変更すると、その値を使った計算の結果も当然変わります。表の構造が分からないまま、むやみに値を修正してしまうと、思わぬ個所に影響が出て表を崩しかねません。他の人が作った表や範囲の広い大きな表、難しい式が入力してある表に手を加えるときには、トレース矢印を表示して、表の構造、セル同士の関係性を確認しましょう。

テクニック 数式がどこに入力されているかを確かめるには

シート上の表を見ただけでは、どこに数式が入力されているかは分かりません。そのため誤って数式を削除してしまうことがあります。こうした間違いを防ぐには、セルを自動選択してくれる機能を使い、数式の場所を確認します。［ホーム］タブの［検索と選択］にある［数式］を選ぶと、数式が入力されているセルのみ自動的に選択されます。

1 ［ホーム］タブをクリック

2 ［検索と選択］をクリック

3 ［数式］をクリック

数式が入力されたセルが選択された

この章のまとめ

●関数の基本を確認しておこう

次の第2章からは、さまざまな関数を紹介していきますが、関数ごとに違う機能を理解して使いこなすためには、この章で紹介した関数の書き方と入力操作が重要になってきます。関数の記述にはルールがあります。まず、「=関数名(引数)」の形式で記述することを忘れないようにしましょう。また、引数が複数あるときは「,」で区切ります。この2点は大きなポイントです。関数はさまざまな方法で入力ができます。自分が操作しやすい方法で入力するといいでしょう。どの操作がベストということはありません。Excelを長く使っているユーザーでも、入力方法は人それぞれです。関数をスムーズに入力できる方法を身に付けることが何よりも重要です。入力操作がおぼつかないままでは、関数を活用できません。操作に戸惑ったときには、この章に戻って再確認してください。

入力に必要な基本を理解しよう

役割や仕組み、入力方法をマスターすればすぐに関数を使いこなせる。関数の書式や引数の役割をマスターしておこう

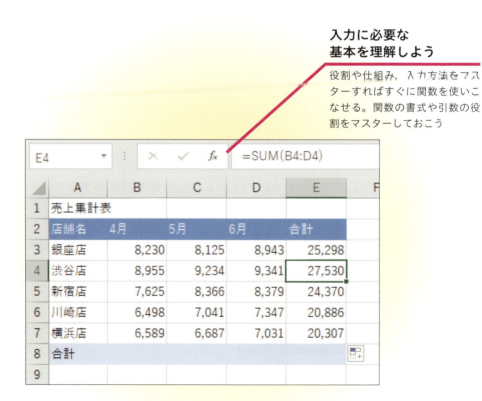

第2章 基本関数を使った集計表を作る

Excelの基本関数といえば、合計を求めるSUM関数、平均を求めるAVERAGE関数、最大値を求めるMAX関数などです。これらの関数を使い「売上集計表」を作成します。基本的な使い方だけでなく、累計や3D集計など応用的な使い方も紹介します。

●この章の内容
- ❺ 集計表によく使われる関数とは……………………46
- ❻ 合計値を求めるには…………………………………48
- ❼ 平均値を求めるには…………………………………50
- ❽ 最大値や最小値を求めるには………………………52
- ❾ 絶対参照を利用して構成比を求めるには…………54
- ❿ 累計売り上げを求めるには…………………………60
- ⓫ 複数シートの合計を求めるには……………………62

レッスン 5

集計表によく使われる関数とは

売上集計表

売上集計表は、日々の売り上げを合計するなどしてまとめたものです。ここでは、集計表の作成に欠かせない基本の関数と、3D集計という集計方法を紹介します。

この章で作成する売上集計表

売上集計は、売上金額や個数を合計するのが基本ですが、「合計」といっても、月別に合計するのか、商品別に合計するのかは表によって異なります。さらに売上全体を把握するには、合計だけでなく、累計や平均値、最大値、構成比などを一緒に見せると効果的です。売上集計には、SUM、AVERAGE、MAXなどの関数をよく利用します。基本となる関数の使い方とバリエーションを紹介しましょう。

SUM関数で合計値を求める →レッスン❻

AVERAGE関数で平均値を求める →レッスン❼

	A	B	C	D	E	F	G
1	売上集計表						
2	店舗名	4月	5月	6月	合計	構成比	
3	銀座店	8,230	8,125	8,943	25,298	21%	
4	渋谷店	8,955	9,234	9,341	27,530	23%	
5	新宿店	7,625	8,366	8,379	24,370	21%	
6	川崎店	6,498	7,041	7,347	20,886	18%	
7	横浜店	6,589	6,687	7,031	20,307	17%	
8	合計	37,897	39,453	41,041	118,391	100%	
9	平均	7,579	7,891	8,208	23,678	-	
10	最高売上	8,955	9,234	9,341	27,530	-	

MAX関数で最大値を求める →レッスン❽

構成比を求める →レッスン❾

	A	B	C	D	E
1	売上累計				
2	売上年月日	売上金額	累計売上金額		
3	2019/4/1	8,230	8,230		
4	2019/4/2	8,653	16,883		
5	2019/4/3	9,301	26,184		
6	2019/4/4	10,520	36,704		
7	2019/4/5	8,794	45,498		
8	2019/4/6	11,692	57,190		
9	2019/4/7	11,340	68,530		
10	2019/4/8	8,790	77,320		
11	2019/4/9	10,694	88,014		
12	2019/4/10	9,964	97,978		

累計売り上げを求める →レッスン❿

キーワード

3D集計	p.275
オートSUM	p.275
クイック分析	p.276

HINT!

［オートSUM］ボタンからすぐに関数を入力できる

関数の入力は、レッスン❷で紹介したようにいろいろな方法があります。しかし、誰もがよく使う関数、特に集計表に欠かせないSUM関数やAVERAGE関数は、［オートSUM］ボタンから簡単に入力できます。関数名の入力だけでなく、引数も自動的に指定してくれます。なお、［オートSUM］ボタンは、［数式］タブと［ホーム］タブの両方にあります。ボタンの形状が違うことがありますが、使い方はどちらも同じです。

◆［数式］タブの［オートSUM］ボタン

合計を求めるSUM関数を入力できる

平均を求めるAVERAGE関数などを選べる

◆［ホーム］タブの［オートSUM］ボタン

合計を求めるSUM関数を入力できる

平均を求めるAVERAGE関数などを選べる

この章で作成する3D集計表

3D集計は、串刺し集計ともいわれる集計方法で、複数のワークシートを串で刺すように同じ位置の数値を集計します。串刺しといっても、1つのワークシートで行う計算方法と何ら変わりはありません。例えば、複数のワークシートにある同じセルを合計するときは、ワークシートを切り替えながらSUM関数を入力します。

HINT!

Excel 2013以降では[クイック]分析ボタンで関数を入力できる

Excel 2013以降では、セル範囲をドラッグすると右下に[クイック分析]ボタンが表示されます。[クイック分析]ボタンから書式の設定やグラフの挿入ができますが、[合計]をクリックすると、SUM関数やAVERAGE関数、COUNTA関数などを手早く入力できます。

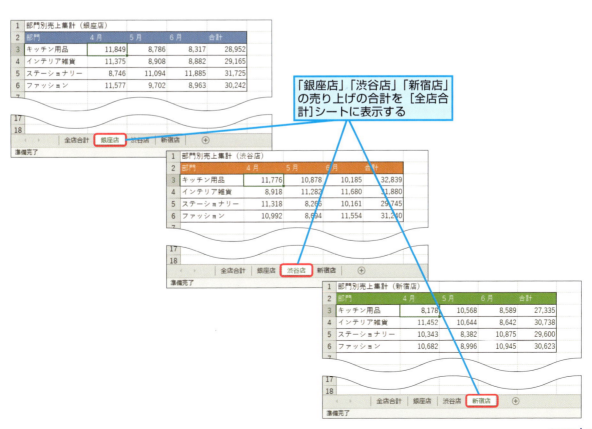

レッスン 6

合計値を求めるには

数値の合計

SUM

複数の数値を足す合計は、SUM関数で求めます。SUM関数は、あらゆる表でよく使われる基本の関数です。ここでは、支店別の売上金額の合計を求めます。

`数学／三角`　　　　　　　　　　　　　　　　　対応バージョン **Office 365 2019 2016 2013 2010**

数値の合計値を表示する
=SUM(数値)
（サム）

SUM関数は、引数に指定された複数の数値の合計を求めます。引数には、数値、セル、セル範囲を指定することができます。数値の場合「10,20,30」のように、セルの場合「A1,A5,A10」のように「,」（カンマ）で区切って指定します。セル範囲の場合は、「A1:A10」のように「:」（コロン）でつなげて範囲を指定します。

▶引数

数値………合計を計算したい複数の数値、セル、セル範囲を指定します。

▶キーワード	
関数	p.275
セル範囲	p.277
引数	p.278

▶関連する関数	
SUMIF	p.138
SUMIFS	p.150
SUMPRODUCT	p.184

HINT!
セル範囲をドラッグして引数を指定してもいい

関数の引数にセル範囲を指定する場合は、そのセル範囲をドラッグします。すると数式に「B3:B7」と自動的に表示されます。なお、1つのセルを指定する場合は、そのセルをクリックします。

HINT!
引数のセル範囲を色で確認する

引数にセルやセル範囲を指定すると、その場所に色と枠線が付きます。数式内の引数も同じ色になります。実際のセルと引数を色で確認できるわけです。数式の入力途中だけでなく、入力後の数式をダブルクリックしたときも、色枠で確認できることを覚えておきましょう。

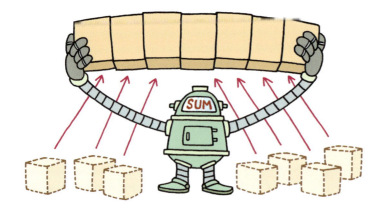

第2章　基本関数を使った集計表を作る

練習用ファイル SUM.xlsx

使用例 売上金額を合計する

=SUM(B3:B7)

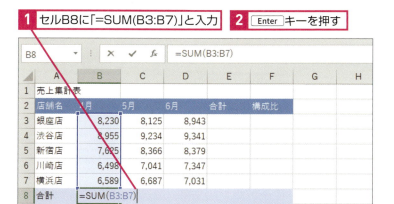

HINT!
[オートSUM] ボタンならまとめて合計値を求められる

合計したい数値と隣接する空白セルをドラッグして [オートSUM] ボタンをクリックすると空白セルに合計結果が表示されます。この方法で、以下のように縦横の合計を一度で求めることも可能です。

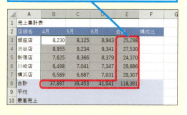

⚠ 間違った場合は？

引数に指定する「:」の入力を忘れてEnterキーを押すと、範囲として認識されず間違った結果になります。その場合は、数式をダブルクリックして修正します。

ポイント

数値……ここでは、すべての店舗の売上合計を求めます。4月の売り上げを求めるので、各店舗の金額が含まれるセルB3～B7のセル範囲を指定します。

レッスン 7

AVERAGE

平均値を求めるには

数値の平均

平均値はAVERAGE関数で求めます。平均は、数値の合計を個数で割る計算ですが、関数を利用すれば、数値を指定するだけで簡単に求められます。

関数

数値の平均値を表示する
=AVERAGE(数値)
（アベレージ）

対応バージョン：Office 365 / 2019 / 2016 / 2013 / 2010

AVERAGE関数は、引数に指定した複数の数値の平均を求めます。引数には、セル範囲を指定できます。なお、セル範囲に文字列や空白セルが含まれている場合、それらは無視されます。「0」は数値として有効です。

引数

数値………平均を求めたい複数の数値、セル、セル範囲を指定します。

▶キーワード

空白セル	p.276
引数	p.278
文字列	p.279

▶関連する関数

GEOMEAN	p.230
HARMEAN	p.231
MEDIAN	p.224
TRIMMEAN	p.228

HINT!

文字列も含めて平均値を求めるには

平均を求める関数には、AVERAGEA関数もあります。AVERAGEA関数は、文字列や論理値、空白セルを計算対象にします（文字列=0、論理値TRUE=1、FALSE=0、空白セル=0として計算）。成績表の点数に「欠席」などの文字が入力されているとき、これを0点として計算するときは、AVERAGEA関数を使いましょう。

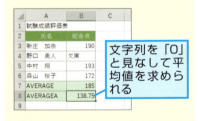

文字列を「0」と見なして平均値を求められる

練習用ファイル AVERAGE.xlsx

使用例 売上金額を平均する

=AVERAGE(B3:B7)

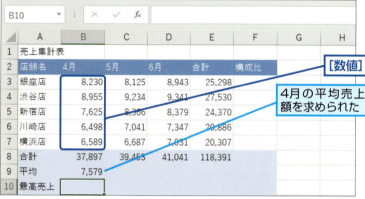

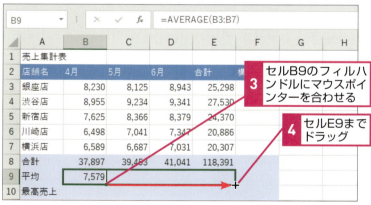

HINT!

引数のセル範囲が間違っているときは

AVERAGE関数は、[オートSUM]ボタンからも入力でき、引数のセル範囲が自動的に指定されます。セル範囲が間違っているときは、以下の方法で指定し直します。

セルB9をクリックしておく

1 [数式]タブをクリック

2 [オートSUM]のここをクリック

3 [平均]をクリック

引数のセル範囲が自動で指定された / 合計が含まれてしまっているので修正する

4 正しいセル範囲(セルB3〜B7)をドラッグ

正しいセル範囲に修正できた

5 Enterキーを押す

ポイント

数値………ここでは、各店舗の売上金額が含まれるセル範囲を指定します。セルB8の合計金額を含めないよう注意しましょう。

レッスン 8

MAX MIN 最大値や最小値を求めるには

最大値、最小値

複数の数値の中の最大値を調べるにはMAX関数を、最小値を調べるにはMIN関数を使います。最大値、最小値を取り出して表示する関数です。

第2章 基本関数を使った集計表を作る

統計

数値の最大値を表示する
=MAX(数値)
（マックス）

MAX関数は、最大値を求める関数です。引数に指定した数値の中から最大値を取り出して表示します。最高金額や最高点などを調べる場合に使いますが、引数に日付を指定した場合は、最も新しい日付を調べられます。

対応バージョン Office 365 2019 2016 2013 2010

キーワード	
関数	p.275
セル範囲	p.277
引数	p.278

関連する関数	
LARGE	p.80
MAXIFS	p.142
MINIFS	p.143
SMALL	p.81

引数

数値………最大値を求めたい複数の数値、セル、セル範囲を指定します。

統計

数値の最小値を表示する
=MIN(数値)
（ミニマム）

MIN関数は、最小値を求めます。引数に指定した数値から最も小さい値を表示します。引数に日付を指定した場合は、最も古い日付が表示されます。

対応バージョン Office 365 2019 2016 2013 2010

関連する関数	
LARGE	p.80
MAXIFS	p.142
MINIFS	p.143
SMALL	p.81

引数

数値………最小値を求めたい複数の数値、セル、セル範囲を指定します。

練習用ファイル MAX.xlsx

使用例 最高売上額を表示する

=MAX(B3:B7)

HINT!

最小値を求めるには

最小値を表示するMIN関数の使い方は、MAX関数と同じです。引数にセル範囲を指定すると、その範囲の中の最小値が表示されます。

HINT!

条件に合うデータの中で最大値、最小値を求めるには

Office 365のExcelとExcel 2019では、条件を満たしているデータだけを対象に最大値、最小値を求めるMAXIFS関数、MINIFS関数が利用できます。詳しくはレッスン㊸で紹介します。

ポイント

数値………… ここでは、4月中で売り上げの最高金額を求めるために、各店舗の売上金額が含まれるセルB3～B7のセル範囲を指定します。

レッスン 9

絶対参照を利用して構成比を求めるには

セル参照

数式にセルやセル範囲を指定する「セル参照」には、「相対参照」と「絶対参照」があります。これらは関数により使い分ける必要があります。

相対参照とは

数式をコピーすると、数式に含まれるセルやセル範囲は、コピー先に合わせて変わります。このようにコピーすると変更されるセルやセル範囲のことを「相対参照」といい、「E3」や「E8」のように列番号、行番号の順に表記します。

「相対参照」は、レッスン❸のHINT!で紹介したように、コピー先に合わせて参照するセルが変わるのが特徴ですが、変わると困る場合もあります。下の例を見てください。構成比を求める数式をコピーした例ですが、「#DIV/0!」というエラーが表示されてしまいました。このようなケースでは、次ページで解説する「絶対参照」を使います。

キーワード	
行番号	p.276
絶対参照	p.277
セル参照	p.277
相対参照	p.277
引数	p.278
列番号	p.279

レッスンで使う練習用ファイル
構成比.xlsx

ショートカットキー
Ctrl + C ……コピー
Ctrl + Shift + ％
……………パーセントスタイルの設定
Ctrl + V ……貼り付け

HINT!
セル参照って何？

数式の中でセルやセル範囲を指定することを「参照」といいます。例えば、「=E3/E8」という数式は、セルE3の値とセルE8の値を参照して計算をします。このようにExcelでは、引数や数式でセルを指定するとき、「E3を参照する」というような使い方をします。

HINT!
結果に表示される「#DIV/0!」って何？

「#」で始まる文字列はエラーを表します。エラーには種類がありますが、「#DIV/0!」は、空欄や「0」で除算（division）したときに表示されるエラーです。エラーの種類については、101ページを参照してください。

セルF3に売り上げの「構成比」を求める数式「=E3/E8」の数式が入力されている

 ① セルF3をセルF4にコピー

=E3/E8

↓

セルF4の数式が「=E4/E9」となり正しい計算ができない

セルE9は空白なので、「#DIV/0!」というエラーが表示される

=E4/E9

絶対参照とは

数式をコピーするとセル参照が変化する「相対参照」に対し、「絶対参照」は、数式をコピーしてもセル参照が変わりません。絶対参照とするには、「$E$8」のように列番号と行番号の前に「$」を付けます。

下の例は、絶対参照を指定した数式をコピーした例です。「構成比」を求める場合、「=E3/E8」の「E8」は、どの商品の構成比を求めるときも同じ「E8」でなくてはなりません。そこで、数式をコピーしたときにセルの参照が変わらないように「=E3/$E$8」と絶対参照で指定します。

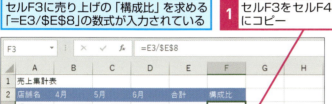

 セルF3をセルF4にコピー

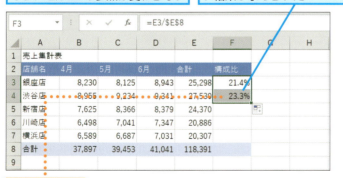

HINT! 関数の引数にも指定できる

関数の中には、引数に絶対参照を指定しなくてはならないものがあります。また、計算の内容によっては、相対参照と絶対参照を使い分ける必要もあります。

HINT! 数式をコピーするには

数式をコピーするには「オートフィル」を行います(レッスン❸参照)。数式を入力したセルの右下角にあるフィルハンドルをドラッグすると、数式がコピーされます。

HINT! 相対参照がF4キーで絶対参照になる

絶対参照は「$E$8」のように列番号や行番号に「$」を付けますが、F4キーで簡単に参照方法の切り替えができます。次のページから詳しく紹介しますが、「E8」の相対参照をF4キーで「$E$8」の絶対参照に変更します。

●絶対参照の切り替え

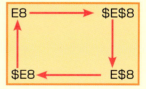

F4キーを押すごとに絶対参照が切り替わる

次のページに続く

相対参照で数式をコピーしてみる

❶ 銀座店の構成比を求める

売上合計に対し、「銀座店」の売り上げが占める構成比をセルF3に表示する

1 セルF3をクリックして選択

	A	B	C	D	E	F	G
1	売上集計表						
2	店舗名	4月	5月	6月	合計	構成比	
3	銀座店	8,230	8,125	8,943	25,298	=E3/E8	
4	渋谷店	8,955	9,234	9,341	27,530		
5	新宿店	7,625	8,366	8,379	24,370		
6	川崎店	6,498	7,041	7,347	20,886		

2 「=E3/E8」と入力　**3** Enterキーを押す

❷ 数式をコピーする

「銀座店」の構成比がセルF3に表示された

同様に「渋谷店」の構成比をセルF4に表示するために、数式をコピーする

1 セルF3をクリックして選択　**2** セルF3のフィルハンドルにマウスポインターを合わせる

	A	B	C	D	E	F	G
1	売上集計表						
2	店舗名	4月	5月	6月	合計	構成比	
3	銀座店	8,230	8,125	8,943	25,298	21.4%	
4	渋谷店	8,955	9,234	9,341	27,530		
5	新宿店	7,625	8,366	8,379	24,370		

マウスポインターの形が変わった ＋

3 ここまでドラッグ

セルF4に「#DIV/0!」というエラーが表示された

	A	B	C	D	E	F	G
1	売上集計表						
2	店舗名	4月	5月	6月	合計	構成比	
3	銀座店	8,230	8,125	8,943	25,298	21.4%	
4	渋谷店	8,955	9,234	9,341	27,530	#DIV/0!	
5	新宿店	7,625	8,366	8,379	24,370		
6	川崎店	6,498	7,041	7,347	20,886		

4 セルF4をクリックして選択　**5** Deleteキーを押す　セルF4にコピーした数式が削除される

HINT!
相対参照はコピー先に合わせて変わる

セルF3には、銀座店の構成比を求めるために「=E3/E8」と入力します。これを1行下のセルF4にコピーしてみると、「=E4/E9」に変わってしまいます。
セルF4に入力すべき正しい数式は、「=E4/E8」です。「E8」だけずらしたくないので、手順4で「E8」だけを絶対参照で指定します。

HINT!
構成比を%で表示するには

このレッスンで使う練習用ファイルは、あらかじめ「構成比」を表すF列が%で表示されるように書式を変更しています。セル範囲を選択した後、[ホーム]タブの[パーセントスタイル]ボタンをクリックすると設定できます。さらに「21%」を「21.4%」などと表示するには、[小数点以下の表示桁数を増やす]ボタン( )をクリックしましょう。

表示形式を変えるセル範囲を選択しておく

1 [ホーム]タブをクリック

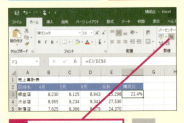

2 [パーセントスタイル]をクリック

[小数点以下の表示桁数を増やす]をクリックすると、小数点第1位まで表示される

⚠ 間違った場合は？

手順2でフィルハンドルをドラッグする範囲を間違えたときは、そのまま正しいセル範囲をドラッグし直します。

相対参照を絶対参照に切り替える

③ 修正する数式が入力されたセルを選択する

| セルF3に入力した数式を修正する | 1 セルF3をダブルクリック | セルのデータが編集可能な状態になる |

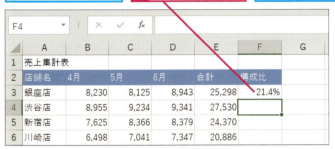

HINT!
「$」を直接入力しても絶対参照にできる

セルの列番号や行番号の前に「$」を付ければ絶対参照になります。F4キーを使用せず、数式に直接「$」を入力しても構いません。

「$」を直接入力しても絶対参照に変更できる

④ 絶対参照に切り替える

| 数式の「E8」を絶対参照に切り替える | 1 「E8」をドラッグして選択 | 2 F4キーを押す |

```
SUM    =E3/E8
```

	A	B	C	D	E	F	G
1	売上集計表						
2	店舗名	4月	5月	6月	合計	構成比	
3	銀座店	8,230	8,125	8,943	25,298	=E3/E8	
4	渋谷店	8,955	9,234	9,341	27,530		
5	新宿店	7,625	8,366	8,379	24,370		
6	川崎店	6,498	7,041	7,347	20,886		
7	横浜店	6,589	6,687	7,031	20,307		
8	合計	37,897	39,453	41,041	118,391		
9							

HINT!
数式を入力するときに絶対参照にするには

手順4では確認のために、数式を入力した後で「E8」の相対参照を絶対参照に切り替えていますが、実際には、数式を入力するときに絶対参照に切り替えた方が効率的です。その場合は、「=E3/E8」の「E8」を入力した直後にF4キーを押します。

| 「E8」が絶対参照の「$E$8」に切り替わった | 3 Enterキーを押す |

```
SUM    =E3/$E$8
```

	A	B	C	D	E	F	G
1	売上集計表						
2	店舗名	4月	5月	6月	合計	構成比	
3	銀座店	8,230	8,125	8,943	25,298	=E3/$E$8	
4	渋谷店	8,955	9,234	9,341	27,530		
5	新宿店	7,625	8,366	8,379	24,370		
6	川崎店	6,498	7,041	7,347	20,886		
7	横浜店	6,589	6,687	7,031	20,307		
8	合計	37,897	39,453	41,041	118,391		
9							

数式が確定される

 間違った場合は？

手順4でF4キーを押しすぎたときには、さらに何度かF4キーを押して、正しい絶対参照に変更します。

次のページに続く

絶対参照で数式をコピーする

5 数式をコピーする

数式をコピーして「渋谷店」「新宿店」「川崎店」「横浜店」「合計」の構成比を求める

1 セルF3をクリックして選択
2 セルF3のフィルハンドルにマウスポインターを合わせる
3 ここまでドラッグ

セルF3の数式がセルF4～F8にコピーされた

セルF8が白く塗りつぶされてしまったので、コピー方法を変更する

4 [オートフィルオプション]をクリック

5 [書式なしコピー（フィル）]をクリック

6 数式がコピーされた

セルF8の色が元に戻った

HINT!

[オートフィルオプション]ボタンが消えてしまったときは

コピーした後にコピーする内容を変更できる[オートフィルオプション]ボタンは、ほかの操作をするうちに表示が消えてしまうので注意しましょう。[オートフィルオプション]ボタンの表示が消えた後にセルF3～F8をドラッグして選択すると、[オートフィルオプション]ボタンではなく、レッスン❺のHINT!で紹介した[クイック分析]ボタンが表示されます。再度手順5を参考にセルF3のフィルハンドルをドラッグし、[オートフィルオプション]ボタンを表示してからコピー方法を変更しましょう。

HINT!

コピー先の数式を必ず確認しよう

ここで求める構成比は、参照するセルを絶対参照にしないとエラーになりますが、ほかの計算では、エラーになるとは限らず、間違った数式による計算結果が表示される場合もあります。数式をコピーしたときには、コピー先の数式の参照が間違っていないか確認するようにしましょう。

HINT!

「書式なしコピー」とは？

オートフィルは、セルの入力内容だけでなく、セルに設定された書式（色や罫線など）も一緒にコピーしますが、コピー直後に「書式なしコピー」を選べば、入力内容のみのコピーに変更できます。コピー先の書式を崩したくないとき[オートフィルオプション]ボタンから選びます。

テクニック　行や列だけを絶対参照にできる

絶対参照は、行と列に対して行う（$E$8）以外にも、行のみ絶対参照（E$8）、列のみ絶対参照（$E8）の指定が可能です。「構成比」を求める例では、セルE8を行と列ともに絶対参照（$E$8）にしましたが、もともと列がずれる心配はないので、行のみを絶対参照にして「E$8」としても構いません。このように絶対参照は、行と列に対しそれぞれ設定できます。

関数によっては、複数の行、列に同じ数式を入力するために、行のみ、あるいは、列のみの絶対参照を使い分けることがあります。
なお、絶対参照の指定は、F4キーを押すたびに「E8」（相対参照）→「$E$8」→「E$8」→「$E8」と切り替わります。さらに押すと「E8」の相対参照に戻ります。

●絶対参照の切り替え

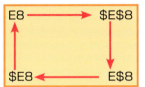

F4キーを押すごとに絶対参照が切り替わる

●行のみ絶対参照にする

手順3〜4を参考にして、セルF3の数式の「E8」をドラッグして選択しておく

1 F4キーを2回押す

=E3/E8

行のみ絶対参照に切り替わった

=E3/E$8

●列のみ絶対参照にする

手順3〜4を参考にして、セルF3の数式の「E8」をドラッグして選択しておく

1 F4キーを3回押す

=E3/E8

列のみ絶対参照に切り替わった

=E3/$E8

レッスン 10 累計売り上げを求めるには

数値の累計

累計売り上げとは、売上金額を日付ごとに順次加えたものです。SUM関数で結果を求められますが、引数のセル範囲は行ごとに異なるため工夫が必要です。

練習用ファイル 累計.xlsx

使用例 累計売り上げを求める

=SUM($B$3:B3)

1 SUM関数を入力する

セルC3～C12に累計売上金額を表示する

1. セルC3をクリックして選択
2. 「=SUM(B3:B3)」と入力

	A	B	C	D	E
1	売上累計				
2	売上年月日	売上金額	累計売上金額		
3	2019/4/1	8,230	=SUM(B3:B3)		
4	2019/4/2	8,653			
5	2019/4/3	9,301			
6	2019/4/4	10,520			
7	2019/4/5	8,794			
8	2019/4/6	11,692			
9	2019/4/7	11,340			
10	2019/4/8	8,790			
11	2019/4/9	10,694			
12	2019/4/10	9,964			
13					

2 絶対参照に切り替える

1つ目の「B3」を絶対参照に変更する

1. 1つ目の「B3」をドラッグして選択
2. [F4]キーを押す

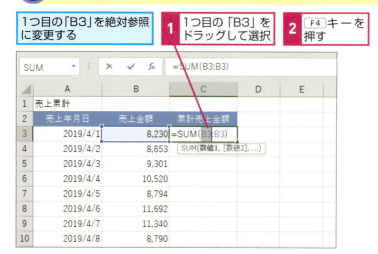

動画で見る 詳細は3ページへ

キーワード

エラーインジケーター	p.275
絶対参照	p.277
セル範囲	p.277

HINT! 累計売り上げとは？

日々の売り上げを管理する集計表では、日付ごとに売り上げを足した「累計売上金額」を表示することがあります。例えば、1週間や1カ月の売上目標に対し、到達までの過程を日々の累計で確認できます。

HINT! 徐々に広がるセル範囲を設定できる

日付ごとの累計は、合計する値が以下のように行ごとに異なります。
・4/1の累計は、「4/1」の金額
・4/2の累計は、「4/1～4/2」の金額
・4/3の累計は、「4/1～4/3」の金額
これをSUM関数の引数にすると、
・セルC3の引数は、セルB3～B3
・セルC4の引数は、セルB3～B4
・セルC5の引数は、セルB3～B5
引数の範囲の開始セルはすべてB3なので絶対参照にし、終了セルは行ごとに異なるため相対参照にして「=SUM($B$3:B3)」とします。このように絶対参照と相対参照を組み合わせることで、徐々に広がるセル範囲を指定できます。

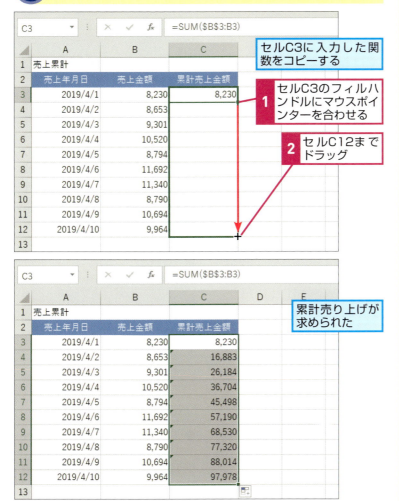

HINT!
セルの左上に表示される緑色の三角形は何？

手順4でセルC3の関数をコピーすると、セルC4～C11に「エラーインジケーター」と呼ばれる緑色のマークが表示されます。これは、関数や数式が隣接したセルを参照していない場合「引数のセル参照が間違っているのではないか」と警告するものです。参照は間違っていないので、そのままにしておいて問題はありません。しかし、エラーインジケーターが煩わしいときは、非表示にするといいでしょう。以下の手順はセルC4での操作ですが、セルC4～C11を選択して操作しても構いません。

1 セルC4をクリックして選択

2 ここをクリック

ここでは、エラーインジケーターを非表示にする

3 [エラーを無視する]をクリック

エラーインジケーターが非表示になった

レッスン 11

複数シートの合計を求めるには

3D集計

異なるワークシート間でも同じ位置のセルなら串刺し合計ができます。別々のワークシートにある表をSUM関数で合計して、1つのワークシートにまとめてみましょう。

練習用ファイル 3D集計.xlsx

使用例 3D集計で各店舗の売上合計を求める

=SUM(銀座店:新宿店!B3)

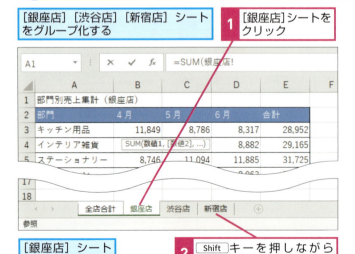

① SUM関数を入力する

[全店合計]シートが表示されていることを確認する

1. セルB3に「=SUM(」と入力

② 各店舗のワークシートをまとめて選択する

[銀座店][渋谷店][新宿店]シートをグループ化する

1. [銀座店]シートをクリック

[銀座店]シートが表示された

2. Shiftキーを押しながら[新宿店]シートをクリック

動画で見る
詳細は3ページへ

キーワード

3D集計	p.275
引数	p.278
ワークシート	p.279

HINT!

別のワークシートにあるセルを参照できる

このレッスンで入力する「=SUM(銀座店:新宿店!B3)」は、[銀座店]から[新宿店]シートのセルB3を合計するという意味です。「:」は連続した複数のワークシートを指定する記号、「!」はワークシート名とセルを区切る記号です。

選択した各ワークシートのセルB3を合計する

● [銀座店]シート

● [渋谷店]シート

● [新宿店]シート

3 選択したワークシートのセルを指定する

[銀座店]シートと[渋谷店]シート、[新宿店]シートが選択された

1 セルB3をクリック

数式バー: =SUM('銀座店:新宿店'!B3

	A	B	C	D	E	F
1	部門別売上集計（銀座店）					
2	部門	4月	5月	6月	合計	
3	キッチン用品	11,849	8,786	8,317	28,952	
4	インテリア雑貨			8,882	29,165	
5	ステーショナリー	8,746	11,094	11,885	31,725	
6	ファッション	11,577	9,702	8,963	30,242	

シートタブ: 全店合計 | 銀座店 | 渋谷店 | 新宿店

4 関数の入力を確定する

[銀座店][渋谷店][新宿店]シートのセルB3を指定できた

1 続けて「)」と入力　**2** Enter キーを押す

数式バー: =SUM('銀座店:新宿店'!B3)

	A	B	C	D	E	F
1	部門別売上集計（銀座店）					
2	部門	4月	5月	6月	合計	
3	キッチン用品	11,849	8,786	8,317	28,952	
4	インテリア雑貨	11,375	8,908	8,882	29,165	
5	ステーショナリー	8,746	11,094	11,885	31,725	
6	ファッション	11,577	9,702	8,963	30,242	
7						

5 売上金額の合計が求められた

[全店合計]シートが表示された

[銀座店][渋谷店][新宿店]シートのセルB3の数値を合計できた

	A	B	C	D	E	F
1	部門別売上集計（全店合計）					
2	部門	4月	5月	6月	合計	
3	キッチン用品	31,803				
4	インテリア雑貨					
5	ステーショナリー					
6	ファッション					
7						

HINT!
3D集計に必要な条件とは

3D集計は、同じ位置のセルを串で刺すように指定します。したがって、同じ位置に同じ項目のデータがあるワークシートを用意する必要があります。

HINT!
3D集計で平均を求めるには

平均を求めるAVERAGE関数でも3D集計ができます。入力方法はSUM関数と同様です。

HINT!
ワークシートの名前を後から変更したときは

数式を入力した後で、ワークシートの名前を変更すると、数式に表示される名前も自動的に修正されます。

HINT!
数式を横方向、縦方向にコピーする

集計表には、最終的にセルB3～D6に3D集計の式を埋めます。その方法は、入力した関数を右方向にコピーした後、下方向にコピーします。

1 セルB3のフィルハンドルにマウスポインターを合わせる

2 ここまでドラッグ

3 セルD3のフィルハンドルにマウスポインターを合わせる

4 ここまでドラッグ

この章のまとめ

●関数の使い方次第でいろいろな集計が可能

売上集計表で最もよく使われるのは、合計を求めるSUM関数です。この章では、表の内容や種類によってSUM関数を使い分ける方法を紹介しました。縦横の数値の合計を求めたり、累計や串刺し合計を求めたり、いずれも同じSUM関数です。「=SUM(数値)」という書式に違いはありません。ただし、引数のセル範囲を絶対参照にしたり、ワークシートをまたいで引数を指定したりするなどの工夫をしています。このような関数にまつわるワザを身に付けておくと、活用範囲が広がります。どの関数を使うかより、どのように関数を使うかが意外と重要なのです。

引数の指定方法を覚えよう

基本関数であっても引数の指定によって活用範囲が広がる。たくさんの関数を知る前に、基本関数をしっかり使いこなせるようになろう。

	A	B	C	D	E	F
1	売上集計表					
2	店舗名	4月	5月	6月	合計	構成比
3	銀座店	8,230	8,125	8,943	25,298	21.4%
4	渋谷店	8,955	9,234	9,341	27,530	23.3%
5	新宿店	7,625	8,366	8,379	24,370	20.6%
6	川崎店	6,498	7,041	7,347	20,886	17.6%
7	横浜店	6,589	6,687	7,031	20,307	17.2%
8	合計	37,897	39,453	41,041	118,391	100.0%

練習問題

1

[第2章] フォルダーにある [練習問題1.xlsx] を開いて、セルB8に3カ月分の売り上げの総合計を求めましょう。

●ヒント：複数行、複数列の範囲の合計を求めます。

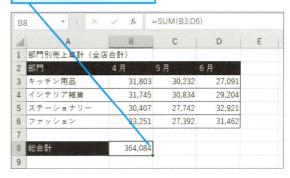

売り上げの総合計を求める

2

[第2章] フォルダーにある [練習問題2.xlsx] を開いて、[全店平均] シートに [銀座店] [渋谷店] [新宿店] の平均値を求めましょう。

●ヒント：3D集計は、合計を求めるSUM関数だけでなく、平均を求める関数でも使えます。

3D集計で平均値を求める

答えは次のページ

解 答

1

合計値はSUM関数で求められます。ここでは、表に入力された値をすべて合計するので、セルB3からセルD6までを参照します。

2

3D集計は、複数のワークシートをまたいで引数を指定します。参照するワークシートを同時に選択している状態で、目当てのセルをクリックすれば、同一個所のセルをまとめて選択できます。

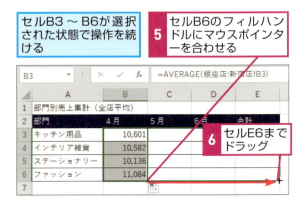

入力した関数をコピーする

第3章 順位やランクを付ける評価表を作る

この章で行うのは数値の評価です。販売実績や試験結果などを集めた表では、順位を表したり、ランク分けをしたりして、数値1つ1つを評価します。また、全体を把握するためには、数値のばらつき具合を見ることも必要でしょう。「販売実績表」や「試験成績表」の数値をいろいろな関数を使って調べます。

● **この章の内容**
- ⓬ 評価表によく使われる関数とは……………………………68
- ⓭ 評価を2通りに分けるには………………………………70
- ⓮ 評価を3通りに分けるにはⅠ……………………………72
- ⓯ 評価を3通りに分けるにはⅡ……………………………74
- ⓰ 別表を使って評価を分けるには…………………………76
- ⓱ 複数の条件に合うかどうかを調べるには………………78
- ⓲ トップ5の金額を取り出すには…………………………80
- ⓳ トップ5の店舗名を取り出すには………………………82
- ⓴ 順位を求めるには…………………………………………84
- ㉑ 標準偏差を求めるには……………………………………86
- ㉒ 偏差値を求めるには………………………………………88
- ㉓ 百分率で順位を表示するには……………………………90
- ㉔ 上位20%を合格にするには………………………………92

レッスン 12 評価表によく使われる関数とは

評価表

評価表では、試験の成績、売上金額などの数値を集計し、さらに判定します。偏差値や順位、いろいろな基準の評価を表示する関数の使い方を確認しましょう。

場合分けによる評価とデータの取り出し

評価を決めるのは、対象になる数値を条件に合わせて2通りや3通りの結果に振り分ける作業です。この章の前半では、売上金額の大小により、2通りから4通り以上の条件で評価を求めます。これらは条件を変えれば、さまざまな評価に応用できます。
さらに、関数を利用して別の表に評価結果のデータを取り出す方法を紹介します。

キーワード

関数	p.275
標準偏差	p.279
偏差値	p.279

HINT!
複数の関数を組み合わせて複雑な処理ができる

関数はいろいろな計算や処理を行ってくれますが、複雑な計算や処理になると、1つの関数では結果を得られません。そのようなときは、複数の関数を使って何段階かの処理を行います。
本章の前半では、複数の関数を組み合わせて使う方法を紹介します。自在に組み合わせることができれば、関数でできることが広がります。

評価を2通りから複数通りに分ける
→レッスン⓭、⓮、⓯、⓰

複数の条件に合うかどうかを調べる
→レッスン⓱

INDEX関数とMATCH関数で売り上げトップ5の店舗名を取り出す →レッスン⓳

LARGE関数でトップ5の売上金額を取り出す
→レッスン⓲

この章で作成する評価表

評価表は、テストの点数や売上金額などの数値を基準に従って評価するのが目的です。この章の後半では、試験の点数をもとに標準偏差、偏差値、順位を求めます。これらは成績表でよく見る評価基準です。ここではさらに、上位20％を「合格」とする判定も行います。それぞれ用意されている関数を使えば簡単に求められます。

STANDARDIZE関数で偏差値を求める →レッスン㉒

RANK.EQ関数で順位を求める →レッスン⑳

PERCENTRANK.INC関数で百分率での順位を求める →レッスン㉓

	A	B	C	D	E	F
1	試験成績評価表					
2	氏名	総合点	偏差値	順位	百分率順位	判定
3	新庄 加奈	190	60.92	3	18%	合格
4	野口 勇人	182	55.97	5	36%	
5	中村 翔	193	62.77	2	9%	合格
6	森山 桜子	172	49.79	6	46%	
7	渡辺 拓哉	198	65.86	1	0%	合格
8	宮本 礼二	155	39.29	10	82%	
9	佐々木 悠人	186	58.45	4	27%	
10	山西 慶子	150	36.20	12	100%	
11	上戸 尚之	166	46.09	7	55%	
12	西田 聖	157	40.53	9	73%	
13	松本 美佐	154	38.67	11	91%	
14	小林 拓海	165	45.47	8	64%	
15	平均点	172.3333				
16	標準偏差	16.18				
17						

STDEV.P関数で標準偏差を求める →レッスン㉑

PERCENTILE.INC関数で上位20％を合格と判定する →レッスン㉔

HINT!
複雑な計算が必要でも関数なら簡単に求められる

標準偏差や偏差値を手作業で計算するとしたら、決められた公式に値を当てはめて複雑な計算をしなくてはなりません。関数なら計算は自動的にやってくれるので、必要な値を指定するだけです。関数を使うことで、簡単に正しい答えを導き出せます。

HINT!
順位を百分率で求める

百分率は、全体を100としたときの割合を示すものですが、順位を百分率で示すことで、全体の中の相対的な位置が分かります。ここでは、1位を0％、最下位を100％と表示します。例えば、18％の順位なら、上位20％以内であることが分かります。

HINT!
標準偏差と平均点

平均点で全体のレベルを見極めることがありますが、突出した高い点数が含まれていると平均点も高くなるので、平均点だけでは信用できません。そこで数値のばらつき具合を見る標準偏差を求めます。この値が小さいほどばらつきは少ないと判断します。平均点と標準偏差を見ることで数値全体を把握できるようになるのです。

レッスン 13

評価を2通りに分けるには

場合分け

評価の種類が2種類の場合は、IF関数を使って判定ができます。売上合計が6万円を超えるときに「達成」の文字をセルに表示し、それ以外は空白にします。

論理

対応バージョン **Office 365** **2019** **2016** **2013** **2010**

論理式に当てはまれば真の場合、当てはまらなければ偽の場合を表示する

=IF(論理式,真の場合,偽の場合)

IF関数は、［論理式］に指定した条件を満たしているか、満たしていないかを判別します。引数の［真の場合］に条件を満たしているときに行う処理を、［偽の場合］に条件を満たしていないときに行う処理を指定することで、2通りの結果に振り分けられます。
ここでは、［論理式］に「売上合計>60000」（売上合計が6万円より大きい）という条件を設定します。この条件を満たす場合は「達成」の文字を表示し、満たしていない場合は何も表示しません。

引数

論理式……条件を式で指定します。
真の場合……［論理式］を満たしている場合（論理式の結果が「TRUE」の場合）に行う処理を指定します。
偽の場合……［論理式］を満たしていない場合（論理式の結果が「FALSE」の場合）に行う処理を指定します。

キーワード

FALSE	p.275
TRUE	p.275
比較演算子	p.278
論理式	p.279

関連する関数

AND	p.78
AVERAGEIF	p.140
COUNTIF	p.136
IFS	p.74
OR	p.78
SUMIF	p.138

HINT!

［論理式］に複数の条件を指定するには

IF関数の引数［論理式］に複数の条件を指定する場合は、引数［論理式］にAND関数、OR関数を組み込みます。詳しくは、レッスン⓱を参照してください。

第3章 順位やランクを付ける評価表を作る

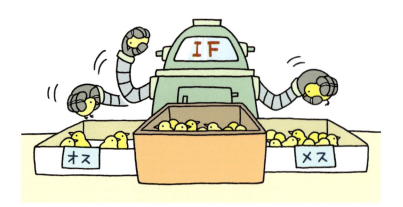

練習用ファイル IF_1.xlsx

使用例 売り上げ目標を達成しているかどうかを調べる

=IF(E3>60000,"達成","")

論理式 / 真の場合 / 偽の場合

	A	B	C	D	E	F
1	第一四半期販売実績					
2	店舗名	4月	5月	6月	売上合計	目標達成
3	新宿西口店	19,985	19,185	21,069	60,239	達成
4	新宿南口店	22,612	15,717	16,949	55,278	
5	池袋駅前店	16,850	15,308	17,383	49,541	
6	池袋地下店	14,469	12,320	11,263	38,052	
7	渋谷駅前店	15,017	23,339	15,688	54,044	
8	渋谷公園店	20,573	22,772	21,861	65,206	
9	原宿店	18,848	19,749	21,587	60,184	
10	青山店	23,744	15,802	22,590	62,136	
11	表参道店	20,778	22,899	23,198	66,875	
12	赤坂見附店	22,412	15,076	15,537	53,025	
13	半蔵門店	15,297	15,740	22,934	53,971	

売り上げ目標を達成しているかどうかを調べられる

HINT!
比較演算子を確認しよう

引数［論理式］には、「～以上」や「～と等しい」などの条件を数式で表します。その際に使うのが以下の比較演算子です。

●比較演算子の種類

比較演算子	比較演算子の意味	条件式の例
=	100に等しい	A1=100
>	100より大きい	A1>100
<	100より小さい（未満）	A1<100
>=	100以上	A1>=100
<=	100以下	A1<=100
<>	100に等しくない	A1<>100

ポイント

論理式……条件となる「売上金額が60000より大きい」を論理式として入力します。

真の場合……［論理式］を満たしている場合に「達成」の文字が表示されるように「"達成"」を入力します。

偽の場合……［論理式］を満たしていない場合に空白が表示されるように「""」を入力します。

HINT!
結果に文字や空白を表示させるには

IF関数の［真の場合］には「達成」の文字を表示する処理、［偽の場合］には何も表示せず空白にする処理を指定していますが、特定の文字をセルに表示させる場合は、文字を「"達成"」のように「"」でくくって指定します。空白にする場合は、何も表示しないことを表す「""」を指定します。

1 セルF3をクリックして選択

2 フィルハンドルをセルF13までドラッグ

ほかの店舗が目標を達成しているかどうかを調べられた

HINT!
論理式を確認するには

引数［論理式］は、セルに直接入力して確認ができます。例えば、セルF3に「=E3>60000」と入力すると「TRUE」が表示されます。これは、セルE3が60000より大きい、つまり論理式を満たしていることを表しています。満たしていない場合は「FALSE」が表示されます。

レッスン 14 評価を3通りに分けるには I

ネスト

IF関数は、2通りの結果に振り分けますが、3通りにするにはIF関数を2つ組み合わせます。関数を組み合わせることを「ネスト」といいます。その方法を見てみましょう。

IF関数の引数にIF関数を組み込む

結果を3通りにするには、条件を2つ指定して、条件1に合う場合、条件2に合う場合、どちらにも合わない場合の3通りにします。これを可能にするには、IF関数の引数に、さらにIF関数を指定します。このように関数の引数に関数を組み込むことを「ネスト」といいます。ここでは引数［偽の場合］にIF関数をネストしてみましょう。

▶キーワード

関数	p.275
ネスト	p.278
引数	p.278

●IF関数で2通りの処理を行う場合

= IF(条件1, 条件1に合う場合, 条件1に合わない場合)

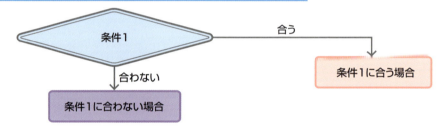

●IF関数にIF関数をネストして、3通りの処理を行う場合

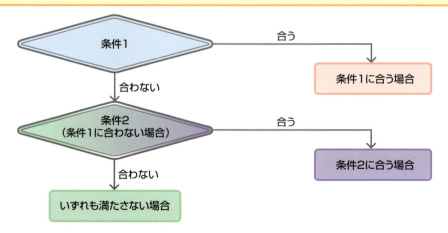

練習用ファイル IF_2.xlsx

使用例 売上金額により「A」「B」「C」の3段階で評価する

=IF(E3>60000,"A",IF(E3>50000,"B","C"))

論理式 / 真の場合 / 偽の場合

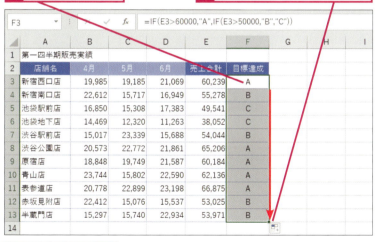

売上金額が6万円より大きいとき「A」、5万円より大きいとき「B」、いずれも満たしていないとき「C」を表示する

セルE3の売上金額に対する評価「A」が表示された

1 セルF3をクリックして選択

2 フィルハンドルをセルF13までドラッグ

ほかの店舗の評価が調べられた

HINT!

[真の場合]にネストするとしたら

練習用ファイルと同じ結果にする式はほかにも考えられます。[真の場合]にIF関数をネストする構造にするなら、「=IF(E3>50000,IF(E3>60000,"A","B"),"C")」でもいいでしょう。5万円より大きいとき、その中で6万円より大きいものを「A」、そうでないものを「B」、どちらにも当てはまらないものを「C」とします。

HINT!

IFS関数でもっと簡単に

Office 365のExcelやExcel 2019では、IFS関数ひとつでこのレッスンと同じ処理を行うことができます（レッスン⑮参照）。

HINT!

別表を使ってランク分けをするには

IF関数にIF関数をネストすると3通りになりますが、さらにIF関数のネストを増やせば、4通り、5通りの結果にすることも可能です。しかし、数式が長く、分かりにくくなってしまいます。この章では、レッスン⑯でVLOOKUP関数を使い、基準となる別表と照らし合わせたランク分けを紹介します。

レッスン 15 評価を3通りに分けるには II
IFS
複数の場合分け

レッスン⑭と同じことはIFS関数でもできます。評価結果を何通りにも場合分けするときに、IF関数をネストするよりも式を短く、効率的に記述できます。

論理　　対応バージョン **Office 365　2019**　2016　2013　2010

論理式に当てはまれば、対応する真の場合を表示する
=IFS(論理式1,真の場合1,論理式2,真の場合2,・・・,論理式127,真の場合127)
（イフエス）

IFS関数は、複数の条件を設定することができる場合分けの関数です。条件は［論理式1］～［論理式127］まで指定することができ、それぞれの条件を満たしたときに実行したい処理を［真の場合1］～［真の場合127］に指定します。複数の条件により場合分けをするには、レッスン⑭のIF関数にIF関数をネストする方法もありますが、IFS関数はそれよりも式の構造が簡単で分かりやすいでしょう。ただし、Excel 2016以前では利用できないので注意が必要です。このレッスンでは、レッスン⑭と同じように、「売上合計」が6万円より大きい場合にAランク、5万円より大きい場合にBランク、0円以上をCランクの3通りにします。

キーワード	
関数	p.275
ネスト	p.278
引数	p.278
論理式	p.279

関連する関数	
CHOOSE	p.122
IF	p.70
INDEX	p.82
MATCH	p.82
OFFSET	p.158
VLOOKUP	p.76, p.106

第3章　順位やランクを付ける評価表を作る

引　数
論理式1 ～ 127………条件を式で指定します。
真の場合1 ～ 127……［論理式1 ～ 127］を満たしている場合に行う処理をそれぞれ指定します。

👉 テクニック　どの条件も満たしていないときの処理を指定するには

IF関数は、[論理式] を満たしているとき [真の場合] を、満たしていないとき [偽の場合] を実行しますが、IFS関数には、引数 [偽の場合] がありません。IF関数の [偽の場合] に当たる、どの [論理式] も満たしていないときの処理を指定したいときは、最後の [論理式] に「TRUE」を指定し、そのすぐ後に実行したい処理を指定します。

「売上金額＞60000」「売上金額＞50000」のいずれも満たしていないとき評価「C」を表示する

	A	B	C	D	E	F	G
1	第一四半期販売実績						
2	店舗名	4月	5月	6月	売上合計	売上評価	
3	新宿西口店	19,985	19,185	21,069	50,239	A	
4	新宿南口店	22,612	15,717	16,949	55,278	B	
5	池袋駅前店	16,850	15,308	17,383	49,541	C	
6	池袋地下店	14,469	12,320	11,263	38,052	C	

［論理式1］の「売上金額＞60000」、［論理式2］の「売上金額＞50000」のいずれも満たしていないとき評価「C」を表示する
=IFS(E3>60000,"A",E3>50000,"B",TRUE,"C")

練習用ファイル　IFS.xlsx

使用例 売上金額により「A」「B」「C」の3段階で評価する

=IFS(E3>60000,"A",E3>50000,"B",E3>=0,"C")

HINT!

条件が多く式が長くなる場合は

［論理式］、［真の場合］は127個まで指定できますが、あまり式が長くなると、入力ミスが多くなり、後で修正するのも大変です。条件が多い場合に分かりやすい式にするには、レッスン⓰のVLOOKUP関数を使う方法も考えてみましょう。

売上金額が6万円より大きいとき「A」、5万円より大きいとき「B」、0円以上のとき「C」を表示する

セルE3の売上金額に対する評価「A」が表示された

1 セルF3をクリックして選択

2 フィルハンドルをセルF13までドラッグ

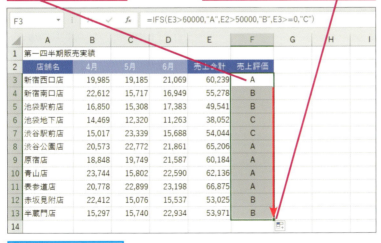

HINT!

論理式に合わない場合には

複数の［論理式］のいずれにも合わない値がある場合、結果にはエラー「#N/A」が表示されます。

エラーが表示された

ほかの店舗の評価が表示された

レッスン 16

VLOOKUP
別表を使って評価を分けるには
別表の取り出し

> 複数通りのランク判定は、IF関数を重ねることでもできますが、別の表から条件に合うデータを取り出すVLOOKUP関数を利用する方が簡単です。

検索／行列　　　　　対応バージョン **Office 365** **2019** **2016** **2013** **2010**

データを検索して同じ行のデータを取り出す
=VLOOKUP(検索値,範囲,列番号,検索方法)
（ブイルックアップ）

VLOOKUP関数は、別表からデータを取り出して表示できます。引数［検索値］を別表で探し、その同じ行にあるデータを取り出します。ここでは、「売上金額」を別表の4通りの「基準値」から探し、「ランク」を取り出して表示します。例えば、「売上金額」が「55,278」の場合、該当するのは「50000以上」を基準とした「B」のランクとなります。このように数値がどの範囲にあるかを検索するには、引数［検索方法］を「TRUE」にするのがポイントです。なお、［検索方法］に「FALSE」を指定するVLOOKUP関数の使い方は、見積書を例にレッスン㉘で紹介します。

▶ **キーワード**

FALSE	p.275
TRUE	p.275
セル範囲	p.277
引数	p.278
列	p.279

▶ **関連する関数**

CHOOSE	p.122
INDEX	p.82
MATCH	p.82
OFFSET	p.158

売上金額「55,278」が該当する値　　　取り出して表示する値

基準値	(説明)	ランク
0	40000未満	D
40000	40000以上	C
50000	50000以上	B
60000	60000以上	A

引数

検索値………別表で検索したい値を指定します。
範囲…………別表のセル範囲。範囲の一番左の列から「検索値」が検索されます。
列番号………［範囲］の中の表示したい列を指定します。
検索方法……［検索値］を［範囲］から探すときの方法を「TRUE」(省略可)または「FALSE」で指定します。
なお、「TRUE」を指定する場合、引数［範囲］の検索値は昇順に並べておく必要があります。

HINT!
［検索方法］が「TRUE」の場合は検索値を昇順で並べる

VLOOKUP関数は、引数［検索値］を別表の左端の列から探します。ここでは「売上金額」の値が基準値のどこに当てはまるかを探します。正確には「売上金額」より小さい近似値を探します。このように検索するには、引数［検索方法］を「TRUE」に指定します。「TRUE」にした場合、別表の左端の列は小さい順（昇順）に並べておくのが決まりです。

第3章　順位やランクを付ける評価表を作る

練習用ファイル　VLOOKUP_1.xlsx

使用例 売上金額により「A」「B」「C」「D」の4段階で評価する

=VLOOKUP(E3,$H$3:$J$6,3,TRUE)

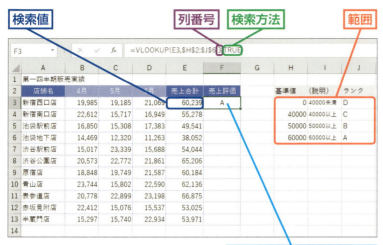

セルE3の売上金額に対する評価「A」が表示された

ポイント

- **検索値**……「売上金額」が別表のどのランク当てはまるかを調べるために「E3」を指定します。
- **範囲**………別表に用意した「基準値」とそれに対応する「ランク」の範囲「H3:J6」を絶対参照で指定します。
- **列番号**……別表の「基準値」から数えて取り出したい「ランク」は3列目に当たるので「3」を指定します。
- **検索方法**…[検索値] を超えない近似値を検索するために「TRUE」を指定します。

1 セルF3をクリックして選択

2 フィルハンドルをセルF13までドラッグ

ほかの店舗の評価が表示された

HINT!

[検索方法] を「FALSE」にしたときは

商品番号を商品リストから探したいなど、[検索値] と完全に一致するデータを別表から探すときは引数 [検索方法] に「FALSE」を指定します（レッスン㉓参照）。このレッスンで誤って「FALSE」を指定しても、完全一致する値が別表にないので、「#N/A」のエラーが表示されます。

HINT!

ランクの基準値を表す別表を作るには

別表に用意するランクの基準値は、一番左の列に基準値を小さい順に入力します。それに該当するランクを右の列に入力します。練習用ファイルでは基準値の範囲が分かるように [（説明）] 列を入れていますが、VLOOKUP関数の利用に必須ではありません。

[（説明）] 列がなくても結果を求められる

レッスン **17** AND OR

複数の条件に合うかどうかを調べるには

複数条件の組み合わせ

複数の条件がある場合、すべての条件を満たしているかを確認するにはAND関数、いずれか1つでも条件を満たしているかを確認するにはOR関数を使用します。

論理　　　　　　　　　　　　　対応バージョン Office 365 2019 2016 2013 2010

複数の条件がすべて満たされているか判断する
=AND(論理式1,論理式2,・・・,論理式255)
（アンド）

複数の条件［論理式］を指定し、それらをすべて満たしているかどうかを判定するのがAND関数です。結果は条件のすべてが満たされているとき「TRUE」、それ以外は「FALSE」になります。

▶キーワード
FALSE	p.275
TRUE	p.275
論理値	p.279

▶引数
論理式1 ～ 255 …… 条件を式で指定します。

▶関連する関数
| IF | p.70 |

論理　　　　　　　　　　　　　対応バージョン Office 365 2019 2016 2013 2010

複数の条件のいずれかが満たされているか判断する
=OR(論理式1,論理式2,・・・,論理式255)
（オア）

OR関数は、複数の条件［論理式］のいずれか1つでも満たしていれば「TRUE」、どの条件も満たしていないとき「FALSE」になります。

▶引数
論理式1 ～ 255 …… 条件を式で指定します。

テクニック　IF関数に複数条件の組み合わせを指定する

AND関数やOR関数は、IF関数（レッスン⑬参照）の引数によく使われます。IF関数は「=IF(論理式,真の場合,偽の場合)」と指定しますが、［論理式］にAND関数やOR関数を用いて複数条件を指定すると、AND関数、OR関数の結果が「TRUE」のとき、［真の場合］が実行され、「FALSE」のとき［偽の場合］が実行されます。

4月～ 6月のすべての月で2万円以上のとき「達成」を表示する
=IF(AND(B3>=20000,C3>=20000,D3>=20000),"達成","")

AND関数で指定した3つの条件がすべて満たされたとき「達成」を表示し、それ以外は何も表示しない

17 複数条件の組み合わせ

練習用ファイル AND_OR.xlsx

使用例 4月、5月、6月のすべてが2万円以上かどうか判断する

=AND(B3>=20000,C3>=20000,D3>=20000)

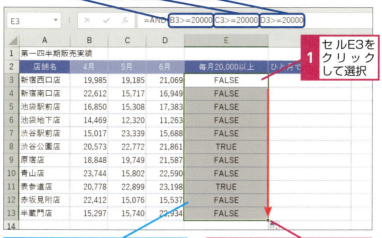

4月～6月まですべて2万円以上のとき「TRUE」が表示され、それ以外は「FALSE」が表示された

2 フィルハンドルをセルE13までドラッグ

HINT!
論理式の作り方は？

[論理式]は、2つのもの（値や文字、セル参照など）を比較演算子（71ページ参照）でつなぐ形で入力します。

HINT!
条件が1つなら関数は不要

条件が1つの場合、関数は必要ありません。例えば「セルA1が100より大きいかどうか」を判定したいときは、セルに「=A1>100」と入力します。この場合も結果は、条件が満たされているとき「TRUE」、満たされていないとき「FALSE」になります。

練習用ファイル AND_OR.xlsx

使用例 4月、5月、6月のいずれかが2万円以上かどうか判断する

=OR(B3>=20000,C3>=20000,D3>=20000)

4月～6月までのいずれかが2万円以上のとき「TRUE」が表示され、どの月も2万円未満のとき「FALSE」が表示された

2 フィルハンドルをセルF13までドラッグ

HINT!
条件に合わないことを確かめるには

論理式は、条件に合う場合に「TRUE」が表示されますが、反対に条件に合わないときに「TRUE」を表示したい場合は、NOT関数を使います。なお、NOT関数に複数の条件を指定する場合は、引数にAND関数やOR関数を組み込みます。

条件に合わないとき「TRUE」を表示する

=NOT(論理式)

レッスン 18

LARGE
トップ5の金額を取り出すには
大きい方から数えた値

LARGE関数を使えば、1番目に多い値、2番目に多い値……というように指定の順位で数値を取り出せます。1位から5位までの売上金額を求めてみましょう。

|統計|

対応バージョン: **Office 365** **2019** **2016** **2013** **2010**

○番目に大きい値を求める
=LARGE(配列,順位)
　　　　ラージ

LARGE関数は、範囲内の大きい方から数えた○番目の値を表示します。引数［順位］には、表示したい順位を指定しますが、「1」と指定した場合は、1番目に大きい値が表示されます。ここでは、引数［順位］に順位が入力されたセルを指定します。そうすることで、同じ数式をコピーできます。

引数

配列…………順位を調べる数値のセル範囲か配列を指定します。
順位…………表示したい順位を指定します。

ここに入力した数字を引数［順位］に利用する

順位	店舗名	売上合計
1		66,875
2		65,206
3		62,136
4		60,239
5		60,184

販売実績トップ5

キーワード

空白セル	p.276
数式	p.277
数値	p.277
セル範囲	p.277
配列	p.278
引数	p.278

▶関連する関数

RANK	p.85
RANK.AVG	p.85
RANK.EQ	p.84

HINT!
順位を求めるRANK.EQ関数との違いとは

トップ5を調べるなら、RANK.EQ関数を使い順位を表示する方法があります。しかし、この方法では、1位から5位までの結果を目で見て探し出さなくてはなりません。ここではトップ5に該当する値を別の場所に取り出します。そのために値の取り出しが可能なLARGE関数を利用します。

HINT!
数値以外が入力されたセルは無視される

引数［配列］に指定した範囲に文字や空白セルが含まれている場合、それらは無視されます。

第3章 順位やランクを付ける評価表を作る

練習用ファイル　LARGE.xlsx

使用例 各店舗の売上合計からトップ5の金額を取り出す

=LARGE($E$3:$E$13,H3)

配列　順位　順位に応じた売上合計が取り出される

	A	B	C	D	E	F	G	H	I	J
1	第一四半期販売実績							販売実績トップ5		
2	店舗名	4月	5月	6月	売上合計	目標達成		順位	店舗名	売上合計
3	新宿西口店	19,985	19,185	21,069	60,239	達成		1		66,875
4	新宿南口店	22,612	15,717	16,949	55,278			2		
5	池袋駅前店	16,850	15,308	17,383	49,541			3		
6	池袋地下店	14,469	12,320	11,263	38,052			4		
7	渋谷駅前店	15,017	23,339	15,688	54,044			5		
8	渋谷公園店	20,573	22,772	21,861	65,206	達成				
9	原宿店	18,848	19,749	21,587	60,184	達成				
10	青山店	23,744	15,802	22,590	62,136	達成				
11	表参道店	20,778	22,899	23,198	66,875	達成				
12	赤坂見附店	22,412	15,076	15,537	53,025					
13	半蔵門店	15,297	15,740	22,934	53,971					

ポイント

配列…………すべての店舗から売り上げトップ5の金額を取り出すので、[売上合計] 列のセル範囲を指定します。セル範囲を絶対参照に指定することで、関数をセルJ4～J7にコピーしても正しい結果を求められます。

順位…………表示したい順位が入力してあるセルを指定します。関数をコピーしたとき、引数［順位］のセル参照が自動でセルH3からセルH4、セルH5と変わるので引数を修正する手間を省けます。

HINT!

引数［順位］に数値を入力するときは

引数［順位］に順位を表す数値を直接指定してもトップ5の売上金額を取り出せます。ただし、このレッスンの例では、求める順位の分だけ引数［順位］に数値を入力した数式が必要になります。

セルJ3の式
=LARGE(E3:E13,1)

セルJ4の式
=LARGE(E3:E13,2)
　・
　・
　・

テクニック　ワースト5の金額を取り出す

LARGE関数は大きい方から数えた値を表示しますが、逆に小さい方から数えた値を表示する場合は、SMALL関数を使いましょう。トップ5の表に入力したLARGE関数をSMALL関数に変えれば、ワースト5の表になります。

○番目に小さい値を求める
=SMALL(配列,順位)
（スモール）

トップ5と同じ要領でワースト5を求められる

販売実績ワースト5		
順位	店舗名	売上合計
1		38,052
2		
3		
4		
5		

ポイント

配列…………順位を調べる数値のセル範囲、または配列を指定します。

順位…………表示したい順位を指定します。

レッスン 19

INDEX / MATCH

トップ5の店舗名を取り出すには

データの取り出し

レッスン⑱で取り出したトップ5の売上金額をもとに「店舗名」を探します。ここでは、INDEX関数とMATCH関数を組み合わせた数式を使います。

検索／行列　　　　　　　　　　　対応バージョン **Office 365　2019　2016　2013　2010**

検査範囲内での検査値の位置を求める
=MATCH(検査値, 検査範囲, 照合の種類)

MATCH関数は、指定した［検査値］が［検査範囲］の何番目のセルにあるかを表示します。例えば、列や行に10、20、30、40の値があるとき、「20」の位置をMATCH関数で調べると結果は「2」となり、2番目にあることが分かります。
ここでは、［検査値］にトップ5の売上金額を指定し、［検査範囲］となるE列の何番目にあるかを調べます。

キーワード	
関数	p.275
セル範囲	p.277
配列	p.278

関連する関数	
CHOOSE	p.122
OFFSET	p.158
VLOOKUP	p.76, p.106

引数

検査値………位置を調べたい値を指定します。
検査範囲……何番目にあるか調べたいセル範囲を指定します。
照合の種類…「0」、「1」（省略可）、「-1」のいずれかを指定します。

● ［照合の種類］の指定値

入力する値	検索方法
1または省略	［検査値］以下の最大値を検索する
0	［検査値］に一致する値のみを検索する
-1	［検査値］以上の最小値を検索する

HINT!

完全一致以外での照合はデータを並べ替える

引数［照合の種類］に、「1」を指定する場合は［検査範囲］の値を昇順に並べておく必要があります。「-1」を指定する場合は、降順に並べます。

検索／行列　　　　　　　　　　　対応バージョン **Office 365　2019　2016　2013　2010**

配列の中で行と列で指定した位置の値を求める
=INDEX(配列, 行番号, 列番号)

INDEX関数は、［配列］の中から指定した［行番号］と［列番号］が交差するセルの値を取り出します。例えば、セル範囲の2行目、3列目のセルを取り出すといったことができます。［行番号］、［列番号］は、数字でも指定できますが、ここでは、［行番号］をMATCH関数で調べます。

関連する関数	
CHOOSE	p.122
OFFSET	p.158
VLOOKUP	p.76, p.106

引数

配列…………値を探す範囲をセル範囲、または配列で指定します。
行番号………［配列］の範囲の先頭行から数えた行番号を指定します。
列番号………［配列］の範囲の先頭列から数えた列番号を指定します。

練習用ファイル INDEX_MATCH.xlsx

使用例 売上合計トップ5の店舗名を取り出す

=INDEX($A$3:$A$13,MATCH(J3,$E$3:$E$13,0),1)

配列 / 行番号 / 列番号

	A	B	C	D	E	F	G	H	I	J
1	第一四半期販売実績							販売実績トップ5		
2	店舗名	4月	5月	6月	売上合計	目標達成		順位	店舗名	売上合計
3	新宿西口店	19,985	19,185	21,069	60,239	達成		1	表参道店	66,875
4	新宿南口店	22,612	15,717	16,949	55,278			2		65,206
5	池袋駅前店	16,850	15,308	17,383	49,541			3		62,136
6	池袋地下店	14,469	12,320	11,263	38,052			4		60,239
7	渋谷駅前店	15,017	23,339	15,688	54,044			5		60,184
8	渋谷公園店	20,573	22,772	21,861	65,206	達成				
9	原宿店	18,848	19,749	21,587	60,184	達成				
10	青山店	23,744	15,802	22,590	62,136	達成				
11	表参道店	20,778	22,899	23,198	66,875	達成				
12	赤坂見附店	22,412	15,076	15,537	53,025					
13	半蔵門店	15,297	15,740	22,934	53,971					
14										

売上合計に応じた店舗名が取り出される

HINT!

VLOOKUP関数ではできないの？

別表からデータを取り出す関数としては、レッスン⓰で紹介したVLOOKUP関数があります。しかし、このレッスンの例では利用できません。VLOOKUP関数は、範囲の左端列から検索値を探し、それより右の列の値を取り出します。ここでは、E列から金額を探し、それより左にあるA列の店舗名を取り出したいので、VLOOKUP関数は使えません。

ポイント

配列............［店舗名］列のセル範囲を指定します。
行番号........トップ5の売上金額が、実績表のE列の何行目にあるかを調べるために、MATCH関数を「MATCH(J3,$E$3:$E$13,0)」と入力します。
列番号........［配列］から取り出したいのは1列目なので、ここでは「1」を指定します。

テクニック ワースト5の店舗名を取り出してみよう

ワースト5の店舗名を取り出すには、あらかじめ売上金額の少ない方から5つの金額をSMALL関数で表示します。これをもとにトップ5と同じ方法で、INDEX関数、MATCH関数を使って店舗名を取り出します。

ワースト5の店舗名を取り出す
=INDEX($A$3:$A$13,MATCH(N3,$E$3:$E$13,0),1)

	L	M	N
	販売実績ワースト5		
	順位	店舗名	売上合計
	1	池袋地下店	38,052
	2		49,541
	3		53,025
	4		53,971
	5		54,044

トップ5と同じ要領でワースト5の店舗名を取り出せる

SMALL関数で金額の少ないワースト5を表示しておく

レッスン 20

RANK.EQ

順位を求めるには

順位

集団の中で何番目かを調べるのが順位です。順位はRANK.EQ関数で、瞬時に表示できます。このレッスンでは、試験の点数の高い順で順位を表示してみましょう。

| 統計 | 対応バージョン **Office 365** **2019** **2016** **2013** **2010** |

順位を求める（同じ値は最上位の順位にする）
=RANK.EQ(数値,参照,順序)
（ランク・イコール）

RANK.EQ関数は、順位を調べたいときに使う関数です。引数［参照］に指定した集団全体の中で［数値］が何番目になるかを調べられます。なお、RANK.EQ関数では、同じ数値には同順位が表示されます。2位の数値が複数ある場合は、1位、2位、2位、4位というように順位付けされることを覚えておきましょう。

▶ キーワード

関数	p.275
互換性	p.276
数値	p.277
絶対参照	p.277
引数	p.278
ブック	p.279

▶ 関連する関数

| LARGE | p.80 |
| SMALL | p.81 |

引数

数値………順位を知りたい値。ここで指定する値は、引数［参照］に含まれている必要があります。

参照………順位を決める集団の範囲を指定します。

順序………降順に順位を付ける場合は「0」（省略可）、昇順に順位を付ける場合は「1」を指定します。

HINT!

大きい順に順位を付けるには

数値の大きい順（降順）に順位を付ける場合、引数［順序］に「0」を指定するか、引数［順序］そのものを省略します。

第3章 順位やランクを付ける評価表を作る

練習用ファイル RANK.EQ.xlsx

[使用例] **試験結果から得点の順位を求める**

=RANK.EQ(B3,$B$3:$B$14,0)

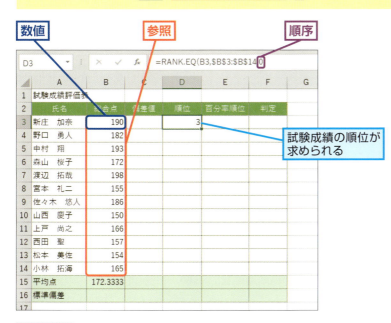

HINT!
RANK関数は使えない？

Excel 2007以前は、順位を求める関数としてRANK関数のみを使用していました。Excel 2010よりRANK.EQ関数、RANK.AVG関数の2つが利用できます。なお、旧RANK関数も下位バージョンとの互換をはかるため残されています。使い方はRANK.EQ関数と同じです。

順位を求める（互換性関数）
=RANK(数値,参照,順序)

ポイント

数値……… 順位を知りたい数値があるセルB3を指定します。

参照……… 順位を決める集団を絶対参照で「$B$3:$B$14」と指定します。絶対参照にすることで、関数をコピーしても正しい結果を求められます。

順序……… 数値の高い順に順位を付けるので「0」を指定します。

テクニック 同率順位を平均値で表示できる

順位を求める関数には、RANK.AVG関数もあります。RANK.AVG関数では、同率順位があった場合、順位の平均値が表示されます。例えば、2位と3位の数値が同じ場合、「（2位＋3位）÷2」の計算で順位の平均を求め、結果を1位、2.5位、2.5位、4位と表示します。この関数は、全体の中の順位を基準にしてデータ分析を行う際、より精度の高い順位が必要な場合に利用します。

順位を求める（同じ値は順位の平均値を表す）
=RANK.AVG(数値,参照,順序)

引数

数値……… 順位を知りたい値を指定します。
参照……… 順位を決める範囲を指定します。
順序……… 降順に順位を付ける場合は「0」、昇順に順位を付ける場合は「1」を指定します。

10位 と 11位の点数が同じため、順位の平均値10.5位が表示される

レッスン 21 標準偏差を求めるには

STDEV.P

標準偏差

標準偏差は、STDEV.P関数で求めることができます。標準偏差とは、数値のばらつきを評価する値のことで、偏差値を求める場合に必要です。

統計

対応バージョン：Office 365 2019 2016 2013 2010

標準偏差を求める

スタンダード・ディビエーション・ピー
=STDEV.P(数値1,数値2,…,数値254)

標準偏差を求めるSTDEV.P関数では、引数に集団の数値のセル範囲を指定します。空白セルや文字列、論理値が含まれている場合は、無視されます。

なお、標準偏差を求める関数には、STDEV.P関数とSTDEV.S関数があります。クラス全員の点数から標準偏差を計算する場合は、母集団そのものの標準偏差を求めるSTDEV.P関数を使います。母集団から抜き取った標本データ（サンプリングデータ）の標準偏差を求める場合はSTDEV.S関数を使います。

引数

数値……… 数値、またはセル、セル範囲を指定します。

●標準偏差とは

標準偏差とは、数値のばらつきを示す値です。例えば、10、20、30、40、50の標準偏差は「14.14……」です。もしすべてが10なら標準偏差は「0」になり、数値が低いほどばらつきは少ないと判定します。

標準偏差の値は、同じように数値のばらつきを表す「分散」（レッスン73参照）の平方根（ルート）をとったものです。「分散」は、各数値から平均値を引き、それぞれを2乗し、それらの平均を求めたものですが、2乗しているため、数値の単位が変わってしまいます。標準偏差は、2乗した値を平方根で戻すことで、数値に合わせた単位となり「分散」より分かりやすい値になります。試験の点数から標準偏差を求める場合は、次のような式になります。

$$標準偏差 = \sqrt{\frac{(個々の得点 - 平均点)^2 の総和}{全生徒数}}$$

$$分散 = \frac{(個々の得点 - 平均点)^2 の総和}{全生徒数}$$

キーワード

FALSE	p.275
TRUE	p.275
空白セル	p.276
互換性	p.276
セル範囲	p.277
引数	p.278
標準偏差	p.279
分散	p.279
偏差値	p.279
文字列	p.279
論理式	p.279

関連する関数

STANDARDIZE	p.88
VAR.P	p.226

HINT!

空白や文字は計算の対象にならない

標準偏差は、指定したセル範囲の数値をもとに計算されます。セル範囲に含まれる空白や文字列、TRUEやFALSEの論理値は無視されます。

第3章 順位やランクを付ける評価表を作る

練習用ファイル STDEV.P.xlsx

使用例 試験結果の得点のばらつき度合いを調べる

=STDEV.P(B3:B14)

数値

	A	B	C	D	E	F	G
1	試験成績評価表						
2	氏名	総合点	偏差値	順位	百分率順位	判定	
3	新庄 加奈	190		3			
4	野口 勇人	182		5			
5	中村 翔	193		2			
6	森山 桜子	172		6			
7	渡辺 拓哉	198		1			
8	宮本 礼二	155		10			
9	佐々木 悠人	186		4			
10	山西 慶子	150		12			
11	上戸 尚之	166		7			
12	西田 聖	157		9			
13	松本 美佐	154		11			
14	小林 拓海	165		8			
15	平均点	172.3333					
16	標準偏差	16.18					

試験成績の標準偏差が求められる

HINT!

旧タイプのSTDEVP関数が使われていた場合

Excel 2010より前の旧バージョンでは、STDEVP関数を利用していました。使い方は、STDEV.P関数と同じです。現在はOffice 365のExcelやExcel2019でも旧STDEVP関数を利用できますが、将来的にどうなるかは分かりません。ワークシート内で旧STDEVP関数が使われていた場合、新しいSTDEV.P関数に置き換えることをおすすめします。

標準偏差を求める（互換性関数）
スタンダード・ディビエーション・ピー
=STDEVP(数値1,数値2,…,数値255)

ポイント

数値……………[総合点] 列のセル範囲を指定します。

テクニック サンプルによる標準偏差を求めるには

レッスンで紹介したSTDEV.P関数は、調査対象のデータ全体から標準偏差を求めますが、すべてのデータを対象にするのが困難な場合は、抽出したサンプル（標本データ）から標準偏差を推定します。このときに利用するのは、STDEV.S関数です。標本データの標準偏差は、データ全体の標準偏差より小さい値に偏りがちなことが分かっています。STDEV.S関数は、それを補正して計算し推定値とします。

標本データから標準偏差を推定する
スタンダード・ディビエーション・エス
=STDEV.S(数値1,数値2,…,数値254)

引数

数値……………数値、またはセル、セル範囲を指定します。

	A	B	C	D	E
1	試験成績（サンプル）				
2	No.	総合点			
3	1	190			
4	2	182			
5	3	193			
6	4	172			
7	5	198			
8	6	155			
9	7	186			
10	8	150			
11	9	166			
12	10	157			
13	11	154			
14	12	165			
15	平均点	172.3			
16	標準偏差	16.90			

標本データから推定される標準偏差を求められる

レッスン 22

STANDARDIZE

偏差値を求めるには

偏差値

> 偏差値は、複雑な公式で求めますが、その一部はSTANDARDIZE関数に置き換えられます。平均値と標準偏差の値を利用して偏差値を計算しましょう。

統計　　　　　　　　　対応バージョン **Office 365** **2019** **2016** **2013** **2010**

標準化変量を求める
=STANDARDIZE(値, 平均値, 標準偏差)

STANDARDIZE関数は、「標準化変量」を求める関数です。「標準化変量」は、単位や基準の異なる値を共通の基準になるように「標準化」したものです。STANDARDIZE関数の引数には、標準化したい「値」、「平均値」、「標準偏差」を指定しますが、平均値、標準偏差はあらかじめ計算しておく必要があります。
「偏差値」は、STANDARDIZE関数で求めた「標準化変量」を利用して求めます。

引 数

値…………標準化したい値を指定します。
平均値………母集団の平均値。AVERAGE関数で求められます。
標準偏差……母集団の標準偏差。STDEV.P関数で求められます。

●標準化変量について

「標準化変量」は、基準の異なる数値を比較するとき利用します。例えば、国語と数学の点数を比較してもどちらが良い成績かは判断しかねます。国語と数学の点数をそれぞれの平均点、標準偏差から「標準化変量」に変換すれば、基準が統一されて比較可能になります。
「標準化変量」は、平均が「0」、標準偏差が「1」となるように「標準化変量＝(値－平均値)÷標準偏差」の式で求めることができますが、これを計算するのがSTANDARDIZE関数です。

▶キーワード

数値	p.277
引数	p.278
標準化変量	p.278
標準偏差	p.279
偏差値	p.279

▶関連する関数

AVERAGE	p.50
STDEV.P	p.86
VAR.P	p.226

HINT!
偏差値の求め方

受験シーズンによく耳にする「偏差値」は、「(自分の得点－平均点)÷標準偏差×10＋50」という公式で求められます。STANDARDIZE関数で計算する「標準化変量」に置き換えると、「標準化変量×10＋50」という式で求めることができます。

第3章　順位やランクを付ける評価表を作る

練習用ファイル　STANDARDIZE.xlsx

使用例 偏差値を求める

=STANDARDIZE(B3,$B$15,$B$16)*10+50

値：試験結果から偏差値が求められる
平均値
標準偏差

	A	B	C	D	E	F	G
1	試験成績評価表						
2	氏名	総合点	偏差値	順位	百分率順位	判定	
3	新庄　加奈	190	60.92	3			
4	野口　勇人	182		5			
5	中村　翔	193		2			
6	森山　桜子	172		6			
7	渡辺　拓哉	198		1			
8	宮本　礼二	155		10			
9	佐々木　悠人	186		4			
10	山西　慶子	150		12			
11	上戸　尚之	166		7			
12	西田　聖	157		9			
13	松本　美佐	154		11			
14	小林　拓海	165		8			
15	平均点	172.3333					
16	標準偏差	16.18					

ポイント

値……………総合点が入力されているセルB3を指定します。
平均値………AVERAGE関数で求めた平均値が表示されているセルB15を指定します。絶対参照にすることで、コピーしても正しい結果が求められます。
標準偏差……STEV.P関数で求めた標準偏差が表示されているセルB16を指定します。絶対参照にすることで、コピーしても正しい結果を求められます。

1 セルC3をクリックして選択
2 フィルハンドルをセルC14までドラッグ
ほかの生徒の偏差値を求められた

	A	B	C	D	E	F	G
1	試験成績評価表						
2	氏名	総合点	偏差値	順位	百分率順位	判定	
3	新庄　加奈	190	60.92	3			
4	野口　勇人	182	55.97	5			
5	中村　翔	193	62.77	2			
6	森山　桜子	172	49.79	6			
7	渡辺　拓哉	198	65.86	1			
8	宮本　礼二	155	39.29	10			
9	佐々木　悠人	186	58.45	4			
10	山西　慶子	150	36.20	12			
11	上戸　尚之	166	46.09	7			
12	西田　聖	157	40.53	9			
13	松本　美佐	154	38.67	11			
14	小林　拓海	165	45.47	8			
15	平均点	172.3333					
16	標準偏差	16.18					

HINT!

標準化変量と偏差値の関係とは

「標準化変量」は、平均が「0」、標準偏差が「1」となるように標準化されます。「偏差値」は、平均が「50」、標準偏差が「10」になるように標準化する必要がありますが、「標準化変量」を10倍して50を加えれば求められます。

HINT!

平均値と標準偏差が必要になる

標準化変量を計算するには、平均値と標準偏差の値が必要です。平均値はAVERAGE関数（レッスン❼）、標準偏差はSTDEV.P関数（レッスン㉑）で求められます。

22 偏差値

レッスン 23

PERCENTRANK.INC

百分率で順位を表示するには

百分率の順位

PERCENTRANK.INC関数は、順位を百分率（パーセント）で表します。全体を100としたとき、得点が全体の何パーセントの位置にあるかを調べてみましょう。

統計 ／ 対応バージョン：Office 365　2019　2016　2013　2010

百分率での順位を表示する

パーセントランク・インクルーシブ
=PERCENTRANK.INC(配列, 数値, 有効桁数)

PERCENTRANK.INC関数は、値を小さいものから並べたとき、特定の値が何パーセントの位置にあるかを求めます。結果は小数点以下の数値で表され、試験の点数の場合、最も低い点数の順位は「0」（0％）、最も高い点数の順位は「1」（100％）になります。

引数

配列 ………… 百分率順位を決める集団のセル範囲、または配列を指定します。
数値 ………… 百分率順位を知りたい値を指定します。
有効桁数 …… 結果の小数点以下の表示けた数を指定します。省略した場合は、「3」が指定され、小数点以下第3位まで表示されます。結果が「0.812」のときは「81.2％」となります。

●逆順で順位を表示する

PERCENTRANK.INC関数では、数値の小さい順に0％から100％の結果になり、「20％」と表示された場合、下位から20％の位置（上位からは80％）ということになります。このレッスンでは「20％」が「上位20％」を意味するように、大きい順に0％から100％の表示するために「=1-PERCENTRANK.INC($B$3:$B$14,B3)」のように「1」からPERCENTRANC.INC関数の結果を引いています。なお、次のレッスンで「上位20％」を「合格」と判定します。

キーワード

互換性	p.276
書式	p.276
数値	p.277
セル範囲	p.277
配列	p.278
引数	p.278
文字列	p.279

関連する関数

PERCENTILE.INC	p.92
RANK	p.85
RANK.EQ	p.84

HINT!

0％より大きく100％より小さい順位にするには

PERCENTRANK.INC関数の結果は0～1（0％～100％）になりますが、PERCENTRANK.EXC関数を利用すると、結果は0より大きく、1より小さい値になります。

百分率で順位を表示する（0％と100％を除く）
パーセントランク・エクスクルーシブ
=PERCENTRANK.EXC(配列, 数値, 有効桁数)

練習用ファイル　PERCENTRANK.INC.xlsx

使用例 百分率で得点の割合を求める

=1-PERCENTRANK.INC($B$3:$B$14,B3)

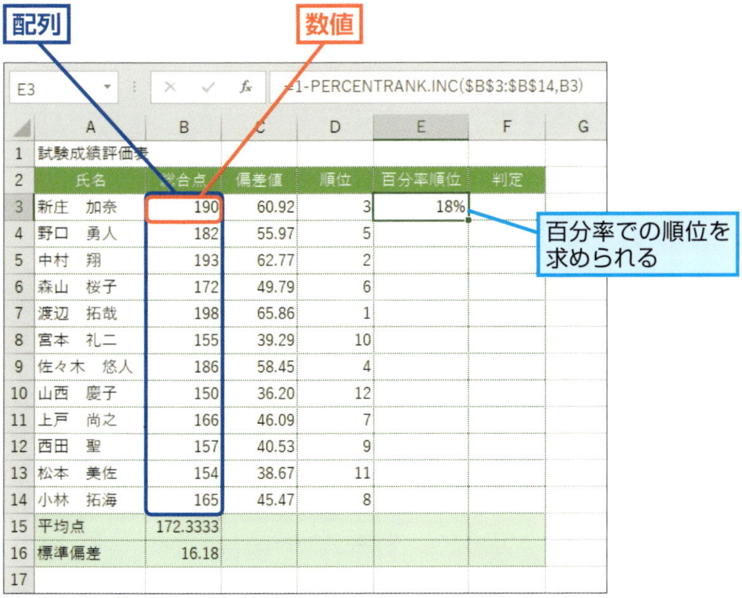

配列　　**数値**

PERCENTRANK関数とは

Excel 2007以前に使われていたのが、PERCENTRANK関数です。使い方は、PERCENTRANK.INC関数と同じです。現在はOffice 365のExcelやExcel 2019でも旧PERCENTRANK関数を利用できますが、将来的にどうなるかは分かりません。ワークシート内で旧PERCENTRANK関数が使われていた場合、新しいPERCENTRANK.INC関数に置き換えることをおすすめします。

百分率での順位を表示する
（互換性関数）
パーセントランク
=PERCENTRANK(配列,数値,有効桁数)

ポイント

配列………総合点が入力されているセルB3～B14を指定します。
数値………個人の「総合点」の点数を指定します。
有効桁数…省略します。省略した場合、小数点以下の結果が得られますが、ここではセルE3～E14にパーセントスタイルの書式を設定しているので、小数点以下は四捨五入されます。

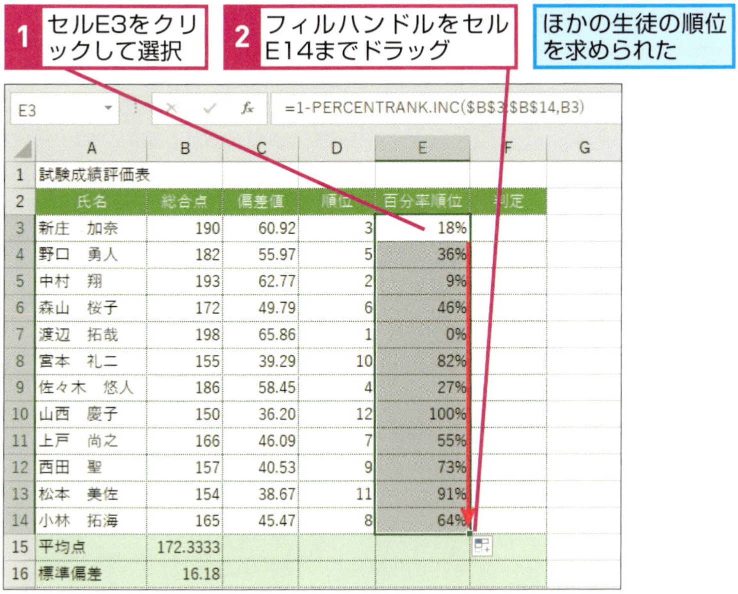

1 セルE3をクリックして選択
2 フィルハンドルをセルE14までドラッグ

ほかの生徒の順位を求められた

百分率での順位を求められる

結果をパーセントで表示するには

PERCENTRANK.INC関数では、結果として0～1の数値が表示されます。これをパーセント表示にするには、セルに「パーセントスタイル」の書式を設定します。このレッスンの練習用ファイルには、あらかじめセルE3～E14にパーセントスタイルの書式を設定しています。

レッスン 24

上位20%を合格にするには

PERCENTILE.INC

百分位数

成績上位20％の境界線となる点数をPERCENTILE.INC関数で求めます。このレッスンでは、その点数を基準にして、IF関数で「合格」の文字を表示します。

統計　　　　　　　　　　　　　対応バージョン　Office 365　2019　2016　2013　2010

百分位数を求める
（パーセンタイル・インクルーシブ）
=PERCENTILE.INC(配列,率)

PERCENTILE.INC関数は、数値を小さい順に並べたとき、百分率で指定した順位の値（分位数）を表示します。例えば、上位20％を区切る数値を表示できます。

試験の点数のように数値が大きいほど上位になる場合、数値の小さい順に順位が決められるPERCENTILE.INC関数では、上位20％を指定するときは引数［率］に80％（100％－20％）を指定します。

キーワード

互換性	p.276
数値	p.277
セル範囲	p.277
百分位数	p.278

関連する関数

PERCENTRANK.INC	p.90
RANK	p.85
RANK.EQ	p.84

　　　　　　　　　　　　　　成績上位20％

順位	0%～	20%～	40%～	60%～	80%～	100%
点数の例	62点	68点	72点	77点	86点	90点

引数［率］に「80％」を指定して求める

引数

配列………順位を決める集団のセル範囲、または配列を指定します。
率…………調べたい順位（百分位）を百分率で指定します。

●分位数について

数値を小さい順に並べ、百分率（0％～100％）で順位を表したものを「百分位」といい、その中の指定した位置の値が「分位数」（百分位数）です。このレッスンでは、0％～100％の中の80％に当たる分位数を調べます。

HINT!

PERCENTRANK.INC関数とPERCENTILE.INC関数の違いとは

PERCENTRANK.INC関数は、全体の中の順位、PERCENTILE.INC関数は、指定した順位の値をそれぞれ調べます。どちらも順位は、0％～100％で表します。

練習用ファイル　PERCENTILE.INC.xlsx

使用例　成績の上位20%を「合格」と判定する

=PERCENTILE.INC($B$3:$B$14,0.8)

上位20%の点数のボーダーが表示される

ポイント

配列……………総合点が入力されているセルB3～B14を指定します。
率………………成績上位20%を表す、百分位の80%（0.8）を指定します。

1. セルF3に「=IF(B3>=$H$3,"合格","")」と入力
2. フィルハンドルをセルF14までドラッグ

生徒の合否が調べられた

HINT!
PERCENTILE関数とは

Excel 2007以前に使われていたのが、PERCENTILE関数です。使い方は、PERCENTILE.INC関数と同じです。現在はOffice 365のExcelやExcel2019でも旧PERCENTILE関数を利用できますが、将来的にどうなるかは分かりません。ワークシート内で旧PERCENTILE関数が使われていた場合、新しいPERCENTILE.INC関数に置き換えることをおすすめします。

百分位数を求める（互換性関数）
=PERCENTILE(配列,率)

HINT!
数式を利用して百分率をパーセントで表示するには

引数［率］は、0～1の数値で指定するほかに、0%～100%のパーセントスタイルでも指定できます。その場合は、以下のように入力するといいでしょう。

=PERCENTILE.INC
($B$3:$B$14,80%)

この章のまとめ

● 1つ1つの数値を調べてみよう

販売実績や試験点数などの数値を詳細に見極めるには、それぞれの数値の評価が欠かせません。全体の中でどの位置にあるのか、目標を達成することはできたのか、そうした細かい評価も関数ならすぐに調べられます。評価自体は、数値1つ1つに対するものですが、それらはデータ全体を把握するのにも役立ちます。
この章では、店舗ごとの販売実績を評価し、条件を設けてランク付けし、最終的に売上金額のトップ5を導き出しました。各店舗の情報を総合的に見ると、全体での売り上げの状況を確認できます。また、試験結果の評価においては、個人の点数から順位や偏差値、合否を示しました。これらもまとめて見れば、全体のレベルを把握できます。
試験結果はもちろんですが、売上金額、顧客数、在庫数など、日ごろ扱うあらゆる数値を個別に評価してみましょう。そこからデータ全体の概要をつかむことができます。

順位やランク付けで傾向が分かる

評価結果を見ることはデータ全体の把握にもつながる

	A	B	C	D	E	F	G	H	I	J
1	第一四半期販売実績							販売実績トップ5		
2	店舗名	4月	5月	6月	売上合計	目標達成		順位	店舗名	売上合計
3	新宿西口店	19,985	19,185	21,069	60,239	達成		1	表参道店	66,875
4	新宿南口店	22,612	15,717	16,949	55,278			2	渋谷公園店	65,206
5	池袋駅前店	16,850	15,308	17,383	49,541			3	青山店	62,136
6	池袋地下店	14,469	12,320	11,263	38,052			4	新宿西口店	60,239
7	渋谷駅前店	15,017	23,339	15,688	54,044			5	原宿店	60,184
8	渋谷公園店	20,573	22,772	21,861	65,206	達成				
9	原宿店	18,848	19,749	21,587	60,184	達成				
10	青山店	23,744	15,802	22,590	62,136	達成				
11	表参道店	20,778	22,899	23,198	66,875	達成				
12	赤坂見附店	22,412	15,076	15,537	53,025					
13	半蔵門店	15,297	15,740	22,934	53,971					
14										
15										

練習問題

1

[第3章]フォルダーにある[練習問題1.xlsx]を開いて、「重さが200g以上」、なおかつ「色が赤」のりんごについて[出荷]列に「◎」が表示されるようにしましょう。

●ヒント：複数の条件を満たすときに、「◎」が表示されるようにします。

重さと色の基準を満たしているりんごだけを出荷するよう検査する

	A	B	C	D	E
1	りんご質量検査				
2	番号	重さ(g)	色	出荷	
3	1	221	赤	◎	
4	2	220	あお		
5	3	202	赤	◎	
6	4	195	あお		
7	5	199	赤		
8	6	229	赤	◎	
9	7	200	あお		
10	8	184	あお		
11	9	217	あお		
12	10	223	赤	◎	
13	平均値	209			
14	標準偏差				
15					

2

[第3章]フォルダーにある[練習問題2.xlsx]を開いて、セルB14にりんごの重さの標準偏差を求めましょう。

●ヒント：表に入力されてるのは、検査対象のすべてのりんごのデータなので、母集団そのものの標準偏差を求めます。

りんごの重さの標準偏差を求める

	A	B	C	D	E
1	りんご質量検査				
2	番号	重さ(g)	色	出荷	
3	1	221	赤	◎	
4	2	220	あお		
5	3	202	赤	◎	
6	4	195	あお		
7	5	199	赤		
8	6	229	赤	◎	
9	7	200	あお		
10	8	184	あお		
11	9	217	あお		
12	10	223	赤	◎	
13	平均値	209			
14	標準偏差	14.05703			
15					

答えは次のページ

解 答

1

1 セルD3に「=IF(AND(B3>=200,C3="赤"),"◎","")」と入力

2 Enterキーを押す

セルD3に「◎」と表示された

3 セルD3をクリックして選択

4 フィルハンドルにマウスポインターを合わせる

5 セルD12までドラッグ

条件により「◎」と空白（「""」）の表示に分けるにはIF関数を使います。条件に「重さが200g以上」「色が赤」の2つを指定し、どちらも満たすときに「◎」を表示するには、IF関数の引数［論理式］にAND関数を組み込みます。

2つの条件を満たす行のセルに「◎」が表示された

2

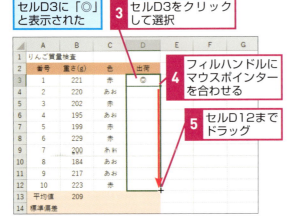

1 セルB14に「=STDEV.P(B3:B12)」と入力

2 Enterキーを押す

ここでは母集団そのものの標準偏差を求めるSTDEV.P関数を使います。引数には、りんごの重さが入力されたセルB3〜B12を指定します。

標準偏差を求められた

第4章 入力ミスのない定型書類を作る

体裁や入力内容が決まっている定型書類は、できるだけ入力個所を少なくしましょう。手間が省けるだけでなく、入力ミスを防ぐことができるからです。見積書なら、商品名や単価を手入力するのではなく、関数によって自動的に表示されるようにします。もちろん金額の計算なども関数で行います。この章では、見積書をはじめ、請求書や交通費精算書など、よく使う定型書類を作成します。

●この章の内容
- ㉕ 見積書や請求書によく利用する関数とは ……………98
- ㉖ 今日の日付を自動的に表示するには ……………102
- ㉗ 1カ月後の日付を表示するには ……………104
- ㉘ 番号の入力で商品名や金額を表示するには ………106
- ㉙ エラーを非表示にするには ……………110
- ㉚ 指定したけた数で四捨五入するには ……………112
- ㉛ 複数の数値の積を求めるには ……………114
- ㉜ 分類別の表を切り替えて商品名を探し出すには ……116
- ㉝ データが何番目にあるかを調べるには ……………118
- ㉞ 行と列を指定してデータを探すには ……………120
- ㉟ 番号の入力で引数のデータを表示するには ………122
- ㊱ 基準値単位に切り捨てるには ……………124
- ㊲ 割り算の余りを求めるには ……………126

レッスン 25

見積書や請求書によく利用する関数とは

定型書類

見積書や請求書で商品名や単価、金額などの入力ミスは許されません。ミスを減らすには、できるだけ手入力を減らし、計算や検索に関数を使うようにしましょう。

この章で作成する見積書

見積書には、商品名や単価、合計金額を記入することが多いでしょう。また、書類の作成日や有効期限も見積書には欠かせません。関数を使えば、見積書に必要な項目を簡単に入力できます。特に商品名や単価を取り出すVLOOKUP関数は、正確なデータを入力するために欠かせません。

▶キーワード	
数式	p.277
数値	p.277
テーブル	p.278
引数	p.278

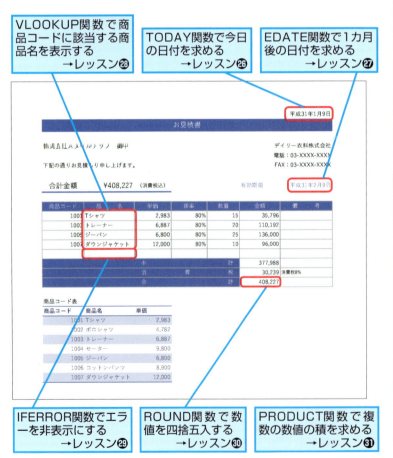

- VLOOKUP関数で商品コードに該当する商品名を表示する →レッスン㉘
- TODAY関数で今日の日付を求める →レッスン㉖
- EDATE関数で1カ月後の日付を求める →レッスン㉗
- IFERROR関数でエラーを非表示にする →レッスン㉙
- ROUND関数で数値を四捨五入する →レッスン㉚
- PRODUCT関数で複数の数値の積を求める →レッスン㉛

HINT!
商品コード表を用意して記載ミスをなくす

商品名や単価の記載間違いは見積書や請求書ではあってはならないことです。あらかじめ商品コードと商品名、単価を記入した表を用意し、VLOOKUP関数で商品コードを指定すれば商品名の記載間違いをなくせます。

HINT!
日付計算は関数で行う

見積書には、作成日と有効期限を明記するのが一般的です。ここでは、作成日の翌月の同日を期限にしますが、このような特殊な日付計算も関数なら簡単です。見積書では、今日の日付を表示するTODAY関数、翌月の日付を求めるEDATE関数を使います。

HINT!
日付の入力に関数を利用しないケースもある

TODAY関数は、今日の日付が自動的に表示されて便利ですが、常に更新される点に注意が必要です。書類の作成日など、日付を記録として残したい場合は、TODAY関数の利用は避けて、日付を入力します。

この章で作成する請求書

請求書に必要な項目は、見積書とそれほど違いがありません。通常は、割引や値引き、掛け率の変更に対応できるように表を作りますが、数式の追加で処理できることが多いでしょう。この章では、複数の商品群から項目をすぐに入力できるようにする方法を紹介します。

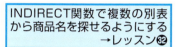

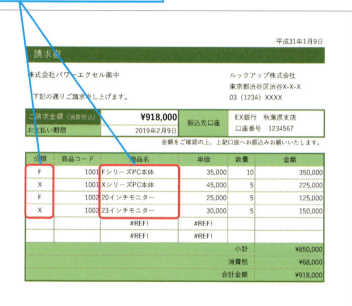

HINT!
複数の「商品コード」に名前を付けておく

この章で紹介する請求書では、「商品コード」と「分類」を入力すると、商品名と単価が自動で表示されます。そのためには、分類別に複数の「商品コード表」を利用します。VLOOKUP関数で表を切り替え、商品名と単価を検索しますが、複数の表にそれぞれ名前を付けて参照できるようにします。詳しくは、レッスン㉘で解説します。

HINT!
消費税の扱いについて

消費税の計算では、1円未満の端数が出ることがあります。この端数をどのように処理するかは、社内のルールや取引先との契約により異なります。小売業では、切り捨てや四捨五入が多く見られます。なお、この章ではレッスン㉚で、四捨五入、切り捨て、切り上げに利用する関数を解説します。

HINT!
請求書に必要な項目とは

請求書には、請求先のあて名、請求書の発行日、取引内容、金額、請求者の会社名や氏名が必須です。取引内容や金額はもちろんですが、日付も重要です。発行日、支払期限、合わせて振込先の情報もひと目で分かるようにしておきましょう。

次のページに続く

この章で作成する交通費精算書

この章では、MATCH関数とINDEX関数を利用して、固定経路での交通費を素早く求める交通費精算書を作成します。「本社」から「渋谷店」、「本社」から「新宿店」など、あらかじめ運賃表を用意しておき、出発地と行き先を入力することで、自動で交通費が入力されるようにします。関数を利用して入力作業をできるだけ減らしましょう。

この章で作成する発注確認書

「発注確認書」では、必要数に対して、何ケース＋何個の注文が必要かを計算します。必要数に対してケース単位に切り捨てる関数や割り算の余りを求める関数を使えば、発注数を簡単に求められます。

HINT!

必要がないデータは非表示にする

左の交通費精算書には、隠れた列があります。［発］列と［着］列に入力したデータが右側の表の何番目にあるかをMATCH関数で求めますが、MATCH関数を入力した列は不要なので、精算書が完成した時点で非表示にします。詳しくは、レッスン㉞を参照してください。

HINT!

「発注確認書」で必要数ぴったりに注文する

レッスン㊱とレッスン㊲では、必要数ぴったりに商品を発注する場合のケース数と個数を求めています。例えば、紙製フォルダーが1ケースに20個まで梱包可能とします。135個紙製フォルダーが必要なとき、7ケース注文すると、7ケース×20個で140個の紙製フォルダーを購入できますが、5個余ります。6ケース注文すると、15個足りません。こうした場合にFLOOR.MATH関数やMOD関数を使えば、必要数に応じた発注ケースの数や余る商品数を正確に求められます。

テクニック Excelのエラー表示の種類を知ろう

数式や関数の結果に「#VALUE」などの「#」で始まるエラーが表示されることがあります。エラーは、数式の入力に間違いがあるときや何らかの理由で数式が正常に処理されないときに表示されるので、その原因を突き止めて対処する必要があります。エラー表示を確認し、以下の原因と対処法を参考にしてください。なお、本章ではエラー表示を回避するための処理をレッスン㉙で詳しく紹介します。

#DIV/0! 数値を「0」（ゼロ）で割り算してしまっている

原因	対処法
数式の分母として参照しているセルが空白または「0」である	セルに「0」以外の値を入力する
数式をコピーしたときに、空欄のセルを参照している	レッスン㉙を参考にしてIFERROR関数を使うか、引数に正しいセル参照を入力し直す

#N/A 関数や数式に使える値がない

原因	対処法
VLOOKUP関数などで、引数［検索値］に間違った値が指定されている	引数に指定している内容を確認し、正しく設定し直す

#NAME? 関数のつづりを間違えたり、間違った［名前］が入力されている

原因	対処法
入力した関数名のつづりが間違っている	関数名を正しく入力し直す
「&」で文字列を組み合わせるとき、"を付け忘れている	文字列の前後に「"」を付ける
テーブルに設定していない構造化参照の［名前］を入力している	テーブルや列に設定した［名前］を確認して、正しく入力し直す

#NULL! セル参照に使う記号が間違っている

原因	対処法
セル範囲への参照を、「:」や「,」ではなく「 」（半角の空白）で入力している	「 」を「:」か「,」に修正する

#NUM! 引数に間違ったデータが入力されている

原因	対処法
指定できる数値が限られている引数に、間違った数値を指定している	引数に指定している数値を確認し、正しい数値に修正する

#REF! 数式や関数に使われているセル参照が無効になった

原因	対処法
参照していたセルが削除されているか、移動している	削除したセルにもう一度データを入力する

#VALUE! 数式や関数の引数に入れるデータの種類が間違っている

原因	対処法
数値を計算する数式で参照しているセルに、数値以外のデータを入力している	引数としてセル参照がある場合などは、参照先のセルに正しい値が入力されているか確認する
関数の引数に使っているセル参照が、コピーなどによってずれている	レッスン㉙を参考にしてIFERROR関数を使うか、引数を正しいセル参照に修正する

セルに表示できない数値が入力されている

原因	対処法
セル幅より長いけたの数値が入力されている	数値がすべて表示されるようにセルの幅を広げる
日付や時間を計算する際に答えがマイナスになる数式を入力している	答えがマイナスにならない数式に修正する

レッスン 26

今日の日付を自動的に表示するには

今日の日付

定型書類には作成日を印刷するのが普通です。今日の日付を表示するTODAY関数を書類に入力しておけば、自動的に日付を表示させることができます。

日付／時刻

対応バージョン **Office 365　2019　2016　2013　2010**

今日の日付を求める
=TODAY()
（トゥデイ）

TODAY関数は、その名の通り「今日の日付」を表示する関数です。表示されるのは、Windowsで管理されている今日の日付です。TODAY関数の日付は、ブックを開いたり、何らかの機能を実行したりするたびに更新されます。特定の日付は残せないので、注意が必要です。

引数

TODAY関数には引数がありません。ただし、「()」は省略できません。

キーワード	
関数	p.275
引数	p.278
表示形式	p.278

関連する関数	
DATE	p.176
DAY	p.177

ショートカットキー

Ctrl + 1 ……[セルの書式設定]ダイアログボックスの表示

Ctrl + ; ……日付の入力

HINT!
TODAY関数に表示される日付とは

TODAY関数で表示されるのは、Windowsに設定されている今日の日付です。日付は、通知領域で確認できます。

HINT!
日付は常に更新される

TODAY関数の日付は、常に更新されます。ファイルを開いたときや何らかの処理を実行するたびに更新されるので特定の日付は残せません。

第4章　入力ミスのない定型書類を作る

練習用ファイル　TODAY.xlsx

使用例 見積書に今日の日付を記入する

=TODAY()

今日の日付が求められる

	A	B	C	D	E	F
1						平成31年1月9日
2			お見積書			
3	株式会社スタイルアップ　御中				デイリー衣料株式会社	
4					電話：03-XXXX-XXXX	
5	下記の通りお見積もり申し上げます。				FAX：03-XXXX-XXXX	
6						
7	合計金額		¥0	(消費税込)	有効期限	
8						
9	商品コード	品　名	単価	数量	金額	備　考
10	1001			15	0	
11	1003			20	0	
12	1005			25	0	
13	1007			10	0	
14					0	
15			小	計	0	
16			消　費　税			消費税8%
17			合	計	0	

ポイント

TODAY関数には、引数がありません。しかし、関数名TODAYに続けて「()」は必須です。

テクニック　現在の日付と時刻をまとめて入力する

TODAY関数では今日の日付だけが表示されますが、NOW関数では、今日の日付と一緒に現在の時刻も表示できます。NOW関数もTODAY関数と同様に、ブックを開いたときなどに自動更新されますが、F9キーを押せば手動でも更新できます。
なお、NOW関数は書式が何も設定されていないセルに入力します。日付の書式が設定してあるセルに入力すると、日付しか表示されません。

現在の日付と時刻を求める
=NOW()

現在の日付と時刻が求められる

HINT!

更新されない日付を瞬時に入力するには

「2019/1/9」のように手入力した日付は、自動で更新されません。なお、Ctrl + ; キーを押すと、今日の日付を素早く入力できます。

HINT!

日付を和暦の表示にするには

書式が何も設定されていないセルにTODAY関数を入力すると、日付は西暦で表示されます。これを和暦にするには、Ctrl + 1 キーを押して[セルの書式設定]ダイアログボックスを表示し、以下の手順で操作します。このレッスンの練習用ファイルでは、[和暦]の表示形式をセルF1に設定済みです。

Ctrl + 1 キーを押して[セルの書式設定]ダイアログボックスの[表示形式]タブを表示しておく

1. [日付]をクリック
2. ここをクリックして[和暦]を選択
3. ここをクリック
4. [OK]をクリック

セルに和暦の表示形式が適用される

レッスン 27

EDATE
1カ月後の日付を表示するには
指定した月数だけ離れた日付

> 1カ月後の同じ日付は、月によって30や31を足せば求められますが、EDATE関数を利用すれば○カ月後、あるいは○カ月前の日付を表示できます。

日付／時刻　　　　　　対応バージョン：Office 365 / 2019 / 2016 / 2013 / 2010

指定した月数だけ離れた日付を表示する
=EDATE(開始日,月)
（エクスパイレーション・デート）

EDATE関数は、引数［開始日］から指定した月数後、月数前の同じ日付を表示します。例えば、［開始日］を「2019/3/10」に指定し、［月］を「1」に指定した場合、1カ月後の「2019/4/10」が表示されます。

キーワード
関数	p.275
シリアル値	p.277
引数	p.278

関連する関数
WORKDAY	p.170
EOMONTH	p.174
NETWORKDAYS	p.182

引数
開始日………起点となる日付を指定します。
月……………プラスの整数を指定した場合は、○カ月後の同じ日付が表示されます。
　　　　　　　マイナスの整数を指定した場合は、○カ月前の同じ日付が表示されます。

📄 練習用ファイル　EDATE_1.xlsx

使用例1　1カ月後の有効期限を表示する
=EDATE(F1,1)

HINT!
翌月の同じ日付の1日前を表示するには

有効期間が1カ月というとき、翌月の同日1日前を表示したい場合があります。その場合は、EDATE関数で表示した日付から1日分を引くといいでしょう。「=EDATE(F1,1)-1」とすると、翌月の同じ日から1日前の日付を求められます。

ポイント
開始日………ここでは、書類の作成日が入力されたセルF1を指定します。
月……………作成日の翌月の日付を有効期限として表示するために「1」を指定します。

練習用ファイル EDATE_2.xlsx

使用例② **1カ月前の同じ日付を表示する**

=EDATE(F8,-1)

1カ月前の日付を表示できる

ポイント

開始日……… 見積書の有効期限が入力されているセルF8を指定します。

月…………… 引数［開始日］の1カ月前の日付を表示するために「-1」を指定します。

テクニック うるう年と計算方法による日付の違い

EDATE関数により表示される「1カ月後」は、翌月の同じ日付です。ただし、31日など同じ日付がない月は、月末の日付になります。ということは、1月31日の1カ月後は、2月28日、うるう年なら2月29日です。このようにEDATE関数は、暦に合わせて日付を表示します。日数による計算ではないことを覚えておきましょう。日数による計算を行うには、「=日付+30」などの数式を入力します。

なお、指定した月の月末の日付を表示するときは、EOMONTH関数を使いましょう（レッスン㊼）。

EDATE関数は単純な日数ではなく、暦に合わせた日付を表示する

	A	B	C	D
1	開始日		1か月後	計算方法
2	2019/1/31		2019/2/28	EDATE関数
3	2020/1/31	うるう年	2020/2/29	EDATE関数
4	2020/1/31	うるう年	2020/3/1	開始日+30
5				

HINT!

セルに日付の書式を設定するには

EDATE関数の結果が日付ではなく、ただの数値で表示された場合は、以下の手順で日付の表示形式を設定します。日付は「シリアル値」という数値で計算されるため、このような現象になります。シリアル値については、第9章のレッスン㊾で詳しく紹介します。

日付が数値で表示された

 Ctrl + 1 キーを押す

［セルの書式設定］ダイアログボックスが表示された

2 ［表示形式］タブをクリック
3 ［日付］をクリック

4 ここをクリック
5 ［OK］をクリック

表示が日付に変更される

レッスン **28**

VLOOKUP

番号の入力で商品名や金額を表示するには

別表の値の取り出し

見積書の商品名や単価に間違いは許されません。VLOOKUP関数を使えば、商品コードに該当する品名を別表から取り出すことで入力や計算の間違いを減らせます。

[検索/行列]　　　　　　　　　　対応バージョン **Office 365　2019　2016　2013　2010**

データを検索して同じ行のデータを取り出す
=VLOOKUP(検索値,範囲,列番号,検索方法)
（ブイルックアップ）

VLOOKUP関数は、別表のデータを検索して表示します。引数[検索値]を別表から探し、その同じ行にあるデータを取り出します。ここでは、見積書の「商品コード」が入力されたとき、それと同じものを「商品コード表」から探し、対応する「商品名」と「単価」をVLOOKUP関数で取り出します。

▶キーワード

数式	p.277
セル参照	p.277
絶対参照	p.277
テーブル	p.278
引数	p.278

引数
検索値………別表で検索したい値を指定します。
範囲…………別表のセル範囲を指定します。範囲の一番左の列から「検索値」が検索されます。
列番号………[範囲]の中の表示したい列を指定します。
検索方法……[検索値]を[範囲]から探すときの方法を「TRUE」（省略可）または「FALSE」で指定します。

VLOOKUP関数は、別表の1列目（左端列）から[検索値]を探し、その行の2列目や3列目を取り出します。したがって、別表の1列目（左端の列）に[検索値]が含まれていなくてはなりません。
なお、別表のデータが増減する可能性がある場合、別表をテーブルに変換しておきましょう。データが増減したとき、それに合わせて別表（引数[範囲]）の範囲を変えてくれます。

▶関連する関数

CHOOSE	p.122
INDEX	p.82
MATCH	p.82
OFFSET	p.158

HINT!

[検索方法]って何？

引数[検索方法]には、「FALSE」か「TRUE」を指定します。「FALSE」は、[検索値]と完全に一致するデータを探します。完全一致のデータがない場合、エラー「#N/A」が表示されます。「TRUE」は、[検索値]と完全に一致するデータがなくてもエラーにはならず、[検索値]を超えない近似値を検索します。この使用例はレッスン⓰を参照してください。

引数[検索値]

別表（引数[範囲]）の1列目から検索される

引数[列番号]の列のデータを取り出す

練習用ファイル VLOOKUP_2.xlsx

使用例 **別表の値を取り出す**

=VLOOKUP(A10,商品コード表,2,FALSE)

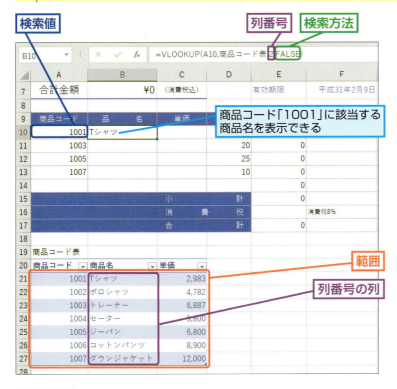

HINT!
表をテーブルに変換して名前を付けるには

使用例の練習用ファイルでは、セルA20～C27をテーブルに変換して名前を付けています。名前を付けておけば、引数［範囲］を「商品コード表」などと名前で指定できます。表をテーブルに変換して名前を付けるには、以下の手順で操作します。

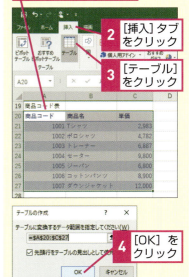

テーブルが選択された状態で名前を変更する

ポイント

検索値……商品コードが入力されるセルA10を指定します。

範囲………別表として用意した「商品コード表」の先頭行（列見出し）を除く範囲を指定します。別表がテーブルの場合、範囲をドラッグして選択するとテーブルの名前が表示されます。「A21:C27」のようにセル番号で指定する場合は、「$A$21:$C$27」のように絶対参照にします。

列番号……ここでは、「商品コード表」の左から2列目の「商品名」を取り出したいので「2」を指定します。

検索方法…商品コードと完全に一致するものを「商品コード表」から探すために「FALSE」を指定します。

次のページに続く

使用例 商品コードから単価を取り出す

=VLOOKUP(A10,商品コード表,3,FALSE)

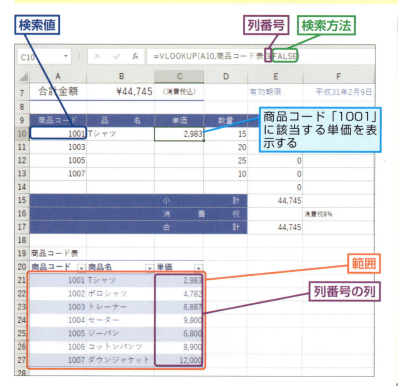

ポイント

検索値……… 商品コードが入力されるセルA10を指定します。

範囲………… 別表として用意した「商品コード表」の先頭行（列見出し）を除く範囲を指定します。別表がテーブルの場合、範囲をドラッグして選択するとテーブル名が表示されます。「A21:C27」のようにセル番号で指定する場合は、「$A$21:$C$27」のように絶対参照にします。

列番号……… 「商品コード表」の左から3列目の「単価」を取り出したいので「3」を指定します。

検索方法…… 商品コードと完全に一致するものを探すために「FALSE」を指定します。

HINT!
別表がテーブルではない場合は？

別表をテーブルに変換していない場合、引数［範囲］に別表の範囲を指定すると、「A21:C27」のようにセル番号で表示されます。ここでは、入力したVLOOKUP関数を下方向にコピーしたいので、「$A$21:$C$27」のように絶対参照の指定（レッスン❾参照）にします。

HINT!
［検索値］が属するグループを調べることもできる

VLOOKUP関数は、番号やコードに対応するデータを取り出すときによく利用されますが、特定の数値がどのグループに属しているかを調べることもできます。詳しくは、レッスン⓰を参照してください。

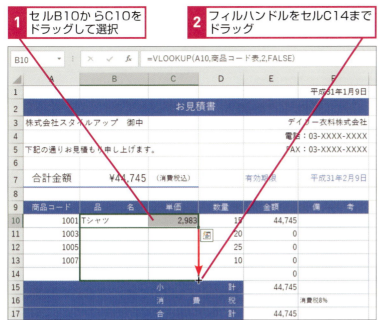

1 セルB10からC10をドラッグして選択

2 フィルハンドルをセルC14までドラッグ

[検索値]であるセルA14に何も入力されていないためエラーが表示される

VLOOKUP関数の結果が影響してエラーが表示される

HINT!

見積書のエラーを出さないようにするには

ここでは、見積書の明細行に余分があるため、「商品コード」が空欄の行にエラーが表示されてしまいます。エラーを出さないようにする簡単な方法は、空白行を削除することですが、見積書ごとに行数を増減していたのでは効率が悪くなってしまいます。そこで、IFERROR関数やIF関数を使ってエラーを表示させないように処理しておきましょう。次のレッスン㉙で紹介します。

HINT!

商品コード表が別のシートにある場合は

引数[範囲]に指定する別表（ここでは、商品コード表）は、別のシートにあっても、別のファイルにあっても指定することができます。VLOOKUP関数の式を入力する際、別シートや別ファイルに切り替えて範囲を指定するだけです。すると、自動的にシート名やファイル名が引数に指定されます。別表がテーブルの場合は、テーブル名が指定されます。

レッスン 29

IFERROR

エラーを非表示にするには

エラーの処理

VLOOKUP関数の引数［検索値］にデータが入力されていないと、エラーが表示されます。ここでは、商品コードが入力されていない場合、空白を表示させます。

論理　　　　　　　　　　　　対応バージョン **Office 365　2019　2016　2013　2010**

値がエラーの場合に指定した値を返す
=IFERROR(値,エラーの場合の値)
（イフエラー）

IFERROR関数は、数式の結果がもしもエラーだったとき、そのときに行う処理を指定できます。

レッスン㉘で入力したVLOOKUP関数は、商品コードが入力されれば、商品名や単価を検索しますが、商品コードが未入力の行ではエラーが表示されます。IFERROR関数の引数［値］にVLOOKUP関数を指定し、その結果がエラーのときだけ、空白を表示するようにします。

キーワード

関数	p.275
互換性	p.276
数式	p.277
引数	p.278
論理式	p.279

関連する関数

IF	p.70
VLOOKUP	p.76, p.106

引数

値……………………エラーかどうかを判定する値、もしくは数式を指定します。

エラーの場合の値……［値］がエラーのとき表示する値を指定します。

テクニック　IF関数でもエラーを非表示にできる

エラーの非表示は、レッスン⑬で紹介したIF関数でも対応できます。ただし、IFERROR関数とは考え方が違います。IFERROR関数では、VLOOKUPの結果がエラーだったら空白を表示します。IF関数では、エラーの原因（ここでは「商品コード」が空白）を回避してVLOOKUP関数を実行させません。

IF関数の書式は、「=IF(論理式,真の場合,偽の場合)」です。引数［論理式］に指定する条件は、「商品コード=""」（商品コードが空白）とし、［真の場合］に空白を表示する""、［偽の場合］にVLOOKUP関数を指定します。

商品コードが空白のとき空白を表示してエラーを表示させない
=IF(A10="","",VLOOKUP(A10,商品コード表,2,FALSE))
（イフ）

IF関数でもエラーを非表示にできる

練習用ファイル　IFERROR.xlsx

使用例　**エラーを非表示にする**

=IFERROR(VLOOKUP(A10,商品コード表,2,FALSE),"")

値 / エラーの場合の値

HINT!
IFNA関数を利用してもいい

IFERROR関数はエラーの種類を問いませんが、IFNA関数（Excel 2013以降で使用可能）は、「#N/A」エラーに限って処理を指定できます。「#N/A」以外のエラーはそのまま表示されます。
VLOOKUP関数では、「商品コード」が未入力のとき「#N/A」が表示されることが分かっているので、IFNA関数を利用できます。ただし、Excel 2013より前のExcelでは使えないため、互換性は低くなります。

値が［#N/A］エラーの場合に指定した値を返す
イフノンアプリカブル
=IFNA(値,エラーの場合の値)

ポイント

値 …………… エラーを判定する値としてVLOOKUP関数を指定します。

エラーの場合の値 …… VLOOKUP関数の結果がエラーだったときには空白を表示したいので、空白を表す「""」を指定します。

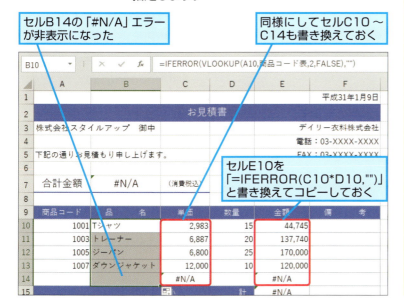

レッスン 30
指定したけた数で四捨五入するには
四捨五入

ROUND

数値を四捨五入するにはROUND関数を使います。けたを指定することができるのが特徴で、ここでは見積書の消費税の小数点以下を四捨五入します。

[数学／三角]

対応バージョン：Office 365 / 2019 / 2016 / 2013 / 2010

指定したけたで四捨五入する
=**ROUND**(ラウンド)(**数値**,**桁数**)

ROUND関数の引数［数値］には、対象にしたい数値を指定します。［桁数］には、どの位（くらい）で四捨五入するかを指定しますが、指定方法にはルールがあります（表参照）。小数点以下を四捨五入して整数にする場合は、「0」を指定します。

引数

数値…………四捨五入する数値を指定します。
桁数…………四捨五入するけたを指定します。

引数［桁数］の指定	対象になる位（くらい）	1234.567を四捨五入した例
-3	100の位	1000
-2	10の位	1200
-1	1の位	1230
0	小数点以下1位	1235
1	小数点以下2位	1234.6
2	小数点以下3位	1234.57

キーワード

関数	p.275
数値	p.277
引数	p.278
表示形式	p.278

関連する関数

CEILING.MATH	p.124
FLOOR.MATH	p.124

HINT!
数値の切り上げや切り捨てをするには

切り上げる場合はROUNDUP関数、切り捨てる場合は、ROUNDDOWN関数を使います。引数の指定方法は、ROUND関数と同じです。

指定したけたで切り上げる
=**ROUNDUP**(ラウンドアップ)(**数値**,**桁数**)

指定したけたで切り捨てる
=**ROUNDDOWN**(ラウンドダウン)(**数値**,**桁数**)

練習用ファイル ROUND.xlsx

使用例 消費税を四捨五入する

=ROUND(E15*0.08,0)

数値 / 桁数

（見積書のスクリーンショット：E16セルに =ROUND(E15*0.08,0)、小計 472,485、消費税 37,799（消費税8%）、合計 510,284）

消費税を四捨五入して表示できる

ポイント

数値………消費税を計算する式を指定します。
桁数………小数点以下1位を四捨五入して整数にしたいので「0」を指定します。

HINT!
表示形式による四捨五入との違い

セルに［桁区切りスタイル］や［通貨表示形式］などの表示形式を設定すると、小数点以下は自動的に四捨五入され、小数点以下の値がないように見えます。しかし、四捨五入されるのは表示だけで、セルの数値そのものは変わりません。それに対し、ROUND関数では数値そのものを四捨五入します。

HINT!
消費税の端数処理について

消費税の端数処理として、四捨五入ではなく切り捨て処理も多く見られます。社内のルールや取引先との契約内容を確認して、間違いのないように処理しましょう。

テクニック 小数点以下を切り捨てたい

数値を切り捨てる関数には、ROUNDDOWN関数がありますが、小数点以下を切り捨てるならINT関数が利用できます。引数は［数値］だけなので、ROUDDOWN関数を使うより簡単です。

小数点以下を切り捨てる
インテジャー
=INT(数値)

小数点以下を切り捨てて整数を表示するときは、INT関数を利用してもいい

レッスン 31

PRODUCT
複数の数値の積を求めるには

複数の数値の積

単価と掛け率、数量など、複数の数値を掛け合わせるときはPRODUCT関数を使うといいでしょう。計算対象のセルに空白や文字列があっても柔軟に対応できます。

数学／三角

対応バージョン **Office 365　2019　2016　2013　2010**

積を求める
=PRODUCT(数値1,数値2,…,数値255)
（プロダクト）

PRODUCT関数は、引数に指定した数値を掛け合わせて積を求めます。SUM関数が指定した数値を足して和を求めるのと同じです。ここでは、「金額」を単価、掛け率、数量を掛けて求めるため、PRODUCT関数の引数に3つの数値を指定します。

▶キーワード

関数	p.275
空白セル	p.276
引数	p.278
文字列	p.279
論理式	p.279

▶関連する関数

IF	p.70
SUM	p.48
SUMPRODUCT	p.104

引数

数値………積を求めたい複数の数値、またはセル範囲を指定します。

テクニック　掛け算とPRODUCT関数の違い

PRODUCT関数は、複数の数値を掛け合わせます。数値を「*」でつないで掛け算を行うのと同じですが、空白や文字が含まれている場合は、異なる結果になります。PRODUCT関数は、空白セルや文字列、論理値を無視します。掛け算では、空白セルは「0」として計算し、文字列はエラーになります。論理値はTRUEを1、FALSEを0として計算します。このような違いがあることを認識しておきましょう。
右の例は、「単価」、「掛け率」、「数量」を掛け算とPRODUCT関数で計算した結果です。「掛け率」を空白にすると、PRODUCT関数は空白を無視するので、結果的に「100%」として計算したのと同じになります。掛け算の場合、空白は「0」として計算するので、計算結果は「0」になります。

空白セルは掛け算では「0」として計算され、PRODUCT関数では無視される

文字列は掛け算ではエラーになり、PRODUCT関数では無視される

第4章　入力ミスのない定型書類を作る

練習用ファイル PRODUCT.xlsx

使用例 複数の数値の積を求める

=IF(E11="","",PRODUCT(C11:E11))

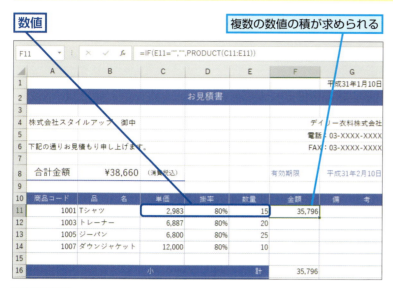

HINT!

IF関数と組み合わせて「0」表示を回避する

レッスンでは、「金額」を求めるPRODUCT関数をIF関数の引数として指定しています。これは、「単価」、「掛率」、「数量」が空欄のときPRODUCT関数の結果として「0」が表示されるのを避けるためです。ここでは、「商品コード」が空白のときは空白を表示し、そうでなければPRODUCT関数を実行するIF関数の式を入力します。

ポイント

数値……掛け合わせたい「単価」「掛け率」「数量」のセルを範囲指定します。

HINT!

積と和を同時に求めるには

PRODUCT関数で求めたそれぞれの行の「金額」は、SUM関数で合計して「小計」に表示します。つまり「小計」を求めるには、2つの計算を行うわけですが、これを1つのSUMPRODUCT関数で済ませることもできます。掛け算のPRODUCT関数と足し算のSUM関数を組み合わせたSUMPRODUCT関数については、レッスン㉜で解説します。

1 セルF11をクリックして選択
2 セルF11のフィルハンドルにマウスポインターを合わせる
3 セルF15までドラッグ
ほかの商品の金額も求められる

レッスン 32 INDIRECT
分類別の表を切り替えて商品名を探し出すには
間接参照

表から目的のデータを探すのはVLOOKUP関数です。複数の表から用途に応じてデータを探したいときは、INDIRECT関数を組み合わせましょう。

検索／行列　　　　　　　　　　　対応バージョン　Office 365　2019　2016　2013　2010

文字列を利用してセル参照を求める
=INDIRECT(**参照文字列**,**参照形式**)
　　　　　インダイレクト

INDIRECT関数は、文字列をセル参照や範囲名に変換して、数式に利用できるようにします。INDIRECT関数を使うと、特定のセル範囲を文字列で指定できるようになりますが、ほかの関数と組み合わせて使うことで機能を発揮します。ここでは、別表からデータを探すVLOOKUP関数と組み合わせます。

▶キーワード
数式	p.277
セル参照	p.277
セル範囲	p.277
文字列	p.279
論理値	p.279
ワークシート	p.279

▶関連する関数
IFERROR	p.110
VLOOKUP	p.76, p.106

引数
参照文字列……文字列が入力されたセルを指定します。
参照形式………［参照文字列］に指定したセルの表記が「A1形式」のとき「TRUE」を指定（省略可）し、「R1C1形式」のとき「FALSE」を指定します。

VLOOKUP関数は、引数［範囲］にデータを検索するセル範囲を指定しますが、セル範囲に「名前」が付いていれば、その名前を指定することができます。使用例の練習用ファイルでは、2つある商品コード表に「F」と「X」の名前を付けてあります。請求書の「分類」に入力される文字と同じです。「分類」に入力された文字をINDIRECT関数で変換することで、VLOOKUP関数の範囲に指定できます。

［分類］列に「F」が入力されたときは［F］のセル範囲、「X」が入力されたときは［X］のセル範囲から探す

セルB25〜D29に「F」という名前を設定している

セルB33〜D37に「X」という名前を設定している

練習用ファイル INDIRECT.xlsx

使用例 セル参照に応じて検索範囲を切り替える

=VLOOKUP(B13,INDIRECT(A13),2,FALSE)

参照文字列

セル参照に応じて分類が「F」の表と「X」の表とで参照範囲を切り替えられる

HINT!
セル範囲に名前を付けるには

範囲に「名前」を付けるには、セル範囲を選択した後、名前ボックスに名前を入力し、Enterキーを押します。ここでは、VLOOKUP関数でデータを探す表に、請求書の「分類」と同じ「F」、「X」の名前を付けてあります。

1. セルB25〜D29をドラッグして選択

2. 名前ボックスに「F」と入力
3. Enterキーを押す

ポイント

参照文字列……[分類]列のセルを指定します。[分類]列に入力した文字列と同じ名前の表がVLOOKUP関数の引数[範囲]となります。

参照形式………省略します。

「#N/A」エラーが出た場合などに空白が表示されるようにしておく

HINT!
参照する表が別のワークシートにあるときは

商品コードの表が別のワークシートにある場合でも、それぞれに名前を付けておけば、ワークシートの切り替えを気にせず、VLOOKUP関数で目的のデータを探せます。

入力した数式を「=IFERROR(VLOOKUP(B13,INDIRECT(A13),2,FALSE),"")」に修正してセルC14〜C18にコピーする

32 間接参照

レッスン 33

データが何番目にあるかを調べるには

データの位置

MATCH関数（レッスン⑲）は、指定した値が指定した範囲の何番目にあるかを調べます。このレッスンでは、MATCH関数を単独で使う例を紹介しましょう。

練習用ファイル MATCH_2.xlsx

使用例 データの場所を調べる

=MATCH(B7,$H$5:$H$9,0)

① MATCH関数を入力する

1. セルC7をクリックして選択
2. 「=MATCH(B7,$H$5:$H$9,0)」と入力
3. Enter キーを押す

② 入力した関数をコピーする

1. セルC7をクリックして選択
2. セルC7のフィルハンドルにマウスポインターを合わせる
3. セルC15までドラッグ

キーワード

関数	p.275
セル範囲	p.277
引数	p.278

HINT!

リストから値を入力できるようにするには

［発］列と［着］列に入力する「本社」や「新宿店」などのデータは、運賃表に含まれるものでなくてはなりません。このレッスンの練習用ファイルでは、入力ミスを防ぐためにデータをリストから選択できるようにしてあります。リストは［データの入力規則］で設定します。

リストを設定したいセルを選択し、［データ］タブの［データの入力規則］（圖）をクリックして［データの入力規則］ダイアログボックスを表示しておく

1. ここをクリックして［リスト］を選択
2. セル範囲を指定
3. ［OK］をクリック

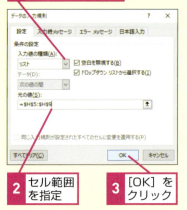

③ MATCH関数を入力する

1. セルE7をクリックして選択
2. 「=MATCH(D7,$H$5:$H$9,0)」と入力
3. Enterキーを押す

HINT!
セルに表示されている数値は何を表しているの？

ここでは、MATCH関数の結果として1〜4の数値が表示されます。これは、B列の文字列がセルH5〜H9の何番目にあるかを表しています。C列に「3」と表示されたなら、B列の文字列は、セルH5〜H9の3番目にあることを表しています。

④ 入力した関数をコピーする

1. セルE7をクリックして選択
2. セルE7のフィルハンドルにマウスポインターを合わせる
3. セルE15までドラッグ

MATCH関数でデータの場所を調べられた

HINT!
なぜ「###」が表示されるの？

手順2でセルC7に入力した関数をコピーしましたが、セルB13〜B15に運賃表のデータを入力していないので、関数が実行できず「#N/A」エラーが表示されます。「#N/A」ではなく「###」が表示されるのは、セルの幅が狭いためです。

HINT!
「発」「着」で同じ[検査範囲]でいいの？

MATCH関数は、引数に[検査値]と[検査範囲]を指定します。ここでは、[発]列や[着]列の文字列が[検査値]、探す範囲が[検査範囲]です。本来、[着]列の[検査範囲]は、セルI4〜M4とすべきですが、行と列のどちらの範囲も同じデータが同じ順序で並んでいるので、セルH5〜H9の指定で問題ありません。

レッスン 34

INDEX
行と列を指定してデータを探すには
位置を指定した値の取り出し

指定した行、列が交差するセルの値を表示するのがINDEX関数です。行、列は、レッスン㉝でMATCH関数により調べた結果を利用します。

練習用ファイル　INDEX_2.xlsx

使用例 発着場所から交通費を求める

=INDEX($I$5:$M$9,C7,E7)

① INDEX関数を入力する

1. セルF7をクリックして選択
2. 「=INDEX($I$5:$M$9,C7,E7)」と入力
3. Enterキーを押す

② 入力した関数をコピーする

1. セルF7をクリックして選択
2. セルF7のフィルハンドルにマウスポインターを合わせる
3. セルF15までドラッグ

キーワード

行	p.276
セル範囲	p.277
引数	p.278
列	p.279

HINT!
INDEX関数で○行目、○列目の値を表示する

INDEX関数の引数には、[参照]、[行番号]、[列番号]を指定します。[参照]には、「営業所間交通費」のデータ範囲を指定し、この範囲の[行番号]、[列番号]（○行目、○列目）のセルの値を表示します。ここでは、あらかじめMATCH関数で○行目、○列目が調べてあります（レッスン㉝参照）。

行と列で指定した位置の値を求める
=INDEX(参照,行番号,列番号)

HINT!
MATCH関数で求めた値をINDEX関数で使う

レッスン㉝のMATCH関数では、交通費の表（セルI5～M9の表）の何列目、何行目かを調べたわけです。この結果をINDEX関数の引数に指定し、最終的に「交通費」の金額を表示します。

③ IFERROR関数を入力する

1. セルF7をクリックして選択
2. 入力済みの数式を「=IFERROR(INDEX($I$5:$M$9,C7,E7),"")」に修正
3. Enterキーを押す

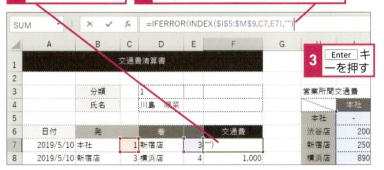

④ 入力した関数をコピーする

1. セルF7をクリックして選択
2. セルF7のフィルハンドルにマウスポインターを合わせる
3. セルF15までドラッグ

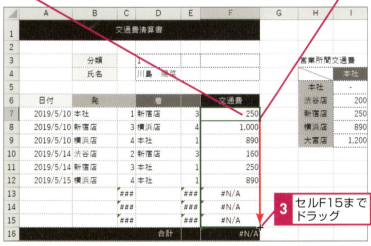

エラーを非表示にできた

HINT!
IFERROR関数でエラーを処理する

［発］列と［着］列にデータが入力されていないと、INDEX関数を入力したセルにエラーが表示されます。これを回避するには、IFERROR関数（レッスン㉙）を利用します。INDEX関数の結果がエラーのときに空白を表示するようにします。

HINT!
MATCH関数の結果を非表示にするには

MATCH関数を入力したC列やE列は、精算書に表示する必要はありません。しかし、INDEX関数にとっては必要な値です。このように見かけ上必要のない列や行は非表示にします。非表示にしたい行番号や列番号（ここでは、C列、E列の列番号）を右クリックして［非表示］を選択します。

1. 列番号Cを右クリック
2. ［非表示］をクリック

C列が非表示になった

C列を再表示するときは、B列とD列を選択し、同様の手順で［再表示］をクリックする

レッスン 35
CHOOSE
番号の入力で引数のデータを表示するには
番号による値の入力

複数のデータを引数に指定し、その○番目を表示するのがCHOOSE関数です。いくつかのデータから単純に○番目を取り出して表示します。

検索／行列　　　　　　　　　　　　　　　　対応バージョン **Office 365　2019　2016　2013　2010**

引数のリストから値を選ぶ
=CHOOSE(インデックス,値1,値2,…,値254)

CHOOSE関数は、引数に指定した［値1］、［値2］……の複数のデータから、○番目のデータを表示します。○番目は、引数［インデックス］で指定します。
ここでは、「分類」のセルF3に「社員」か「アルバイト」のどちらかを表示しますが、セルD3に入力した番号により自動的に表示されるようにします。「1」の入力で「社員」、「2」の入力で「アルバイト」を表示します。

▶キーワード	
数式	p.277
数値	p.277
セル参照	p.277
セル範囲	p.277
引数	p.278
文字列	p.279

▶関連する関数	
INDEX	p.82
MATCH	p.82
OFFSET	p.158
VLOOKUP	p.76, p.106

引数

インデックス……何番目のデータを取り出すかを指定します。
値……………………データを「,」で区切って指定します。

●引数［値］に入力できるもの
引数［値］には、数値、文字列、セル参照、数式を指定できます。この中で文字列に関しては「"」でくくる必要があります。

引数［値］のデータ種類	関数の使用例	結果
数値	=CHOOSE(2,10,20,30)	20
文字列	=CHOOSE(2," 東京 "," 大阪 "," 名古屋 ")	大阪
セル参照	=CHOOSE(2,A1,B1,C1)	（セルB1の値が表示される）
数式	=CHOOSE(2,1+1,10+10,100+100)	20

第4章　入力ミスのない定型書類を作る

📄 練習用ファイル CHOOSE.xlsx

[使用例] インデックスが「1」なら「社員」、「2」なら「アルバイト」と表示する

=CHOOSE(D3,"社員,"アルバイト")

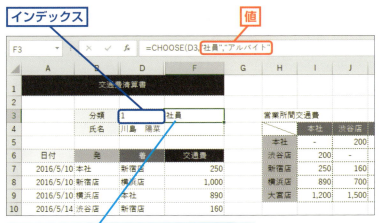

インデックスに応じて「社員」か「アルバイト」のいずれかを表示できる

ポイント

インデックス……「1」か「2」が入力されるセルD3を指定します。
値……………………「社員」と「アルバイト」を「"」でくくり、「,」で区切って指定します。

1. セルD3に「2」と入力
2. Enter キーを押す

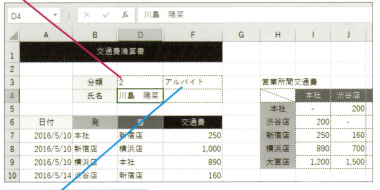

セルF3に「アルバイト」の文字列が表示された

HINT!

引数「値」のデータをセルに入力しておくこともできる

引数［値］の個数が多くなると、数式が長くなり、理解しにくくなります。そのような場合は、［値］に指定するデータをセルに入力し、そのセルを数式に指定します。

引数［値］にはセル範囲を指定してもいい

［値］に指定するデータを別のセルに入力しておく

HINT!

選択肢がたくさんある場合は

このレッスンでは、表示する選択肢は「社員」、「アルバイト」の2つです。この程度なら式も短く簡単に済みます。選択肢が多く式が長くなる場合は、ほかの方法を考えましょう。別表に選択肢のすべてを入力し、そこから取り出して表示するVLOOKUP関数（レッスン㉓）の利用がおすすめです。

35 番号による値の入力

できる 123

レッスン 36 基準値単位に切り捨てるには — FLOOR.MATH

切り捨て

FLOOR.MATH関数は、数値を指定した単位で切り捨てます。商品を必要数に合わせて、ケース単位で注文するシーンを想定して考えてみましょう。

数学／三角　対応バージョン：Office 365 / 2019 / 2016 / 2013 / 2010

基準値の倍数で数値を切り捨てる
=FLOOR.MATH(数値,基準値,モード)
（フロア・マス）

FLOOR.MATH関数は、引数［数値］に最も近い［基準値］の倍数を求めます。例えば、数値「80」を基準値「30」で計算した場合、基準値「30」の倍数で、数値「80」を超えない「60」が結果として表示されます。

使用例では、A4クリアファイルを80個用意するには、1ケース30個の場合、何ケース＋何個必要かを計算します。

キーワード
関数	p.275
互換性	p.276
数値	p.277
引数	p.278

関連する関数
ROUND	p.112
ROUNDDOWN	p.112
ROUNDUP	p.112

引数

数値……切り捨ての対象にする数値を指定します。
基準値……倍数の基準になる値を指定します。
モード……負の数値を切り捨てる方向を「0」、または負の数値で指定します。数値「6.5」を基準値「1」で切り捨てるとき、モードによって以下の結果になります。

数値	基準値	モード	結果
-6.5	1	0（省略可）	-7
-6.5	1	-1	-6

テクニック　基準値の倍数で数値を切り上げる

基準値単位に切り上げる場合は、CEILING.MATH関数を使います。引数［基準値］の倍数を求める点ではFLOOR.MATH関数と同じですが、結果は、［数値］より大きい値に切り上げます。
なお、Excel 2010以前では、CEILING関数を使います。

基準値の倍数で数値を切り上げる
=CEILING.MATH(数値,基準値,モード)
（シーリング・マス）

基準値の倍数で数値を切り上げる（互換性関数）
=CEILING(数値,基準値)
（シーリング）

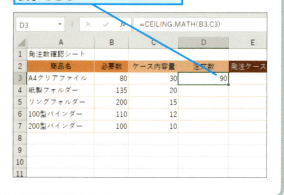

基準値単位で数値を切り上げて表示できる

練習用ファイル FLOOR.MATH.xlsx

使用例　ケース単位で余りが出ないように注文するときの商品数を求める

=FLOOR.MATH(B3,C3)

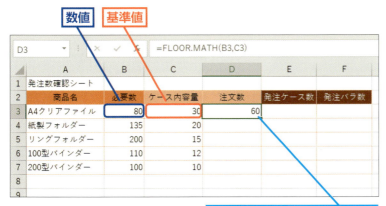

HINT!

Excel 2010以前で基準値を切り上げるには

Excel 2010以前では、FLOOR関数で基準値単位に切り上げます。使い方は、FLOOR.MATH関数と同様に、引数に［数値］と［基準値］を指定します。［モード］の指定はなく、負の値を切り上げた場合、FLOOR.MATH関数の［モード］を省略したときと同じ結果になります。

基準値の倍数で数値を切り捨てる
（互換性関数）
=FLOOR(数値,基準値)

ポイント

数値………「必要数」の値のセルを指定します。
基準値……「ケース内容量」の値のセルを指定します。
モード……負の値が入力されることはないので省略します。

36 切り捨て

レッスン 37

MOD
割り算の余りを求めるには
割り算の余り

MOD関数では、割り算の結果を整数にしたときの「余り」を求められます。ここでは、備品をケース単位で注文した場合に足りない個数を求めます。

| 数学/三角 | 対応バージョン **Office 365** 2019 2016 2013 2010 |

割り算の余りを求める
=MOD(数値,除数)
　　モデュラス

MOD関数は、割り算の結果が整数のときの余りを表示します。単純に余りだけを表示する例は少なく、ほかの関数と組み合わせてよく使われます。

▶キーワード

| 関数 | p.275 |
| 引数 | p.278 |

引数
数値…………割り算の割られる数値（分数で表したときの分子）
除数…………割り算の割る数値（分数で表したときの分母）

▶関連する関数

SUM	p.48
SUMPRODUCT	p.184
PRODUCT	p.114

HINT!
MOD関数で奇数、偶数を判別する

MOD関数は、奇数、偶数の判別によく使われます。数値を2で割ったときの余りが「0」なら偶数、「1」なら奇数というわけです。IF関数の条件に指定すれば、偶数か奇数かで異なる結果にすることができます。

第4章 入力ミスのない定型書類を作る

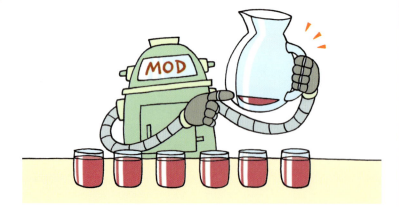

練習用ファイル MOD.xlsx

使用例 必要数とケースの発注数をもとにバラの発注数を求める

=MOD(B3,C3)

- 数値
- 除数
- 割り算の余りを表示できる

HINT!
割り算の整数の答えを求めるには

MOD関数は割り算の余りだけを表示しますが、割り算そのものの整数の結果は、QUOTIENT関数で求めることができます。割り算の式の結果とは異なります。例えば「5÷2」の数式の結果は「2.5」ですが、QUOTIENT関数の結果は整数の「2」です。

商を求める
=QUOTIENT(数値,除数)
    クオーシャント

ポイント
数値………「必要数」のセルを割られる値として指定します。
除数………「ケース内容量」のセルを割る値として指定します。

入力した関数をセルF4～F7にコピーしておく

テクニック 金種計算表を作ってみよう

ある金額に必要な金種とその数を計算します。金額を金種ごとに割り算していきますが、余りを求めるMOD関数と小数点以下を切り捨てるINT関数を組み合わせて効率よく計算します。

必要な1万円札は、金額を1万円で割り、小数点以下を切り捨てて求めます。次に必要な5千円札は、1万円で割った余りを5千円で割り、小数点以下を切り捨てます。あとの金種は、5千円札を求める式をコピーします。

必要な1万円札を求める
=INT(C2/B3)
   インテジャー

必要な5千円札を求める
=INT(MOD($C$2,B3)/B4)
   インテジャー

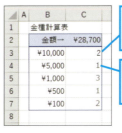

- 金額を1万円で割って小数点以下を切り捨てる
- 金額を1万円で割った余りを5千円で割って小数点以下を切り捨てる

割り算の余り

この章のまとめ

●関数を活用して入力個所の少ない効率的な書類を作ろう

見積書や請求書、交通費の精算書など、業務でよく使う書類は、徹底的に入力個所を少なくしましょう。ひな型となる最初の書類を作るときに手間がかかっても、次からは簡単に書類を仕上げられます。

入力個所を少なくするためには、さまざまな関数を利用します。数値の計算や日付の表示にはもちろんですが、データを入力する個所もできるだけ関数で参照するようにします。見積書では商品名や単価に入力ミスがあってはなりません。より簡単に、なおかつ正確に入力をするには、商品名や単価をまとめた表からVLOOKUP関数でデータを取り出します。この方法は、ほかにも応用できます。例えば、見積書のあて先に入力する会社名や担当者名なども正確に入力をする必要があります。あらかじめ取引先情報をまとめた表を作成しておけば、入力を簡単にできるでしょう。この章では、VLOOKUP関数のほかにも、CHOOSE関数やMATCH関数、INDEX関数を使ったデータ参照の方法を紹介しました。データの数や参照する方法によって関数を使い分けます。

関数を駆使して実務に則した、便利な定型書類を作ってみましょう。

入力個所を少なくしよう
関数を利用すれば、入力の手間を減らして正確な内容の定型書類を作成できる

練習問題

1

［第4章］フォルダーにある［練習問題1.xlsx］を開いて、見積書のあて先の会社名をコード番号で入力できるようにしましょう。セルA3に「取引先コード」を入力すると、セルA4に「取引先コード表」にある会社名が表示されるようにします。

●ヒント：コード番号の入力によりデータを参照する関数を使います。

セルA3にコードを入力して目的の会社名が表示されるようにする

2

［第4章］フォルダーにある［練習問題2.xlsx］を開いて、番号と個数を入力すると、会計金額が表示されるようにしましょう。セルC2に1～3の番号、セルC3に1～5の個数を入力すると、「金額早見表」の該当する金額が表示されるようにします。

●ヒント：行数と列数を指定してデータを参照する関数を使います。

商品の種類と個数を指定して合計金額がセルC4に表示されるようにする

答えは次のページ

解答

1

1 セルA4に「=VLOOKUP(A3,取引先コード表,2,FALSE)」と入力

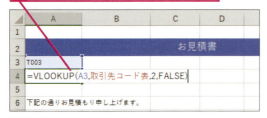

2 Enter キーを押す

コード番号に対応するデータを表示するにはVLOOKUP関数を使います。VLOOKUP関数の引数［検索値］には、「取引先コード」を入力するセルA3を指定します。

セルA3のコードに対応した会社名が表示された

2

1 セルC4に「=INDEX(D8:H10,C2,C3)」と入力

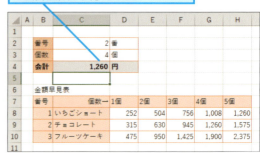

2 Enter キーを押す

番号と個数は、そのまま「金額早見表」の○行目、○列目を表します。このように行と列を指定する場合は、INDEX関数を使いましょう。番号を行、個数を列として目的の金額を探せます。

チョコレートを4個注文した場合の会計金額が表示された

第5章 条件に合わせて計算する集計表を作る

大量のデータを集めても、そのままでは意味がありません。目的によって整理する必要があります。そのときに使うのが、条件に合わせてデータを選別して集計する関数です。この章では、アンケートの回答や日々の売り上げを集めたデータをさまざまな条件で集計します。

●この章の内容

㊳ 複雑な集計表によく使われる関数とは……132
㊴ 数値の個数を数えるには……134
㊵ 条件を満たすデータを数えるには……136
㊶ 条件を満たすデータの合計を求めるには……138
㊷ 条件を満たすデータの平均を求めるには……140
㊸ 条件を満たすデータの最大値を求めるには……142
㊹ データの分布を調べるには……144
㊺ データの最頻値を調べるには……146
㊻ 複数条件を満たす数値を数えるには……148
㊼ 複数条件を満たすデータの合計を求めるには……150
㊽ 複雑な条件を満たす数値の件数を求めるには……152
㊾ 複雑な条件を満たすデータの合計を求めるには……154
㊿ 複雑な条件を満たすデータの最大値を求めるには……156
(51) 行と列で指定したセルのデータを取り出すには……158
(52) 表示データのみ集計するには……160

レッスン 38 複雑な集計表によく使われる関数とは

複雑な集計表

アンケートの回答や売り上げのデータを集めた表は、集計することに意味があります。条件に合わせてデータの検索や集計を行う関数の使い方を学びましょう。

この章で作成するアンケート集計表

アンケートの回答を入力した表をもとにさまざまな集計を行います。この章では、会員から回収したアンケートから人数や利用金額を集計しますが、性別や職業などの条件に応じて集計します。COUNTIF関数やSUMIF関数などの使い方をこの章でマスターしましょう。

キーワード	
関数	p.275
最頻値	p.276
引数	p.278

HINT!

アンケートデータを簡単に入力するには

この章で利用する練習用ファイルでは、[性別] 列に男性なら「1」、女性なら「2」を入力しています。[職業] 列には、学生を「1」、会社員を「2」、それ以外を「3」と入力しています。回答を決まった数値に置き換えておけば、データ入力の手間を省け、集計がしやすくなります。

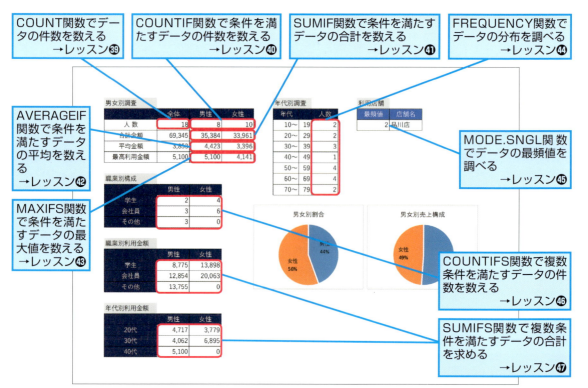

第5章 条件に合わせて計算する集計表を作る

132 できる

この章で作成する売上日報集計表

この章の後半では、前半のアンケート集計とは違う方法で特定条件での集計を行います。より複雑な条件で集計するために、「売上日報集計表」ではデータベース関数を利用します。DCOUNT関数やDSUM関数などのデータベース関数は、複数の条件をセルにあらかじめ入力でき、複雑な条件の設定や条件の書き換えも簡単です。状況に応じて集計する方法を覚えましょう。

HINT!
データ集計表は1件分のデータを1行に入力する

レッスン㊴からは、アンケート結果や売り上げの集計表を作成します。集計表は、1件分のデータを1行に入力し、同じ列に入力するデータは、種類が混在しないようにします。項目が多いからといって、1件のデータを2行に分けて入力したり、同じ列に数値データと文字データを混在させたりすると、正しく集計ができません。

- セル内で改行してデータを入力しない
- 数値と文字列を同じ列に入力しない

売上日報集計表から売り上げの最高額や平均客単価を求める

OFFSET関数で売上日報集計表の最終行の日付を取り出す
→レッスン㉛

DCOUNT関数で曜日と気温の条件を満たすデータの件数を数える
→レッスン㊽

DSUM関数で曜日と気温の条件を満たす売上金額を求める
→レッスン㊾

DMAX関数で曜日と気温の条件で最大の売上金額を求める
→レッスン㊿

SUBTOTAL関数でさまざまな集計を行う
→レッスン52

レッスン 39

COUNT
数値の個数を数えるには

数値の個数

集計表では、データ件数の把握が重要です。データが数値なら、COUNT関数で調べましょう。アンケート集計の場合、データの件数がそのまま回答数となります。

統計　　　　　　　　　　　　対応バージョン **Office 365　2019　2016　2013　2010**

数値の個数を数える
=COUNT(値1,値2,…,値255)

COUNT関数は、指定した範囲内の数値（日付や時刻を含む）の個数を数えます。数値の数は数えられますが、文字列は数えられません。表のデータ件数を数える場合、必ず数値が入力される列を対象にします。
なお、数値や文字といった種類に関係なくデータの個数を数える場合は、COUNTA関数を使います。

引数

値……………数値の個数を数えたいセルやセル範囲を指定します。数値も直接指定できます。

キーワード	
FALSE	p.275
TRUE	p.275
関数	p.275
空白セル	p.276
数値	p.277
セル範囲	p.277
引数	p.278
文字列	p.279
列	p.279
論理値	p.279

関連する関数	
COUNTIF	p.136
COUNTIFS	p.148
DCOUNT	p.152

HINT!
複数のセル範囲も指定できる

COUNT関数の引数には、複数のセルやセル範囲を最大255まで指定できます。その場合、「,」で区切ってセルやセル範囲を引数に指定します。

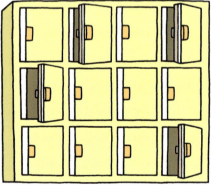

複数のセル範囲を選択できる

第5章　条件に合わせて計算する集計表を作る

練習用ファイル　COUNT.xlsx

使用例　会員データの数を数える

=COUNT(A7:A24)

値　　　　　　　　　　　　　　　　会員データの数が数えられる

会員番号	性別	年齢	職業	利用金額	利用店1	利用店2
100001	2	30	1	3,687	1	
100002	1	51	1	4,586	4	
100003	2	60	2	4,141	1	2
100004	1	49	3	5,100	2	
100005	2	74	2	3,126	2	4
100006	2	70	2	3,120	2	1
100007	2	26	3	4,717	2	3
100008	1	60	1	4,189	3	
100009	2	50	1	3,156	2	4
100010	1	64	2	4,532	3	2
100011	2	19	1	3,847	1	4
100012	1	28	2	3,779	2	
100013	1	36	2	4,062	4	2
100014	1	18	2	3,938	1	4
100015	1	51	2	4,260	1	
100016	2	61	2	3,275	3	2
100017	2	31	1	3,208	1	
100018	2	59	2	2,622	3	1

男女別調査
	全体	男性	女性
人数	18		
合計金額	69,345		
平均金額	3,853		
最高利用金額	5,100		

職業別構成
	男性	女性
学生		
会社員		
その他		

職業別利用金額
	男性	女性
学生		
会社員		
その他		

ポイント

値 …………… 会員番号の個数を全体の人数とするので、会員番号が入力されているセルA7～A24を指定します。

HINT!

後からデータを追加する可能性があるときは

アンケート集計表などで、後からデータを追加して件数が増える可能性があるときは、COUNT関数の引数［値］を最終行（1,048,576行）まで指定しておくといいでしょう。セル範囲を後から変更する手間を省けます。このレッスンの練習用ファイルの例では、セルJ7に「=COUNT(A7:A1048576)」と入力します。

HINT!

数値以外のデータも数えるには

COUNTA関数は、数値、文字、論理値（「TRUE」や「FALSE」）を数えます。データ件数として数えたい列に文字が入力してある場合、あるいは数値と文字が混在している場合は、COUNTA関数を使います。

データの個数を数える
=COUNTA(値1,値2,…,値255)

テクニック　データが入力されていない空白セルも数えられる

何もデータが入力されていない空白セルは、COUNTBLANK関数で数えられます。アンケート集計表などで「空白セルはデータの入力し忘れでなく、未回答の項目」というルールを徹底していれば、「COUNTBLANK関数で求めた個数＝未回答件数」として集計できます。ただし、スペースが入力されているセルは空白セルと見なされずカウントされないので注意が必要です。

空白セルの個数を数える
=COUNTBLANK(範囲)

引数

範囲 ……… 空白の個数を数えたいセルやセル範囲を指定します。

空白データの数を数えられる

会員番号	性別	年齢	職業	利用金額	利用店1	利用店2	未回答 利用店2
100001	2	30	1	3,687	1		4
100002	1	51	1	4,586	4		
100003	2	60	2	4,141	1	2	
100004	1	49	3	5,100	2		
100005	2	74	2	3,126	2	4	
100006	2	70	2	3,120	2	1	
100007	2	26	3	4,717	2	3	

レッスン 40

COUNTIF
条件を満たすデータを数えるには
条件を満たすデータの個数

アンケート調査では、同じ回答の数を調べて割合を求めることもあるでしょう。同じデータだけを数えるには、引数に条件を指定するCOUNTIF関数を使います。

統計　　　　　　　　　　　　　　　　対応バージョン：Office 365 / 2019 / 2016 / 2013 / 2010

条件を満たすデータの個数を数える
=COUNTIF(範囲, 検索条件)
（カウントイフ）

条件に合うデータだけを数えたいときは、COUNTIF関数を利用します。引数［検索条件］には、数値、文字、論理値の数えるデータそのものを指定するほか、「〜以上」や「〜を含む」といった条件式の指定も可能です。これらの条件に合うデータの個数を引数［範囲］の中で数えます。
なお、COUNTIF関数に指定できる条件は1つだけということを覚えておきましょう。

キーワード
絶対参照	p.277
比較演算子	p.278
引数	p.278

関連する関数
COUNT	p.134
COUNTIFS	p.148
DCOUNT	p.152

引数
範囲……数を数えるセル範囲を指定します。
検索条件……数えるセルの条件を指定します。

📄 練習用ファイル　COUNTIF.xlsx

使用例　男性（性別「1」）会員数を数える

=COUNTIF(B7:B24,1)
　　　　　　範囲　　検索条件　　男性の会員数を数えられる

HINT!
［検索条件］の指定方法は？

COUNTIF関数の引数［検索条件］には、文字列や条件式も指定できます。それらは、"でくくって指定します（表参照）。

●引数［検索条件］の指定例

［検索条件］の例	条件の意味
1	「1」のデータを数える
"会社員"	「会社員」のデータを数える
">=10"	「10以上」のデータを数える
"*店*"	「店」を含むデータを数える

ポイント
範囲……男性を表す「1」か、女性を表す「2」が入力された［性別］列を指定します。
検索条件……ここでは男性のデータを数えるので「1」を指定します。

第5章　条件に合わせて計算する集計表を作る

テクニック 引数のセル範囲を絶対参照にすれば、再利用が簡単

セルL7の「女性」の人数を求める式は、セルK7に入力した「男性」の人数を求める式をコピーし、[検索条件]を修正します。その場合、引数[範囲]の「B7:B24」は絶対参照（レッスン⑨）の「$B$7:$B$24」にしておきましょう。これを忘れるとコピーしたとき[範囲]がずれてしまいます。コピー後は、[検索条件]を女性を示す「2」に修正します。

このあとのレッスンでも関数式をコピーして利用する場合は、セル範囲の絶対参照を忘れないようにしましょう。

引数[範囲]を絶対参照にしてコピーし修正する

テクニック COUNTIF関数でデータの重複を調べられる

COUNTIF関数を利用して重複データの有無を調べられます。例えば、「会員番号」が重複していないかを調べる場合、会員番号を条件にしてCOUNTIF関数で数えます。結果が「1」なら重複データはありませんが、「2」以上なら重複データが存在します。

会員番号の重複を調べる
=COUNTIF($A$7:$A$24,A7)

各行の会員番号の個数を数えている

「2」以上なら会員番号が重複していると分かる

テクニック 複数の表で条件を満たすデータを数えたい

COUNTIF関数は、1つの範囲から条件に合うものを数えます。複数の範囲から条件に合うものを数えたいときは、COUNTIF関数を2回使うといいでしょう。それぞれに異なる範囲を指定して、その結果を足します。

複数の範囲から条件に合うデータの個数を数える
=COUNTIF(B7:B24,1)+COUNTIF(F7:F24,1)

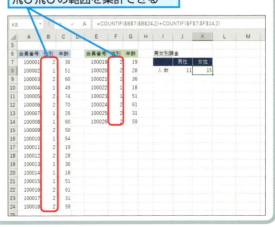

2つのCOUNTIFの結果を足せば飛び飛びの範囲を集計できる

レッスン 41

条件を満たすデータの合計を求めるには

SUMIF

条件を満たすデータの合計

このレッスンでは、すべてのユーザーの中から男性会員が利用した金額の合計を求めます。条件に合うデータの合計にはSUMIF関数を利用します。

数学/三角　　　　　　　　　　　対応バージョン **Office 365　2019　2016　2013　2010**

条件を満たすデータの合計を求める
=SUMIF(範囲,検索条件,合計範囲)

SUMIF関数は、条件に一致したデータと同じ行にある値を合計します。引数[検索条件]に合うものを引数[範囲]から探します。合計するのは、引数[合計範囲]のデータです。引数には、検索する範囲と合計する範囲の2つのセル範囲が必要です。

引　数
範囲……………[検索条件]を検索するセル範囲を指定します。
検索条件………検索する値や条件が入力されたセルを指定するほか、数値や文字列を直接指定できます。
合計範囲………合計の対象にするセル範囲を指定します。

キーワード
関数	p.275
セル範囲	p.277
引数	p.278

関連する関数
SUM	p.48
SUMIFS	p.150
DSUM	p.154

HINT!
検索条件をセルに入力したときは

このレッスンの使用例では、男性を示す「1」を引数[検索条件]に指定していますが、条件を入力したセルも指定できます。異なる条件（例えば、男性、女性）の集計結果を横に並べて表示したい場合、条件も同じように横に並べて入力しておけば、関数をコピーしてすぐに結果を求められます。引数[範囲]と引数[合計範囲]は絶対参照にします。

ここでは、[性別]列の「1」（男性）を探して利用金額の値を合計する

	A	B	C	D	E	F	G	H
5								
6	会員番号	性別	年齢	職業	利用金額	利用店1	利用店2	
7	100001	2	30	1	3,687	1	2	
8	100002	1	51	1	4,586	4		
9	100003	2	60	2	4,141	1	2	
10	100004	1	49	3	5,100	2	1	
11	100005	2	74	1	3,126	2	4	
12	100006	2	70	2	3,120	2	1	
13	100007	1	26	3	4,717	2	3	
14	100008	1	60	1	4,189	3		
15	100009	2	50	1	3,156	2	4	
16	100010	1	64	2	4,532	3	2	
17	100011	2	19	1	3,847	1	4	
18	100012	2	28	2	3,779	2		
19	100013	1	36	2	4,062	4	2	
20	100014	1	18	3	3,938	1	4	
21	100015	1	51	2	4,260	1		
22	100016	2	61	2	3,275	3		
23	100017	2	31	1	3,208	1	2	
24	100018	2	59	2	2,622	3	1	
25								

◆引数[範囲]
[性別]列から引数[検索条件]の「1」を探す

◆引数[合計範囲]
[性別]列が「1」の行の[利用金額]列の数値を合計する

条件を横に並べて入力しておく

引数[範囲]と[合計範囲]を絶対参照にしておく

数式を横にコピーする

第5章　条件に合わせて計算する集計表を作る

練習用ファイル　SUMIF.xlsx

使用例 男性会員の利用金額を合計する

=SUMIF(B7:B24,1,E7:E24)

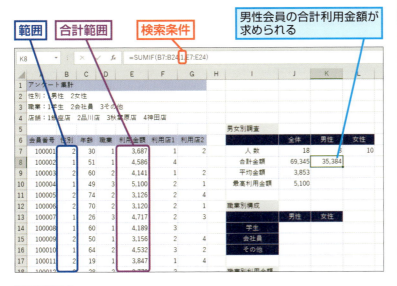

HINT!

［範囲］と［合計範囲］の違いとは

引数［範囲］と引数［合計範囲］には、どちらにもセル範囲を指定するため混同しがちです。［範囲］は条件に合うかどうかを判定するためのセル範囲、［合計範囲］は合計する数値が入力されたセル範囲を指定します。

41 条件を満たすデータの合計

ポイント

- **範囲**………性別が男性のデータを検索するので［性別］列のセル範囲を指定します。
- **検索条件**……男性を検索するので、条件に「1」を指定します。
- **合計範囲**……利用金額の合計を求めるので［利用金額］列のセル範囲を指定します。

テクニック　ワイルドカードで文字列の条件を柔軟に指定できる

文字列のデータを検索するときは、ワイルドカードと呼ばれる「*」や「?」の記号を利用して引数［検索条件］に指定します。「Aを含む文字列」という条件なら"*A*"、「先頭がAの文字列」なら"A*"と指定しましょう。「*」と「?」は、両方とも「任意の文字」という意味ですが、「?」は1文字を表すときに使います。

●ワイルドカードの使用例

引数［検索条件］の例	検索されるデータ
"*A*"	Aの文字を含むデータ
"A*"	先頭の文字がAのデータ
"??A*"	3文字目がAで、それ以降は任意の文字列のデータ

会員番号の先頭にAが付く利用者の利用金額を合計する

=SUMIF(A7:A24,"A*",E7:E24)

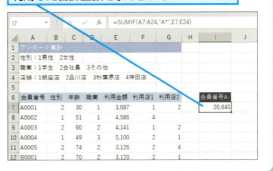

先頭が「A」から始まる会員番号のユーザーが利用した合計金額を求められる

レッスン 42

AVERAGEIF

条件を満たすデータの平均を求めるには

AVERAGEIF関数を使えば、指定した条件に合うデータを探して、それらの平均値を求められます。男性会員が利用した分の平均金額を求めてみましょう。

条件を満たすデータの平均

統計　　　　　　　　　　対応バージョン **Office 365　2019　2016　2013　2010**

条件を満たすデータの平均を求める
=AVERAGEIF(範囲, 条件, 平均対象範囲)
（アベレージイフ）

AVERAGEIF関数は、引数［条件］に合うデータを［範囲］から探し、［平均対象範囲］のデータを平均します。条件に合うデータの合計を求めるSUMIF関数と使い方は同じです。

▶引数

範囲……………［検索条件］を検索するセル範囲を指定します。
条件……………検索する値や条件が入力されたセルを指定条件に指定するほか、数値や文字列を直接指定できます。
平均対象範囲……平均を計算するセル範囲を指定します。

▶キーワード

関数	p.275
数値	p.277
セル範囲	p.277
引数	p.278

▶関連する関数

AVERAGE	p.50
AVERAGEIFS	p.141
DAVERAGE	p.155
TRIMMEAN	p.228

ここでは、［性別］列の「1」（男性）を探して利用金額の平均額を求める

	A	B	C	D	E	F	G
6	会員番号	性別	年齢	職業	利用金額	利用店1	利用店2
7	100001	2	30	1	3,687	1	2
8	100002	1	51	2	4,586	4	
9	100003	2	60	2	4,141	1	2
10	100004	1	49	3	5,100	2	1
11	100005	2	74	2	3,126	2	4
12	100006	2	70	2	3,120	2	1
13	100007	1	26	3	4,717	2	3
14	100008	1	60	1	4,189	3	
15	100009	2	50	3	3,156	2	4
16	100010	1	64	2	4,532	3	2
17	100011	2	19	1	3,847	1	4
18	100012	2	28	2	3,779	2	
19	100013	1	36	2	4,062	4	2
20	100014	2	18	3	3,938	1	4
21	100015	1	51	2	4,260	1	
22	100016	2	61	2	3,275	3	2
23	100017	2	31	1	3,208	1	2
24	100018	2	59	2	2,622	3	1

◆引数［範囲］
［性別］列から引数［検索条件］の「1」を探す

◆引数［平均対象範囲］
［性別］列が「1」の行の［利用金額］列の数値を平均する

練習用ファイル AVERAGEIF.xlsx

使用例 **男性会員の利用金額を平均する**

=AVERAGEIF(B7:B24,1,E7:E24)

範囲　　平均対象範囲　　条件　　男性会員が利用した平均金額を求められる

HINT!

平均値を求めるさまざまな関数を知りたい

平均値は、数値全体を表す代表値です。単純にすべての数値の平均を求めるAVERAGE関数のほかに、用途に応じた以下の関数が用意されています。

- AVERAGE関数（レッスン❼）
  すべての数値の平均を求める
- AVERAGEIF関数（本レッスン）
  条件に合うデータから取り出した数値の平均を求める
- AVERAGEIFS関数（本レッスン）
  複数の条件に合うデータから取り出した数値の平均を求める
- DAVERAGE関数（レッスン㊾）
  平均を求めるデータベース関数
- TRIMMEAN関数（レッスン㊿）
  データ全体の上限と下限からデータを切り落とし、残りの数値の平均を求める

42 条件を満たすデータの平均

ポイント

範囲……………性別が男性のデータを検索するので［性別］列のセル範囲を指定します。
条件……………男性を検索するので、条件に「1」を指定します。
平均対象範囲…利用金額の平均金額を求めるので、［利用金額］列のセル範囲を指定します。

テクニック 複数の条件に合う平均値を求めるには

複数の条件に合うデータの数値から平均を求めるには、AVERAGEIFS関数を使います。AVERAGEIF関数と似ていますが、指定する引数の順番が違うので注意が必要です。複数の条件が指定できるAVERAGEIFS関数では、最初の引数に計算対象になる数値の範囲を指定します。続けて、条件範囲と条件をセットにして指定します。下の例では、［性別］列が「男性（1）」で［職業］列が「会社員（2）」の平均金額を「=AVERAGEIFS(E7:E24,B7:B24,1,D7:D24,2)」の式で求めています。

複数の条件を満たすデータの平均を求める
=AVERAGEIFS(平均対象範囲,条件範囲1,条件1,条件範囲2,条件2,…)
（アベレージイフエス）

複数条件を指定して平均を求められる

レッスン **43**

MAXIFS

条件を満たすデータの最大値を求めるには

条件を満たすデータの最大値

条件に合うデータの中から最大値を取り出して表示するには、MAXIFS関数を使います。全データの中の男性会員の利用金額から、最高金額を求めてみましょう。

統計　　　　　　　　　　　　　　　　　対応バージョン **Office 365　2019**　2016　2013　2010

条件を満たすデータの最大値を求める
=MAXIFS(対象範囲,条件範囲1,条件1,条件範囲2,条件2,…)
（マックスイフエス）

MAXIFS関数は、[条件1]や[条件2]などの条件に合うデータを[条件範囲1]、[条件範囲2]から探し、その中から最大値を表示します。表示するのは[対象範囲]の値です。複数の条件を指定できますが、[条件範囲1]、[条件1]しか指定しなければ、1つの条件に合うデータから最大値を求めることができます。

キーワード

関数	p.275
セル範囲	p.277
引数	p.278

関連する関数

AVERAGEIFS	p.141
MAX	p.52
SUMIFS	p.150

引数

対象範囲………最大値を求めたいセル範囲を指定します。
条件範囲………[条件]を探す範囲を指定します。
条件……………検索する値や条件が入力されたセルを条件に指定するほか、数値や文字列を直接指定できます。

HINT!

条件の数に関係なくMAXIFS関数を使う

条件に合うデータの平均を求める場合、条件が1つならAVERAGEIF関数、条件が複数ならAVERAGEIFS関数と使い分けることができますが(レッスン㊷参照)、最大値は、複数の条件を指定できるMAXIFS関数しかありません。条件は1つだけでも問題ないので、条件の数に関係なくMAXIFS関数を使います。なお、条件は最大126個指定可能です。

ここでは、[性別]列の「1」(男性)を探して利用金額の最大値を求める

会員番号	性別	年齢	職業	利用金額	利用店1	利用店2
100001	2	30	1	3,687	1	2
100002	1	51	1	4,586	4	
100003	2	60	2	4,141	1	2
100004	1	49	3	5,100	2	1
100005	2	74	2	3,126	2	4
100006	2	70	2	3,120	2	1
100007	1	26	3	4,717	2	3
100008	1	60	1	4,189	3	
100009	2	50	1	3,156	2	4
100010	1	64	2	4,532	3	2
100011	2	19	1	3,847	1	4
100012	2	28	2	3,779	2	
100013	1	36	2	4,062	4	2
100014	2	18	3	3,938	1	4

◆引数[条件範囲1]
[条件1]の「1」(男性)を探す

◆引数[対象範囲]
[性別]列が「1」の行の最大値を取り出す

HINT!

追加されたMAXIFS関数

MAXIFSは、Office 365のExcelとExcel 2019で使用可能です。それ以前のExcelには、条件に合うデータの中から最大値を求める関数はありませんが、次ページの配列数式を使って求める方法があります。

練習用ファイル MAXIFS.xlsx

使用例 男性会員の利用金額で最大金額を取り出す

=MAXIFS(E7:E24,B7:B24,1)

条件範囲1　対象範囲　条件1

男性会員の最高利用金額が表示される

HINT!
条件に合う最小値を取り出すには

最小値はMINIFS関数で取り出すことができます。使い方はMAXIFS関数と同じで、最小値を取り出したい範囲を［対象範囲］に指定し、条件を［条件範囲1～126］、［条件1～126］に指定します。条件は1つでも構いません。なお、MINIFS関数はOffice 365のExcelとExcel 2019で使用可能です。

条件を満たすデータの最小値を求める
=MINIFS（対象範囲,条件範囲1,条件1,条件範囲2,条件2,…）

ポイント
対象範囲………利用金額の中の最大値を求めたいので、［利用金額］列のセル範囲を指定します。
条件範囲1……性別が男性のデータを検索するので［性別］列のセル範囲を指定します。
条件1…………男性を検索するので、条件に「1」を指定します。

テクニック　MAXIFS関数が使えないときには

MAXIFS関数は、Excelのバージョンによっては利用できません。MAXIFS関数を使わずに同じ結果を求めるには、配列数式を利用します。配列数式は、セルのまとまり（配列）を計算の対象にすることができます。配列の各セルの計算結果を集計して結果を求めます。

条件に合うデータの中から最大値を求めるには、以下の配列数式を入力します。「=」から始まる式を入力し、最後に Shift + Ctrl + Enter キーを押すことで {} で括られる配列数式になります。配列数式については、次ページを参照してください。

性別が「1」の行の最大値を求める
{=MAX(IF(B7:B24=1,E7:E24))}

● 配列数式が行う計算の例

性別 (B7:B24)	利用金額 (E7:E24)	IF関数の結果	MAX関数の結果
1	1000	TRUE	1000
2	5000	FALSE	
1	2000	TRUE	2000
1	3000	TRUE	3000
2	3000	FALSE	

レッスン 44

FREQUENCY
データの分布を調べるには

データの分布

> 複数のデータがどの区分に該当するかを調べてみましょう。このレッスンでは、店舗を利用したユーザーの年代構成を調べるためにFREQUENCY関数を使います。

統計　　　　　　　　　　　　　　　　　対応バージョン　Office 365 ｜ 2019 ｜ 2016 ｜ 2013 ｜ 2010

区間に含まれる値の個数を調べる
{=FREQUENCY(データ配列,区間配列)}
（フリーケンシー）

FREQUENCY関数では、度数分布表を作成できます。度数分布表とは、数値データをあらかじめ決めた区間に当てはめ、区間ごとにデータ数を集計します。関数式を配列数式にするのがポイントです。ここでは、年齢の数値を年代（10代や20代）に当てはめて分布を調べます。なお、数値データを分ける基準となる［区間配列］はあらかじめ入力しておきます。

キーワード	
数式	p.277
セル範囲	p.277
度数分布表	p.278
配列	p.278
配列数式	p.278
引数	p.278

▶関連する関数	
AVERAGE	p.50
MEDIAN	p.224
MODE.SNGL	p.146

引数

データ配列……数値データをセル範囲で指定します。
区間配列………数値データを振り分ける各区間の上限値を入力したセル範囲を指定します。

テクニック　配列数式の使い方を知ろう

配列数式は、指定したセル範囲（配列）の1つ1つのセルを処理対象にできます。例えば、下の見積書の例ではSUM関数の引数に「単価の範囲×数量の範囲」を指定しています。普通ならこのような指定はできません。しかし、配列数式にすれば、2つの範囲のそれぞれのセルで掛け算してくれます。掛け算の結果は複数になるので、それをSUM関数で合計することができるわけです。このように配列を処理したいときに使うのが配列数式です。配列数式にするには、式を入力した直後に[Ctrl]+[Shift]+[Enter]キーを押して式を { } でくくります。

なお、このレッスンのFREQUENCY関数のように、結果が配列になる場合も配列数式を使います。あらかじめセル範囲を選択してから配列数式を入力します。

単価の配列と数量の配列を
行ごとに掛けて合計する
{=SUM(B3:B6*C3:C6)}

●配列数式で行う計算

単価		数量		結果	
100		2		200	
50	×	3	=	150	SUM関数で合計する
200		5		1000	
400		1		400	

配列数式で単価と数量の2つの配列を掛け算した結果を合計したい

練習用ファイル　FREQUENCY.xlsx

使用例　年代別の会員数を調べる

{=FREQUENCY(C7:C24,O7:O13)}

1 セルP7～P13をドラッグして選択

2 数式バーに「=FREQUENCY(C7:C24,O7:O13)」と入力

3 Ctrl + Shift + Enter キーを押す

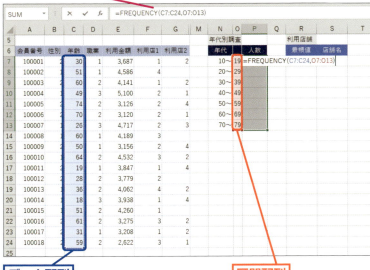

データ配列

区間配列

ポイント

データ配列 …… 年齢がどの年代に当てはまるかを調べるので［年齢］列のセル範囲を指定します。

区間配列 ……… 年代を区切る最大値（10代なら19歳、20代なら29歳……）が入力されたセルO7～セルO13を指定します。

セルP7～P13に配列数式が入力された

年代別の会員数が調べられる

HINT!

［区間配列］を作成するには

度数分布表の作成には区間の基準になる配列が必要です。各区間の最大値を並べたものを用意しておきます。年代別の分布表を作成する場合は、10代の最大値19、20代の最大値29をそれぞれ入力しておきましょう。なお、このレッスンの練習用ファイルでは、N列に「10～」、O列に「19」などと入力して区間であることを分かりやすくしていますが、FREQUENCY関数の引数［区間配列］に必要なのは、O列に入力した配列だけです。

HINT!

FREQUENCY関数の式を削除するには

FREQUENCY関数で求めた結果も配列（セルのまとまり）として扱う必要があるため、数式を削除する場合は、セルP7～P13をドラッグして選択し、Delete キーを押して配列すべてを削除します。数式の1つを選択して Delete キーを押してもエラーが表示され削除はできません。

配列数式を部分的に変更しようとすると、以下のメッセージが表示される

レッスン 45

MODE.SNGL

データの最頻値を調べるには

データの最頻値

データの中で最も多く出現する数値を最頻値と呼びます。ここではMODE.SNGL関数を利用して、最も多くのユーザーに利用されている店舗を調べてみましょう。

統計　　　　　　　　　　　　　対応バージョン **Office 365　2019　2016　2013　2010**

数値の最頻値を求める

=**MODE.SNGL**(モード・シングル)(**数値1,数値2,…,数値254**)

MODE.SNGL関数は、引数に指定した数値やセル範囲の中から最もよく出現する（多い）値を表示します。同じ頻度の数値があった場合は、最初に出現した数値が表示されます。ここでは、[利用店1]列と[利用店2]列のセル範囲で最頻値を調べます。MODE.SNGL関数で調べた結果の店舗名は、CHOOSE関数（レッスン㉟参照）で表示します。

引数

数値…………最頻値を探したい数値が入力されたセル範囲を指定します。

キーワード	
関数	p.275
最頻値	p.276
セル範囲	p.277
配列数式	p.278
引数	p.278
列	p.279

関連する関数	
AVERAGE	p.50
CHOOSE	p.122
MODE.MULT	p.147

HINT!

旧タイプのMODE関数が使われていた場合

Excel 2010より前の旧バージョンでは、MODE関数を利用していました。使い方は、MODE.SNGL関数と同じです。旧MODE関数が使われていた場合、新しいMODE.SNGL関数に置き換えることをおすすめします。

数値の最頻値を求める（互換性関数）
=**MODE**(モード)(**数値1,数値2,…,数値255**)

[利用店1]列と[利用店2]列のセル範囲で最頻値を調べたい

CHOOSE関数で数値に該当する店舗名を表示する

MODE.SNGL関数で最頻値を表示する

第5章 条件に合わせて計算する集計表を作る

146 できる

練習用ファイル MODE.SNGL.xlsx

使用例 最も利用されている店舗を調べる

=MODE.SNGL(F7:G24)

数値…………最も多い利用店を調べるため［利用店1］列と［利用店2］列のセル範囲を指定します。

HINT!
文字列の最頻値を求めるには

MODE.SNGL関数では、文字列の最頻値は求められません。そこで、COUNTIF関数を利用する方法で対応します。下の例は、店舗名ごとにCOUNTIF関数で個数を数え、最大値を探しています。最大値はMAX関数で求められるので、IF関数と組み合わせて「★」を表示しています。

テクニック 複数の最頻値を調べる

出現する回数が同じになるとき、複数の最頻値を表示するには、MODE.MULT関数を使いましょう。結果を複数の値で表示するには、レッスン㊹で紹介した配列数式として数式を入力します。下の例では、最頻値の個数を想定し、セルR7〜R10の4つのセル範囲にMODE.MULT関数を入力しています。

複数の最頻値を調べる
モード・マルチ
{=MODE.MULT(F7:G24)}

レッスン 46

COUNTIFS
複数条件を満たす数値を数えるには

複数条件を満たす数値の個数

複数の条件を指定し、それらを満たすデータの個数を数えるにはCOUNTIFS関数を使います。ここでは、会員の性別に加えて職業別の人数を数えます。

統計　　　　　　　　　対応バージョン **Office 365　2019　2016　2013　2010**

複数条件を満たすデータの個数を数える
=COUNTIFS(範囲1, 検索条件1, 範囲2, 検索条件2, …)
（カウントイフエス）

COUNTIFS関数は、複数の条件をすべて満たすデータの個数を数えます。引数には、複数の条件と、各条件に対応するセル範囲を指定します。［検索条件1］の条件は［範囲1］から検索され、［検索条件2］の条件は［範囲2］から検索されます。

▶キーワード

関数	p.275
セル範囲	p.277
比較演算子	p.278
引数	p.278

引数

範囲………… ［検索条件］を検索するセル範囲を指定します。
検索条件…… 個数を数えるデータの条件を指定します。

▶関連する関数

COUNT	p.134
COUNTIF	p.136
DCOUNT	p.152

HINT!
［範囲1］と［範囲2］の行数や列数は同じ必要がある

COUNTIFS関数には、複数の条件を設定できます。条件を探す範囲は、条件ごとに設定しなくてはなりませんが、どの範囲も同じ行数、列数である必要があります。

HINT!
複数条件のいずれかを満たすデータを数えるには

COUNTIFS関数は、複数の条件をすべて満たすものを数えます。複数の条件のいずれかを満たすものを数えるには、DCOUNT関数を利用します（レッスン㊾参照）。DCOUNT関数では、指定方法により、「すべてを満たす」、もしくは「いずれかを満たす」という条件を設定できます。

第5章　条件に合わせて計算する集計表を作る

練習用ファイル COUNTIFS_1.xlsx

使用例1 男性かつ学生の会員数を数える

=COUNTIFS(B7:B24,1,D7:D24,1)

男性の学生の会員数を数えられる

HINT!
条件をさらに増やすには

引数に指定できる条件の数は127個です。このレッスンでは2つの条件を設定していますが、さらに条件を増やす場合は、引数を「[範囲3]，[検索条件3]，[範囲4]，[検索条件4]……」と追加しましょう。

ポイント
範囲1………… [性別] 列のセル範囲を指定します。
検索条件1…… 男性を条件とするので、ここでは「1」を指定します。
範囲2………… [職業] 列のセル範囲を指定します。
検索条件2…… 学生を条件とするので、ここでは「1」を指定します。

練習用ファイル COUNTIFS_2.xlsx

使用例2 男性で20歳以上の会員数を数える

=COUNTIFS(B7:B24,1,C7:C24,">=20")

男性で20歳以上の会員数を数えられる

HINT!
「〜以上」の条件を設定するには

数値に対し「〜以上」や「〜以下」の条件を設定するには、比較演算子を使います。例えば、「20以上」の場合は、「">=20"」と指定します。なお、COUNTIFS関数の条件に比較演算子を使う場合は、「"」でくくる必要があります。

ポイント
範囲1………… 「性別」のデータ範囲を指定します。
検索条件1…… 男性を条件とするので、ここでは「1」を指定します。
範囲2………… [年齢] 列のセル範囲を指定します。
検索条件2…… 「年齢が20歳以上」を条件とするので、ここでは「">=20"」を指定します。

レッスン 47

SUMIFS

複数条件を満たすデータの合計を求めるには

複数条件を満たすデータの合計

複数の条件に合うデータを探して合計を求めるには、SUMIFS関数を使います。ここでは、会員の性別に加え、職業別の利用金額の合計を求めます。

数学／三角　　　　　　　　　　　　対応バージョン **Office 365　2019　2016　2013　2010**

検索条件を満たすデータの合計を求める

=**SUMIFS**(合計対象範囲,条件範囲1,条件1,条件範囲2,条件2,…)
　　サムイフエス

SUMIFS関数は、複数の条件をすべて満たすデータの合計を求めます。合計するのは、最初に指定する引数［合計対象範囲］のデータです。その後に続く引数は、条件とそれを検索する範囲です。［条件1］は［条件範囲1］から検索され、［条件2］は［条件範囲2］から検索されます。なお、条件範囲と条件のセットは、最大127組指定できます。

キーワード	
関数	p.275
数値	p.277
セル範囲	p.277
比較演算子	p.278
引数	p.278

関連する関数	
SUM	p.48
SUMIF	p.138
DSUM	p.154

引数

合計対象範囲……合計対象のデータが含まれるセル範囲を指定します。
条件範囲…………［条件］を検索するセル範囲を指定します。
条件………………合計を求めるデータの条件を指定します。

練習用ファイル　SUMIFS_1.xlsx

使用例1　男性かつ学生の会員の利用金額を合計する

=**SUMIFS**(E7:E24,B7:B24,1,D7:D24,1)

学生の男性会員の利用金額を合計できる

HINT!
クロス集計表に役立つ

クロス集計表は、表の上端と左端に項目を配置し、縦横の項目に合う値を表示する表です。ここでは、上端の行に配置した「性別」、左端の列に配置した「職業」の項目がクロスするところに、利用金額の合計を表示します。このようなクロス集計表の作成は、複数の条件を設定できるSUMIFS関数で可能です。

ポイント

合計対象範囲…［利用金額］列のセル範囲を指定します。
条件範囲1………［性別］列のセル範囲を指定します。
条件1……………男性を条件とするので、「1」を指定します。
条件範囲2………［職業］列のセル範囲を指定します。
条件2……………学生を条件とするので、「1」を指定します。

練習用ファイル　SUMIFS_2.xlsx

使用例❷ 男性で20歳以上30歳未満の会員の利用金額を合計する

=SUMIFS(E7:E24,B7:B24,1,C7:C24,">=20",C7:C24,"<30")

- 条件範囲1
- 条件範囲2,3
- 合計対象範囲
- 条件1
- 条件2
- 条件3

会員番号	性別	年齢	職業	利用金額	利用店1	利用店2
100001	2	30	1	3,687	1	2
100002	1	51	2	4,586	4	
100003	2	60	1	4,141	1	2
100004	1	49	3	5,100	2	1
100005	2	74	2	3,126	2	4
100006	2	70	2	3,120	2	1
100007	1	26	3	4,717	2	3
100008	1	60	1	4,189	3	
100009	2	50	2	3,156	2	4
100010	1	64	2	4,532	4	2
100011	2	19	2	3,847	1	2
100012	2	28	2	3,779	2	
100013	1	36	2	4,062	4	2
100014	1	18	3	3,938	1	4
100015	1	51	2	4,260	1	
100016	2	61	2	3,275	3	2
100017	2	31	2	3,208	1	2
100018	2	59	2	2,622	3	1

年代別利用金額

	男性	女性
20代	4,717	
30代		
40代		

20歳以上30歳未満の男性会員の利用金額を合計できる

ポイント

- **合計対象範囲** … ［利用金額］列のセル範囲を指定します。
- **条件範囲1** …… ［性別］列のセル範囲を指定します。
- **条件1** ………… 男性を条件とするので、「1」を指定します。
- **条件範囲2** …… 20歳以上かどうかを調べるために［年齢］列のセル範囲を指定します。
- **条件2** ………… 20歳以上を条件とするので、「">=20"」を指定します。
- **条件範囲3** …… 30歳未満かどうかを調べるために［年齢］列のセル範囲を指定します。
- **条件3** ………… 30歳未満を条件とするので「"<30"」を指定します。

HINT!
「～以上～未満」の条件を設定するには

数値データに対し「～以上～未満」の条件を設定するには、同じ数値データの範囲に対し「～以上」と「～未満」の2つの条件を設定します。20歳代（20歳以上30歳未満）の会員数を数える場合、「">=20"」と「"<30"」の条件を指定しましょう。なお、SUMIFS関数の条件に比較演算子を使う場合は「"」でくくる必要があります。

HINT!
条件をさらに増やすには

引数に指定できる条件の数は127個です。このレッスンでは3つの条件を設定していますが、さらに条件を増やす場合は、引数を「［条件範囲4］，［条件4］，［条件範囲5］，［条件5］……」と追加しましょう。

47 複数条件を満たすデータの合計

レッスン **48**

DCOUNT

複雑な条件を満たす数値の個数を求めるには

複雑な条件を満たす数値の個数

DCOUNT関数を使えば、複数条件に合うデータの個数を数えられます。COUNTIFS関数との違いは、OR条件を設定できることです。

> データベース

対応バージョン **Office 365** **2019** **2016** **2013** **2010**

複雑な条件を満たす数値の個数を求める
=DCOUNT(データベース,フィールド,条件)
（ディーカウント）

DCOUNT関数は、データベース関数の1つです。引数［データベース］から［条件］のセル範囲に入力した条件を探し、［フィールド］の列を対象に個数を数えます。引数［条件］のセル範囲には、複数条件の入力位置により、AND条件やOR条件を指定できます。

> 引数

データベース……列見出しを含むデータの範囲を指定します。
フィールド………データの個数を数える列の見出しを指定します。
条件………………条件を入力したセル範囲を指定します。

●データベース関数とは

データベース関数は、列見出し（先頭行の項目）のある表から、条件に合うデータを検索して集計します。DCOUNT関数のほか、DSUM関数やDAVERAGE関数などがあり、引数は共通で［データベース］［フィールド］［条件］を指定します。条件をセルに入力するので簡単に書き換えができ、いろいろな条件でデータを集計するのに適しています。

◆引数［条件］
［データベース］と共通の列見出しにした別表に条件を入力する

◆引数［データベース］
先頭行に列見出し（項目）を入力したリストの範囲

◆引数［フィールド］
［データベース］の中で集計対象にする列見出し

キーワード	
関数	p.275
数式オートコンプリート	p.277
セル範囲	p.277
引数	p.278
列	p.279
ワイルドカード	p.279

関連する関数	
COUNT	p.134
COUNTIF	p.136
COUNTIFS	p.148

HINT!

同じ行の条件で AND条件になる

［条件］に指定した範囲には、「日」と「>=20」の2つの条件が同じ行に入力してあります。同じ行に条件を入力した場合、AND条件の指定となります。つまり、「日曜日」と「気温が20度以上」のどちらも満たすAND条件が指定されています。

第5章 条件に合わせて計算する集計表を作る

使用例 気温が20度以上の日曜日のデータの件数を調べる

=DCOUNT(A8:G39,E8,A3:G4)

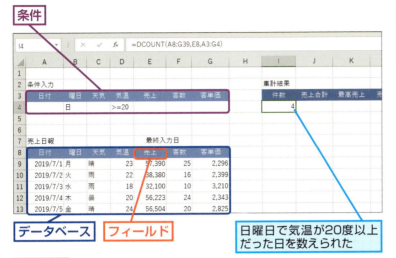

データベース…「売上日報」の列見出し、データ行をすべて範囲として指定します。
フィールド……件数を数えたい数値データが入力してある列の列見出し（ここでは［売上］）を指定します。
条件……………「条件入力」の列見出しと条件を入力した行を範囲として指定します。

HINT!
関数ライブラリからは選択できない

データベース関数は、［数式］タブの［関数ライブラリ］グループから入力ができません。ただし、数式オートコンプリートの機能を利用すれば、「=DC」と入力して表示される一覧からDCOUNT関数を入力できます。

HINT!
気温が20度以上、もしくは日曜日の件数を調べるには

「気温が20度以上」か「日曜日」のどちらかを満たす（OR条件）件数を調べる場合、条件の入力位置を変えます。2つの条件を行を変えて入力することで、OR条件を指定できます。詳しくは次ページのテクニックを参照してください。

テクニック 文字データの個数を求める

文字データが入力された列を対象に、条件に合うデータの個数を数える場合は、DCOUNTA関数を使います。DCOUNTA関数は、空白でないセルを対象にします。引数［条件］のセルに文字列を入力するとそれと同じデータを探します。ワイルドカード（139ページ参照）を使うことも可能です。

複雑な条件を満たす空白以外のデータの個数を求める
=DCOUNTA(データベース,フィールド,条件)

レッスン 49

DSUM
複雑な条件を満たすデータの合計を求めるには

複雑な条件を満たすデータの合計

> データベース関数では、ANDやORといった複雑な条件を設定できます。条件に合うデータのみを合計するには、DSUM関数を使うといいでしょう。

データベース　　　　　　　　　　　　対応バージョン **Office 365** **2019** **2016** **2013** **2010**

複雑な条件を満たすデータの合計を求める
=DSUM(データベース,フィールド,条件)
（ディーサム）

DSUM関数は、引数［データベース］から［条件］の範囲に入力した複雑な条件に合うデータを探し、［フィールド］の列を対象に合計値を求めます。
同じような働きをする関数にSUMIFS関数がありますが、異なるのはDSUM関数では複数の条件をOR条件として指定できる点です。

キーワード	
関数	p.275
セル範囲	p.277
引数	p.278
列	p.279

▶関連する関数	
SUM	p.48
SUMIF	p.138
SUMIFS	p.150

引数

データベース……列見出しを含むデータの範囲を指定します。
フィールド………データを合計する列の列見出しを指定します。
条件………………条件を入力したセル範囲を指定します。

第5章　条件に合わせて計算する集計表を作る

👉テクニック　AND条件とOR条件の指定方法を覚えよう

データベース関数の引数［条件］には、複数の条件を入力できますが、入力する行によりAND条件かOR条件を指定できます。同じ行ならAND条件、違う行ならOR条件となることを覚えておきましょう。

●AND条件（すべての条件を満たす）の設定例

> 同じ行で「日曜日」かつ「気温が20度以上」を満たす条件となる

2	条件入力						
3	日付	曜日	天気	気温	売上	客数	客単価
4		日		>=20			
5							

●AND条件とOR条件の設定例

> 2行に渡って、「土曜日」で「気温が20度以上」、または「日曜日」で「気温が20度以上」を満たす条件となる

2	条件入力						
3	日付	曜日	天気	気温	売上	客数	客単価
4		土		>=20			
5		日		>=20			

●OR条件（いずれかの条件を満たす）の設定例

> 違う行で「日曜日」または「気温が20度以上」を満たす条件となる

2	条件入力						
3	日付	曜日	天気	気温	売上	客数	客単価
4		日					
5				>=20			

練習用ファイル DSUM.xlsx

使用例 気温が20度以上の日曜日の売上合計を求める

=DSUM(A8:G39,E8,A3:G4)

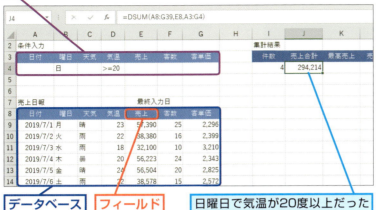

HINT!
引数［条件］の範囲に注意

引数［条件］に指定する範囲は、条件を設定する項目名のセルと条件を入力したセルを含んだ範囲です。ということは、AND条件のときとOR条件のときとで範囲は異なります。いろいろな条件で集計を行う場合は、条件ごとに範囲が正しく設定されているか確認しましょう。

49 複雑な条件を満たすデータの合計

ポイント

データベース……「売上日報」の列見出し、データ行をすべて範囲として指定します。

フィールド………合計の対象にする列の列見出し［売上］を指定します。

条件………………「条件入力」の列見出しと条件を入力した行を範囲として指定します。

テクニック 複雑な条件を満たすデータの平均を求める

条件に合うデータの平均値を求めるには、DAVERAGE関数を使います。使い方は、合計を求めるDSUM関数と同じです。

複雑な条件を満たすデータの平均を求める
=DAVERAGE(データベース,フィールド,条件)

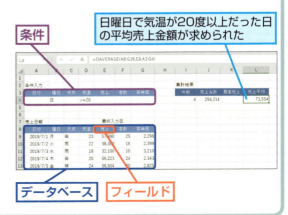

155

レッスン 50

DMAX
複雑な条件を満たすデータの最大値を求めるには

複雑な条件を満たすデータの最大値

条件に合うデータの中の最大値を求めるには、データベース関数のDMAX関数を使います。あらかじめ入力した条件でデータを検索します。

データベース

対応バージョン **Office 365** **2019** **2016** **2013** **2010**

複雑な条件を満たすデータの最大値を求める
=DMAX(データベース,フィールド,条件)
（ディーマックス）

DMAX関数は、データベース関数の1つです。DCOUNT関数やDSUM関数と同様に、引数［データベース］から［条件］の範囲に入力した複雑な条件に合うデータを探します。DMAX関数は、［フィールド］の列から最大値を求めて表示します。

キーワード

| 関数 | p.275 |
| 引数 | p.278 |

関連する関数

DCOUNT	p.152
DSUM	p.154
MAX	p.52

引数

- データベース……列見出しを含むデータの範囲を指定します。
- フィールド………最大値を探す列の列見出しを指定します。
- 条件………………条件を入力した範囲を指定します。

HINT!
［フィールド］は項目名で直接指定できる

データベース関数の引数［フィールド］には、計算の対象となる列の列見出しを指定しますが、セル番号のほか、文字列も指定できます。その場合、列見出しの文字列を「"売上"」のように「"」でくくります。

テクニック　複雑な条件を満たすデータの最小値を求めるには

条件に合うデータの最大値はDMAX関数で求めますが、最小値はDMIN関数で求められます。DMIN関数の使い方は、DMAX関数と同じです。

複雑な条件を満たすデータの最小値を求める
=DMIN(データベース,フィールド,条件)
（ディーミニマム）

日曜日で気温が20度以上だった日の最低売上金額が求められた

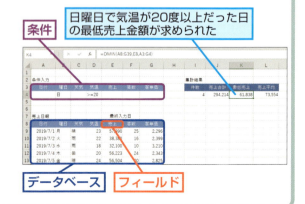

第5章　条件に合わせて計算する集計表を作る

練習用ファイル DMAX.xlsx

使用例 気温が20度以上の日曜日の最高売上金額を求める

=DMAX(A8:G39,E8,A3:G4)

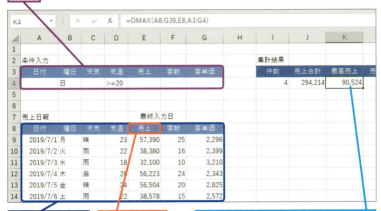

HINT!
条件を満たすデータが1つもない場合は

条件を満たすデータがない場合、DMAX関数の結果には「0」が表示されます。条件を満たしていても集計の結果として「0」が表示される可能性（最大値が0の場合）もあるので注意しましょう。
練習用ファイルのセルI4のように、条件に合うデータの個数をDCOUNT関数で表示しておけば条件を満たすデータがないのかそうでないのかを見分けられます。

結果が「0」で件数も「0」なので、条件を満たすデータがないと分かる

ポイント
- **データベース**……「売上日報」の列見出し、データ行を指定します。
- **フィールド**………最大値を求める列の列見出し［売上］を指定します。
- **条件**………………「条件入力」の列見出しと条件の行を指定します。

テクニック　条件が設定されていない場合

データベース関数は、引数［条件］の範囲に入力された条件に合うデータを集計します。条件をすべて削除した状態にすると、全データが対象になります。ということは、DMAX関数の結果はMAX関数を使った場合と同じです。DSUM関数ならSUM関数の結果と一致します。データベース関数を使うメリットは、さまざまな条件を簡単に設定できる点です。条件が何もないときは、全データが集計されることを覚えておきましょう。

条件が何も入力されていない

すべてのデータを対象に集計される

レッスン 51

OFFSET
行と列で指定したセルのデータを取り出すには

行と列で指定したセル参照

OFFSET関数を使えば、基準のセルから上下左右の位置を指定してデータを取り出せます。ここでは、COUNT関数で求めた件数を利用して位置を指定します。

|検索／行列| 対応バージョン **Office 365** **2019** **2016** **2013** **2010**

行と列で指定したセルのセル参照を求める
=OFFSET(参照,行数,列数,高さ,幅)
（オフセット）

OFFSET関数では、基準となるセルを指定し、そこから○行目、○列目のセルの内容を表示できます。引数は［参照］［行数］［列数］を使います。また、引数［参照］［高さ］［幅］を使えばセル範囲の大きさを指定できますが、通常はほかの関数と組み合わせて利用します。

▶キーワード

関数	p.275
セル範囲	p.277
引数	p.278

▶関連する関数

CHOOSE	p.122
INDEX	p.82
MATCH	p.82

引数

参照……………基準にするセルかセル範囲を指定します。
行数……………［参照］に指定したセルから上下に移動する行数を指定します。正の整数で下方向を、負の整数で上方向を指定できます。
列数……………［参照］に指定したセルから左右に移動する列数を指定します。正の整数で右方向を、負の整数で左方向を指定できます。
高さ……………セル範囲を指定する場合の行数を指定します。
幅………………セル範囲を指定する場合の列数を指定します。

HINT!

OFFSET関数でセル範囲を指定するときは

OFFSET関数の引数［高さ］と［幅］を指定すると、セル範囲を表せます。単独で使用しても結果には意味がないので、ほかの関数の引数に利用します。以下の数式は、SUM関数の範囲をOFFSET関数で指定した例です。セルF9を始点にして4行1列分の範囲が合計されます。

=SUM(OFFSET(F9,0,0,4,1))

●OFFSET関数で指定する引数の例
=OFFSET(A1,2,3)

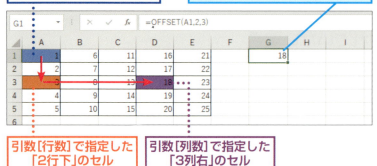

引数[参照]で指定したセル
セルA1を基点として、2行下、3列右のセル（セルD3）が求められる
引数[行数]で指定した「2行下」のセル
引数[列数]で指定した「3列右」のセル

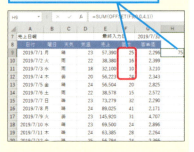

セルF9を始点に4行1列分の範囲を合計できる

練習用ファイル　OFFSET.xlsx

使用例　データの最終入力日を求める

=OFFSET(A8,COUNT(A8:A1048576),0)

参照　　　行数　　　列数

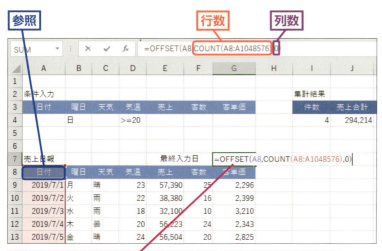

HINT!

COUNT関数で数えたデータの数だけ移動する

このレッスンでは、COUNT関数でセルA8～A1048576に入力されているデータの数を数えます。練習用ファイルでは、セルA9～A39に日付が入力されているので、データ件数は31件です。OFFSET関数の引数［行数］にこの値を指定すると、基準のセルA8から31行下に移動したセル、つまり最終行のセルA39が取り出されます。随時データを追加する売り上げ日報のような表では、COUNT関数を利用して、個数を数える範囲を最終行（1048576行）まで指定し、後からデータを追加しても自動で最新の件数を求められるようにしておきましょう。

1 セルG7に「=OFFSET(A8,COUNT(A8:A1048576),0)」と入力

2 [Enter]キーを押す

ポイント

参照………［日付］列に入力されたデータの最終入力日を求めるので、［日付］列の列見出しのセルA8を基準のセルに指定します。

行数………ここではCOUNT関数で数えたデータの件数を「基準のセルから移動する行数」に指定します。

列数………ここでは基準となるセルから左右に移動しないので、「0」を指定します。

高さ………省略します。

幅…………省略します。

データの最終入力日が求められた

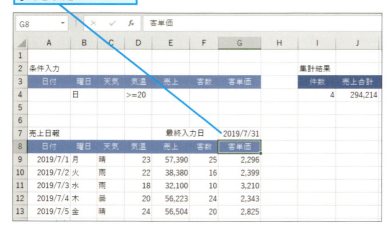

レッスン 52

SUBTOTAL
表示データのみ集計するには

さまざまな集計

SUBTOTAL関数を使えば、合計や平均、個数など、さまざまな方法でデータを集計できます。特に、テーブルのデータ集計に役立つことを覚えておきましょう。

数学／三角　　　　　　　　　　　対応バージョン **Office 365　2019　2016　2013　2010**

さまざまな集計値を求める
=SUBTOTAL(集計方法,参照1,参照2,…,参照254)

SUBTOTAL関数は、引数［集計方法］で指定した番号（1～11、または101～111）に対応する集計を行います。引数［参照］には、集計対象のセル範囲を指定します。なお、オートフィルターで非表示にした行は集計されません。

キーワード

オートフィルター	p.275
関数	p.275
テーブル	p.278

引数

集計方法……161ページのHINT!を参考に、1～11の番号で集計方法を指定します。オートフィルター機能による非表示の行は集計対象から除かれます。オートフィルターの機能を使わず、任意に非表示にした行を除く場合は、101～111を指定します。

参照…………集計対象にする範囲を指定します。

関連する関数

AVERAGE	p.50
COUNT	p.134
SUM	p.48

📄 練習用ファイル　SUBTOTAL.xlsx

使用例1　SUBTOTAL関数で表示データの件数を求める

=SUBTOTAL(2,テーブル1[日付])

参照　　　　　　集計方法　　表示データの件数が求められる

HINT!
テーブルのデータ範囲を指定するには

テーブルの場合、列見出しの上部のマウスポインターが黒い矢印に変わるところをクリックすると列全体を選択できます。なお、テーブルのデータ範囲は、「テーブル名［列見出し］」のように列見出しの項目で範囲が表されます。

列見出しの上側にマウスポインターを合わせてクリックする

ポイント

集計方法……表示データの件数を求めるので、COUNT関数の働きをする「2」を指定します。

参照…………[日付]列のデータ範囲を指定します。テーブルの場合、テーブル名と[日付]の名前が引数に表示されます。

練習用ファイル　SUBTOTAL.xlsx

使用例2　**SUBTOTAL関数で売上合計を求める**

=SUBTOTAL(9,テーブル1[売上])

参照　**集計方法**　**売上合計が求められる**

HINT!
集計方法にはどんなものがあるの？

引数[集計方法]に指定する1〜11 (101〜111)には、以下の集計内容が割り当ててあります。

集計方法の番号	集計内容（相当する関数）
1 (101)	平均（AVERAGE）
2 (102)	数値の個数（COUNT）
3 (103)	空白以外のデータの個数（COUNTA）
4 (104)	最大値（MAX）
5 (105)	最小値（MIN）
6 (106)	積（PRODUCT）
7 (107)	標本標準偏差（STDEV.S）
8 (108)	標準偏差（STDEV.P）
9 (109)	合計（SUM）
10 (110)	不偏分散（VAR.S）
11 (111)	標本分散（VAR.P）

ポイント
集計方法……表示データの売上合計を求めるので、SUM関数の働きをする「9」を指定します。
参照…………[売上]列のデータ範囲を指定します。テーブルの場合、引数にはテーブル名と名前が表示されます。

練習用ファイル　SUBTOTAL.xlsx

使用例3　**SUBTOTAL関数で平均客数を求める**

=SUBTOTAL(1,テーブル1[客数])

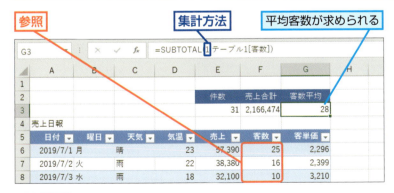

HINT!
テーブルを集計するのに役立つ

テーブルには、フィルターボタンでデータを抽出する機能がありますが、その抽出結果のみを集計するときSUBTOTAL関数が役立ちます。SUM関数などでは、抽出結果のみを集計対象にできません。
なお、テーブルには、SUBTOTAL関数を利用した集計行の表示機能がありますが、テーブルの最下行にしか表示されません。別の場所に集計行を表示するときにSUBTOTAL関数を使うと便利です。

ポイント
集計方法……表示データの客数平均を求めるので、AVERAGE関数の働きをする「1」を指定します。
参照…………[客数]列のデータ範囲を指定します。テーブルの場合、引数にはテーブル名と名前が表示されます。

この章のまとめ

●データや集計条件で関数を使い分けよう

大量のデータを活用するには分析が必要ですが、その方法の1つが条件による集計です。アンケートの回答データでは、性別や年代別、職業別に集計して初めて、回答者の特徴を把握できるようになるのです。この章では、条件付きの集計ができる関数を紹介しましたが、どんなときにどの関数を使えばいいのか、最後にまとめて確認しておきましょう。計算内容は、個数、合計、平均、最大値や最小値です。設定できる条件は1つのものと複数のものがあります。まず、このポイントを押さえておきましょう。

例えば下の表の「複数の条件を付ける」関数は、条件のすべてを満たすAND条件となります。もし、いずれかの条件を満たすOR条件にしたいのなら、データベース関数の利用を考えます。データベース関数は、条件を入力する範囲を用意するなど、ほかの関数とは使い方が異なりますが、OR条件をはじめ、ANDとORの複合条件などの複雑な条件を設定できます。

このように、計算内容や条件の数、設定方法から目的に合った関数を選ぶようにしましょう。

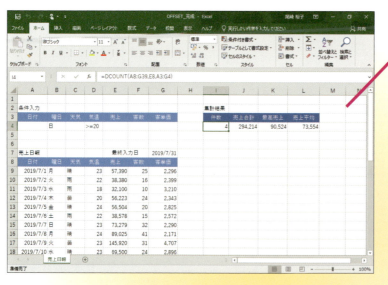

目的に合った関数を選ぶ
集計に利用できる関数には豊富なバリエーションがある。状況に応じて効果的な関数を利用しよう。

計算内容	条件なし	1つの条件を付ける	複数の条件を付ける	データベース関数
数値の個数を数える	COUNT	COUNTIF	COUNTIFS	DCOUNT
合計を求める	SUM	SUMIF	SUMIFS	DSUM
平均を求める	AVERAGE	AVERAGEIF	AVERAGEIFS	DAVERAGE
最大値を求める	MAX		MAXIFS (Office 365/2019)	DMAX
最小値を求める	MIN		MINIFS (Office 365/2019)	DMIN

練習問題

1

[第5章]フォルダーにある[練習問題1.xlsx]を開きます。「川崎市在住」かつ「会員種別が個人」で登録されている会員の平均年齢をセルH3に求めましょう。

●ヒント:[会員種別]列で[個人]かどうか、[住所]列で「川崎市」を含むかどうかが条件です。

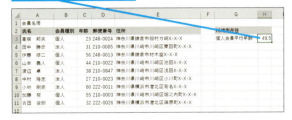

個人会員の平均年齢を求める

2

[第5章]フォルダーにある[練習問題2.xlsx]を開いて、「30歳以上の個人会員」の人数をセルI3に求めましょう。ここではデータベース関数を使います。

●ヒント:データベース関数に使用する条件を入力した後、関数を入力します。

30歳以上の個人会員の人数を求める

答えは次のページ

解 答

1

1 セルH3に「=AVERAGEIFS(C3:C11,E3:E11,"*川崎市*",B3:B11,"個人")」と入力

2 Enter キーを押す

川崎市在住の「個人会員平均年齢」は、AVERAGEIFS関数で求めます。条件には、「川崎市の文字を含む」、「会員種別が個人」の2つを設定します。条件に「川崎市」の文字を含むという意味の「"*川崎市*"」を指定します。「*」の使い方は139ページのワイルドカードに関するテクニックで確認しましょう。

個人会員の平均年齢を求められた

2

1 セルG3に「個人」と入力

2 セルH3に「>=30」と入力

3 セルI3に「=DCOUNT(A2:E11,C2,G2:H3)」と入力

4 Enter キーを押す

条件として「会員種別」に「個人」、同じ行の「年齢」に「>=30」を指定します。セルI3に、データベース関数の数を数えるDCOUNT関数を入力しますが、数を数えるのは「23」や「31」などの数値データが入力してある［年齢］列を対象にします。

30歳以上の個人会員の人数を求められた

第6章 日付や時刻を扱う管理表を作る

日付や時刻の計算には、専用の関数が用意されています。この章では、月末や特定の日付などを関数で表示する「受注管理表」、出勤時刻と退勤時刻から給与を計算する「勤怠管理表」を作ります。レッスンを通じて、日付や時刻の表示や計算の仕組みも解説します。

●この章の内容
- ㊶ 日付や時刻を計算する表によく使われる関数とは…166
- ㊷ 日付から曜日を表示するには …………………………168
- ㊸ 1営業日後の日付を表示するには ……………………170
- ㊹ 期間の日数を求めるには ………………………………172
- ㊺ 月末の日付を求めるには ………………………………174
- ㊻ 年、月、日を指定して日付を作るには ………………176
- ㊼ 別々の時と分を時刻に直すには ………………………178
- ㊽ 土日を判別するには……………………………………180
- ㊾ 土日祝日を除く勤務日数を求めるには ………………182
- ㊿ 勤務時間と時給から支給金額を求めるには …………184

レッスン 53

日付や時刻を計算する表によく使われる関数とは

日付や時刻の計算

Excelには、日付や時刻を扱う関数が数多く用意されています。翌営業日や月末の日付、土日を除く勤務日数などを関数で求める方法を覚えましょう。

この章で作成する受注管理表

この章では、顧客名や受注金額、受注日、発送日などを明記した受注管理表を作成します。発送日や請求日などの日付管理は、業種や商品形態、取引先によって異なりますが、関数を利用すれば日付を計算して求められます。

ここで作成する表は、受注日を入力するだけで、1営業日後の日付や月末の請求日などが計算できます。この章で紹介する関数の使い方をマスターして、予定がひと目で分かる受注管理表を作成してみましょう。

キーワード	
関数	p.275
最頻値	p.276
引数	p.278

HINT!

日付の表示形式に注意しよう

セルに「2019/6/30」と入力すると、Excelが日付と判断して自動で日付の表示形式をセルに設定します。しかし、その日付を基に計算を行ったとき、結果は日付ではなく、数値として表示される場合があります。原因は、結果のセルに日付の表示形式が設定されていないためです。作業をスムーズに進めるには、結果を表示するセルにあらかじめ日付の表示形式を設定しておくことをお薦めします。なお、この章の練習用ファイルは、日付の表示形式を設定済みです。

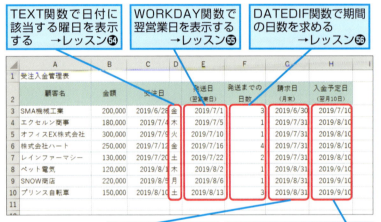

請求日の当月末を求めたら数値が表示された

表示形式を日付の表示形式に変更する必要がある

この章で作成する勤務表

勤務表では、主に時刻の計算を扱います。以下の例はアルバイト勤務表ですが、出勤時刻と退勤時刻を記録して、勤務時間と給与支給額を計算します。ここでは、時刻の時と分が別々に入力されている場合の計算や、土日や祝日を考慮した日数と給与の計算を行います。また、日付や時刻を正しく扱うための表示形式についても詳しく解説します。

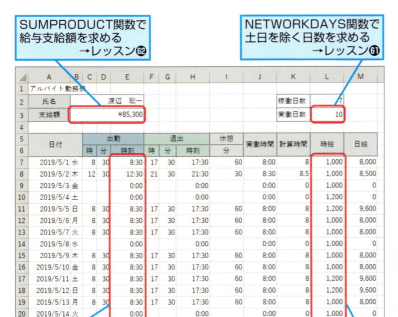

HINT!

Excelが日付や時刻と認識する形式でデータを入力しよう

日付は年、月、日を「/」で区切って「2019/6/28」のように、時刻は時、分を「:」で区切って「8:00」のように入力するのが無難です。これ以外にも、日付なら年を省略したり、和暦で入力したりすることもできますが、入力した通りの表示になるとは限りません。Excelが自動的に表示形式を設定するためです。そのような煩わしい事態を避けるために、日付は「年/月/日」、時刻は「時:分」の形式で入力し、それ以外の表示にしたい場合は、「セルの表示形式」による設定を行うのがお薦めです。

HINT!

日付や時刻を別々に入力する方法もある

日付や時刻は「/」や「:」で区切って入力しますが、記号の入力が面倒な場合は、年、月、日、あるいは、時、分を別々のセルに入力します。別々の数字は、そのままでは日付や時刻として認められませんが、関数で日付や時刻と認識できる形式に変更できます。日付の場合はDATE関数（レッスン㊳）、時刻の場合はTIME関数（レッスン㊴）を使います。

レッスン 54 日付から曜日を表示するには

表示形式の変更

日付が入力されていれば、わざわざカレンダーを見ながら曜日を手入力する必要はありません。表示形式を指定して曜日を表示する方法を紹介します。

文字列操作　　　　　　　　　　　対応バージョン：Office 365 / 2019 / 2016 / 2013 / 2010

数値を指定した表示形式の文字列で表示する
=TEXT(値, 表示形式)

TEXT関数を利用すれば、数値を文字列に変更できます。日付データの場合、引数［表示形式］の設定で曜日の表示にできることを覚えておきましょう。

キーワード

関数	p.275
書式記号	p.276
引数	p.278
表示形式	p.278
文字列	p.279

関連する関数

WEEKDAY	p.180

引数

値 …………… 表示形式を変更して文字列にする値やセルを指定します。

表示形式 …… 書式記号を「"」でくくって指定します。

●TEXT関数の主な書式記号

分類	書式記号	意味	表示形式の指定	表示
数値	#	#の数だけけた数が指定される。余分なけたは表示されない	####.#	123.45 → 123.5
	0	指定した0のけた数だけ0が表示される	0000.000	123.45 → 0123.450
	?	指定した?のけた数に満たないとき、空白が表示される	????.???	123.45 → 123.45
日付	y	西暦の年を表す	yy yyyy	2019/7/1 → 19 2019/7/1 → 2019
	m	月を表す	m mm mmm mmmm	2019/7/1 → 7 2019/7/1 → 07 2019/7/1 → Jul 2019/7/1 → July
	d	日付を表す	d dd	2019/7/1 → 1 2019/7/1 → 01
	a	曜日を表す	aaa	2019/7/1 → 月
時刻	h	時刻を表す	h hh	09:08:05 → 9 09:08:05 → 09
	m	分を表す（hやsと組み合わせて使う）	h:m h:mm	09:08:05 → 9:8 09:08:05 → 9:08
	s	秒を表す	s ss	09:08:05 → 5 09:08:05 → 05

練習用ファイル　TEXT_1.xlsx

使用例1　受注日の曜日を求める

=TEXT(C3,"aaa")

[値] → C3
[表示形式] → "aaa"

受注日の曜日が求められる

HINT!

曜日の表示形式の種類を知ろう

引数［表示形式］に指定する書式記号によって曜日の表示が変わります。下の表を参照してください。

●曜日の書式記号

表示形式の指定	表示
"aaa"	月
"aaaa"	月曜日
"ddd"	Mon
"dddd"	Monday

受注入金管理表

顧客名	金額	受注日	発送日(翌営業日)	発送までの日数	請求日(月末)
SMA機械工業	200,000	2019/6/28	金		
エクセルン商事	180,000	2019/7/4			
オフィスEX株式会社	300,000	2019/7/9			
株式会社ハート	250,000	2019/7/12			
レインファーマシー	130,000	2019/7/20			
ペット電気	120,000	2019/8/1			
SNOW商店	220,000	2019/8/5			
プリンス自転車	150,000	2019/8/10			

ポイント

値……………受注日の日付を曜日で表示するため、日付が入力されたセルを指定します。

表示形式……曜日を「月」や「火」で表示する「"aaa"」を指定します。

テクニック　日付を和暦にして表示するには

TEXT関数で和暦の日付を作成することができます。西暦の年を和暦にするための書式記号は、下の表のものがあります。「平成XX年」のように年号＋数字＋年と表示する場合は、書式記号の「ggge」と文字列の「年」を組み合わせて「ggge年」と指定します。続けて月と日を表示するなら「ggge年m月d日」とします。

日付を和暦にして表示する
=TEXT(B3,"ggge年m月d日")

●和暦の書式記号

表示形式の指定	表示
"e"	28
"ge"	H28
"gge"	平28
"ggge"	平成28

B列の日付を和暦で表示できた

会員名簿

会員名	生年月日(西暦)	生年月日(和暦)
岩崎 賢太郎	2005/7/12	平成17年7月12日
木本 康介	1966/10/22	昭和41年10月22日
五十嵐 淳也	1926/5/1	大正15年5月1日
野村 里香	1985/1/30	昭和60年1月30日
広瀬 玲奈	2019/4/20	平成31年4月20日

レッスン **55**

WORKDAY

1営業日後の日付を表示するには
1営業日後の日付

「○営業日後」を記載するとき、カレンダーを見ながら日数を数えることもあるでしょう。WORKDAY関数を使えば、日数を指定して土日を除く日付を求められます。

日付/時刻　　　対応バージョン **Office 365　2019　2016　2013　2010**

1営業日後の日付を求める
=WORKDAY(開始日,日数,祭日)
　　ワークデイ

WORKDAY関数は、基準となる日付から土日を除いた、○日後を計算します。別表に祝日や特定の日を記載して指定すれば、さらにそれらの日も除いて計算できます。

引数[開始日]に基準となる日を指定し、何日後にするか経過を表す日数を引数[日数]に指定します。祝日など、土日以外に除外する日があるときは、それらの日付をデータが入力されている表とは別に記入して引数[祭日]に指定します。

引数
開始日……計算の基準となる日付を指定します。開始日は0日目と数えます。
日数………土日以外の平日で「○日後」とする経過日数を指定します。
祭日………土日以外で祝日や創立記念日などの特定日を除外したいときに日付を指定します。省略した場合は、土日のみが経過日から除外されます。

キーワード
関数	p.275
絶対参照	p.277
セル範囲	p.277
引数	p.278
文字列	p.279

関連する関数
EDATE	p.104
EOMONTH	p.174
NETWORKDAYS	p.182

第6章 日付や時刻を扱う管理表を作る

練習用ファイル　WORKDAY.xlsx

使用例　1営業日後の日付を求める

=WORKDAY(C3,1,$K$3:$K$24)

開始日 … C3
日数 … 1
1営業日後の日付を求められる

	顧客名	金額	受注日		発送日（翌営業日）	発送までの日数	請求
1	受注入金管理表						
3	SMA機械工業	200,000	2019/6/28	金	2019/7/1		
4	エクセレン商事	180,000	2019/7/4	木			
5	オフィスEX株式会社	300,000	2019/7/9	火			
6	株式会社ハート	250,000	2019/7/12	金			
7	レインファーマシー	130,000	2019/7/20	土			
8	ペット電気	120,000	2019/8/1	木			
9	SNOW商店	220,000	2019/8/5	月			

平成31年祝日	日付
元日	2019/1/1
成人の日	2019/1/14
建国記念の日	2019/2/11
春分の日	2019/3/21
昭和の日	2019/4/29
休日	2019/4/30
祝日	2019/5/1
休日	2019/5/2
憲法記念日	2019/5/3
みどりの日	2019/5/4
こどもの日	2019/5/5
休日	2019/5/6
海の日	2019/7/15
山の日	2019/8/11
休日	2019/8/12
敬老の日	2019/9/16
秋分の日	2019/9/23
体育の日（スポーツの日）	2019/10/14
祝日	2019/10/22
文化の日	2019/11/3
休日	2019/11/4
勤労感謝の日	2019/11/23

祭日

ポイント

開始日 ……… ここでは、受注日の1営業日後の日付を発送日とするので、基準とするセルC3を指定します。
日数 ………… 1営業日後を計算するので、「1」を指定します。
祭日 ………… セルJ2〜K24に入力済みの祝日の一覧表から祝日の日付があるセルK3〜K24を絶対参照で指定します。

HINT!
祝日の表を用意しておこう

WORKDAY関数の引数［祭日］には、土日のほかに計算から除外する日付を指定します。引数［祭日］を指定する場合、祝日などの除外したい日付を別途入力し、入力したセル範囲を指定します。

HINT!
開始日からさかのぼって計算するには

引数［開始日］より前の日付を求める場合は、引数［日数］に負の整数を指定します。「-1」とした場合、開始日から土日を除く1日前の日付が計算されます。

HINT!
土日以外の曜日を除きたいときは

WORKDAY関数は、無条件に土日を除いた営業日を数えますが、土日の代わりに別の曜日を除きたい場合は、WORKDAY.INTL関数を使います。WORKDAY.INTLでは、引数［週末］に除外する曜日を示す番号か文字列を指定します。引数［週末］に指定できる番号や文字列はNETWORKDAYS.INTL関数と同じです。詳しくは、183ページのHINT!を参照してください。

土日以外を除いた営業日を数える
=**WORKDAY.INTL**（開始日,終了日,週末,祭日）

レッスン **56**

DATEDIF

期間の日数を求めるには

期間の日数

開始日から終了日までの期間を調べるには、DATEDIF関数を使いましょう。結果は、日数や月数、年数など、引数に指定する書式で表示内容を変更できます。

分類なし　　　　　　　　対応バージョン **Office 365　2019　2016　2013　2010**

開始日から終了日までの期間を求める
=DATEDIF(開始日,終了日,単位)
（デートディフ）

DATEDIF関数は、引数［開始日］から［終了日］までの期間を表示します。その際、［開始日］（期間の初日）は1日目に含めないことを覚えておきましょう。期間の表示は、引数［単位］の指定にしたがい、日数、月数、年数などで表示できます。

▶キーワード

&	p.275
関数	p.275
互換性	p.276
書式記号	p.276
数式オートコンプリート	p.277
引数	p.278
表示形式	p.278

▶関連する関数

NETWORKDAYS	p.182
TODAY	p.102

引数

開始日………期間の開始日を指定します。
終了日………期間の終了日を指定します。
単位…………期間を表示する形式を書式記号で指定します。

●引数［単位］の指定方法

［単位］の指定	意味	2019/7/1 ～ 2020/7/5 の場合
"Y"	期間内の満年数	1
"M"	期間内の満月数	12
"D"	期間内の満日数	370
"YM"	1年未満の月数	0
"YD"	1年未満の日数	4
"MD"	1カ月未満の日数	4

練習用ファイル DATEDIF_1.xlsx

[使用例1] 受注日から発送日までの日数を求める

=DATEDIF(C3,E3,"D")

- 開始日
- 終了日
- 単位
- 発送までの日数が求められる

	A	B	C	D	E	F	G
1	受注入金管理表						
2	顧客名	金額	受注日		発送日(翌営業日)	発送までの日数	請求日(月末)
3	SMA機械工業	200,000	2019/6/28	金	2019/7/1	3	
4	エクセルン商事	180,000	2019/7/4	木	2019/7/5		
5	オフィスEX株式会社	300,000	2019/7/9	火	2019/7/10		
6	株式会社ハート	250,000	2019/7/12	金	2019/7/16		
7	レインファーマシー	130,000	2019/7/20	土	2019/7/22		
8	ペット電気	120,000	2019/8/1	木	2019/8/2		

HINT!
DATEDIF関数は関数の一覧に表示されない

DATEDIF関数は、Excel以外の表計算ソフトと互換性を保つために用意されています。そのため、[数式]タブの[日付/時刻]ボタンの一覧には表示されません。また、数式オートコンプリートの機能や[関数の挿入]ダイアログボックスからも入力できないので1文字ずつ間違えないように手入力します。

ポイント
- **開始日**………受注日が入力されたセルを指定します。
- **終了日**………発送日が入力されたセルを指定します。
- **単位**…………期間を日数で表示するため「"D"」を指定します。

練習用ファイル DATEDIF_2.xlsx

[使用例2] 生年月日から年齢を求める

=DATEDIF(B3,TODAY(),"Y")

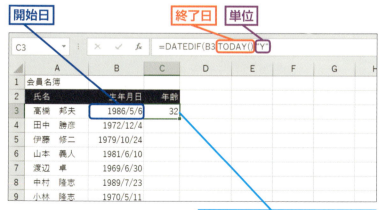

本日の時点での年齢が求められる

ポイント
- **開始日**………生年月日の日付が入力されたセルを指定します。
- **終了日**………ここでは、今日の日付を表示するTODAY関数を指定します。
- **単位**…………期間を日数で表示するため「"Y"」を指定します。

HINT!
年齢と月齢を求めるには

年齢と月齢は、DATEDIF関数を2回使って求めます。年齢は引数[単位]に満年齢を表示する「"Y"」を指定し、月齢は、引数[単位]に満年齢を除いた月数を表示する「"YM"」を指定しましょう。この2つの関数と「歳」「ヶ月」の文字を「&」でつなげれば、「2歳10ヶ月」などと表示できます。

1. セルC3に「=DATEDIF(B3,TODAY(),"Y")&"歳"&DATEDIF(B3,TODAY(),"YM")&"ヶ月"」と入力

年齢と月齢が求められる

レッスン 57

EOMONTH
月末の日付を求めるには
月末の日付

> 月末は、月によって30日だったり、31日だったりします。EOMONTH関数を利用すれば、基準とする日付や期間を指定して月末の日付を正確に求められます。

日付／時刻　　　　　　　　　　　　　　　対応バージョン：Office 365　2019　2016　2013　2010

指定した月数だけ離れた月末の日付を求める
=EOMONTH(開始日, 月)
（エンド・オブ・マンス）

EOMONTH関数は、月によって異なる月末の日付を表示します。引数［開始日］を基準にし、引数［月］に指定した月数後の月末を表示します。［月］に「1」を指定した場合は、開始日の翌月の月末、「0」を指定した場合は、開始日と同じ月の月末が表示されます。

引数

開始日………基準になる日付を指定します。日付を直接指定する場合は「"2019/6/28"」のように「"」でくくります。

月……………［開始日］の日付から何カ月離れているかを数値で指定します。同じ月なら「0」、翌月なら「1」を指定します。

キーワード
関数	p.275
数値	p.277
引数	p.278

▶関連する関数
DATE	p.176
DAY	p.177
EDATE	p.104

HINT!
DATE関数で正確に月末を表示するには

年、月、日の整数を指定して日付データを作成するDATE関数でも月末を表示できます。例えば、2019年6月の月末は、「=DATE(2019,6,30)」で求められます。月末の日付を間違えないようにするには、翌月の1日の日付を作成し、そこから1日を引いて求めるといいでしょう。「=DATE(2019,7,1)-1」として、2019年6月の月末を表示します。

練習用ファイル EOMONTH_1.xlsx

使用例1 受注日の当月末を求める

=EOMONTH(C3,0)

開始日 / **月** / 当月末の日付が求められる

	A	B	C	D	E	F	G
1	受注入金管理表						
2	顧客名	金額	受注日		発送日 (営業日)	発送までの 日数	請求日 (月末)
3	SMA機械工業	200,000	2019/6/28	金	2019/7/1	3	2019/6/30
4	エクセルン商事	180,000	2019/7/4	木	2019/7/5	1	
5	オフィスEX株式会社	300,000	2019/7/9	火	2019/7/10	1	
6	株式会社ハート	250,000	2019/7/12	金	2019/7/16	4	
7	レインファーマシー	130,000	2019/7/20	土	2019/7/22	2	
8	ペット電気	120,000	2019/8/1	木	2019/8/2	1	

ポイント

開始日……… 受注日を指定します。
月……………ここでは受注日と同じ月の月末を表示するので、「0」を指定します。

HINT!
開始日より前の月末の日付を表示するには
引数［月］に負の整数を指定します。開始日の前の月の月末を表示するときは、「-1」を指定します。

HINT!
月初を表示するには
月初の1日をEOMONTH関数で表示するには、前月の月末をEOMONTH関数で求め、1日を足します。2019年6月28日を基準にして、翌月の月初（2019/7/1）を表示する場合は、「=EOMONTH("2019/6/28",0)+1」とします。

練習用ファイル EOMONTH_2.xlsx

使用例2 受注日が20日以前なら当月末、21日以降なら翌月末を求める

=IF(DAY(C3)<=20,EOMONTH(C3,0),EOMONTH(C3,1))

受注日に応じて当月末か翌月末の日付を表示できる

	A	B	C	D	E	F	G
1	受注入金管理表						
2	顧客名	金額	受注日		発送日 (営業日)	発送までの 日数	請求日 (月末)
3	SMA機械工業	200,000	2019/6/28	金	2019/7/1	3	2019/7/31
4	エクセルン商事	180,000	2019/7/4	木	2019/7/5	1	
5	オフィスEX株式会社	300,000	2019/7/9	火	2019/7/10	1	
6	株式会社ハート	250,000	2019/7/12	金	2019/7/16	4	
7	レインファーマシー	130,000	2019/7/20	土	2019/7/22	2	

ポイント

論理式………受注日の日の数値だけをDAY関数で取り出し、「DAY(C3)<=20」で「20日以前」という条件を指定します。
真の場合…… 20日以前の場合、当月の月末を表示する「EOMONTH(C3,0)」を指定します。
偽の場合…… 21日以降の場合、翌月の月末を表示する「EOMONTH(C3,1)」を指定します。

HINT!
20日以前かどうかを調べるには
年や月に関係なく、日付が20日以前かどうか調べるには、「2019/6/28」の日付データから日の数値だけを取り出します。日の数値はDAY関数で取り出せますが、詳しくはレッスン㊵を参照してください。

レッスン 58

年、月、日を指定して日付を作るには

DATE

特定の日付

日付の年、月、日が別々に数値として入力されている場合、そのままでは日付データとして利用できません。DATE関数で別々の数値を日付データに変換します。

日付／時刻

対応バージョン：Office 365　2019　2016　2013　2010

年、月、日から日付を求める
=DATE(年, 月, 日)

DATE関数は、年、月、日の数値を日付データとして使える「シリアル値」に変換します。
例えば、年月日が「2019」「6」「28」と別々のセルに入力されていたとします。これを「2019/6/28」というように、日付として認識できる形式にするときDATE関数を使います。

キーワード

関数	p.275
シリアル値	p.277
数値	p.277

関連する関数

| EDATE | p.104 |
| TIME | p.178 |

引数

- **年**……………日付の年にする数値やセルを指定します。
- **月**……………日付の月にする数値やセルを指定します。
- **日**……………日付の日にする数値やセルを指定します。

📄 練習用ファイル　DATE_1.xlsx

使用例1　別々に入力した年、月、日から受注日の日付を求める

=DATE(C3, D3, E3)

別々のセルの年、月、日を日付にできる

ポイント

- **年**……………受注日の年として入力したセルC3を指定します。
- **月**……………受注日の月として入力したセルD3を指定します。
- **日**……………受注日の日として入力したセルE3を指定します。

【練習用ファイル】DATE_2.xlsx

使用例2 請求日の翌月10日の日付を求める

=DATE(YEAR(G3),MONTH(G3)+1,10)

年 月 日

請求日の翌月10日の日付が求められる

	A	B	C	D	E	F	G	H
1	受注入金管理表							
2	顧客名	金額	受注日		発送日（翌営業日）	発送までの日数	請求日（月末）	入金予定日（翌月10日）
3	SMA機械工業	200,000	2019/6/28	金	2019/7/1	3	2019/6/30	2019/7/10
4	エクセルン商事	180,000	2019/7/4	木	2019/7/5	1	2019/7/31	
5	オフィスEX株式会社	300,000	2019/7/9	火	2019/7/10	1	2019/7/31	
6	株式会社ハート	250,000	2019/7/12	金	2019/7/16	4	2019/7/31	
7	レインファーマシー	130,000	2019/7/20	土	2019/7/22	2	2019/7/31	
8	ペット電気	120,000	2019/8/1	木	2019/8/2	1	2019/8/31	
9	SNOW商店	220,000	2019/8/5	月	2019/8/6	1	2019/8/31	

ポイント

年……………請求日からYEAR関数で取り出した年を指定します。

月……………請求日からMONTH関数で月を取り出します。翌月を求めるので取り出した月に1を足します。

日……………ここでは「10日」という日付は固定なので、引数［日］に「10」を指定します。

HINT!
日付をバラバラにして計算した後日付データに戻すには

「請求日」の「翌月10日」を計算するには、請求日から「月の数値」を取り出す必要があります。月に1を足して翌月を計算するためです。このように年月日をバラバラに取り出すには、YEAR関数、MONTH関数、DAY関数を使います。

日付から年を求める
=YEAR（シリアル値）

日付から月を求める
=MONTH（シリアル値）

日付から日を求める
=DAY（シリアル値）

テクニック シリアル値の仕組みを覚えよう

「2019/6/28」のように年月日を「/」で区切って入力した日付データをExcelは「シリアル値」という数値で管理しています。シリアル値は、「1900/1/1」を「1」と定め、1日ごとに「1」が加算されます。換算していくと「2019/6/28」はシリアル値「43644」です。この「シリアル値」を利用することで正しく日付の計算ができるのです。なお、時刻もシリアル値で扱われます。日付のシリアル値が1日（24時間）で「1」ずつ増えるので、12時間（12:00:00）のシリアル値は「0.5」になります。

●日付のシリアル値

日付　1900/1/1　1/2　　2019/6/28… 6/29
シリアル値　　1　　2　　　43644　　43645

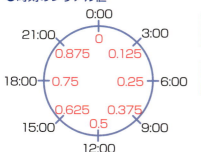

◆セルに入力した日付

◆Excelが管理しているシリアル値

●時刻のシリアル値

0:00　0
3:00　0.125
6:00　0.25
9:00　0.375
12:00　0.5
15:00　0.625
18:00　0.75
21:00　0.875

1日（24時間）を「1」で扱う

半日（12時間）を「0.5」で扱う

レッスン 59 別々の時と分を時刻に直すには

TIME

時刻の表示

時刻が「00:00:00」の形式で入力されていれば、時刻同士の計算に利用できます。しかし、時、分、秒が別のセルにあるときはTIME関数で時刻の形式に変更します。

日付／時刻　　　　　　　　　対応バージョン Office 365 2019 2016 2013 2010

時、分、秒から時刻を求める
=TIME(時,分,秒)

別々に入力された時、分、秒の数値を時刻データと認識できる形式に変換します。
時刻データとして認識されるのは、「00:00:00」の形式ですが、このように入力するのが面倒な場合は、時、分、秒をそれぞれ数値として入力し、後からTIME関数で時刻データにするといいでしょう。

キーワード

関数	p.275
書式	p.276
シリアル値	p.277
数値	p.277
表示形式	p.278

関連する関数

DATE	p.176
DAY	p.177
MONTH	p.177
YEAR	p.177

引数
- 時……………時を表す数値やセルを指定します。
- 分……………分を表す数値やセルを指定します。
- 秒……………秒を表す数値やセルを指定します。

テクニック　時刻から時、分、秒を求める

別々の時、分、秒を時刻データにするのとは逆に、時刻データを時、分、秒に分けるには、HOUR関数、MINUTE関数、SECOND関数を使います。いずれも引数には、シリアル値を指定します。時刻データが入力されたセルのほか、時刻データを直接指定しても構いません。その場合は、数値を「""」でくくりましょう。

時刻から時を求める
=HOUR(シリアル値)

時刻から分を求める
=MINUTE(シリアル値)

時刻から秒を求める
=SECOND(シリアル値)

1 セルB2に「=HOUR("08:10:00")」と入力

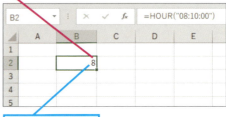

「8」と表示された

使用例 別々の時と分を時刻に直す

=TIME(C7,D7,0)

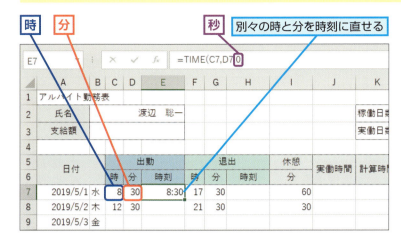

HINT!
分や秒が60を超える場合は

分として入力されている数値が60を超えている場合、自動的に時に繰り上げられます。例えば、時が「8」、分が「90」の数値をTIME関数で変換すると、結果は「8:90」とはならず、分が繰り上げられて「9:30」となります。

ポイント

- **時**……………時が入力されたセルC7を指定します。
- **分**……………分が入力されたセルD7を指定します。
- **秒**……………使用例の練習用ファイルに秒が入力されたセルはないので、ここでは「0」を入力して0秒を指定します。省略はできません。

テクニック 日付や時刻の表示形式を変更するには

日付や時刻データは、[セルの書式設定]ダイアログボックスを利用して表示形式を変更できます。[セルの書式設定]ダイアログボックスには[日付]や[時刻]などの分類があり、[種類]に表示された項目を選ぶだけで表示形式を変更できます。日付の場合、「2019/6/28」などと入力したセルを選択し、右の手順で操作しましょう。なお、[種類]に表示される[*2012/3/14]や[*2012年3月14日]などをクリックすると、[サンプル]に変更後の表示形式が表示されるので、[サンプル]の内容を確認しながら操作を進めるようにするといいでしょう。また「*」が表示されている項目は、Windowsが管理している日時設定に準拠します。Windowsの設定を日本以外の地域に変更すると、それに合わせて表示が変わります。

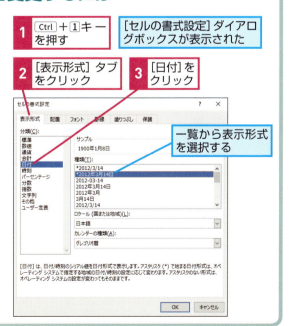

レッスン 60

WEEKDAY

土日を判別するには

曜日の判別

「平日と土日で時給額を変更して計算したい」というときは、まずは曜日を調べます。WEEKDAY関数を使って日付に該当する曜日を調べる方法を学びましょう。

日付／時刻

対応バージョン **Office 365　2019　2016　2013　2010**

日付から曜日の番号を取り出す
=WEEKDAY(シリアル値,種類)
（ウィークデイ）

WEEKDAY関数では、引数［シリアル値］に指定した日付の曜日を調べられます。結果は、引数［種類］に指定する番号（1～17）により異なります。
結果は数値で表されるので、IF関数と組み合わせて曜日を判定するといいでしょう。

引数

シリアル値……曜日の基準となる日付を指定します。
種類……………曜日の表示方法を1～17の数値で指定します。

●引数［種類］の指定方法

指定	結果
1	日曜～土曜を1～7の数値で表す
2	月曜～日曜を1～7の数値で表す
3	月曜～日曜を0～6の数値で表す
11	月曜～日曜を1～7の数値で表す
12	火曜～月曜を1～7の数値で表す
13	水曜～火曜を1～7の数値で表す
14	木曜～水曜を1～7の数値で表す
15	金曜～木曜を1～7の数値で表す
16	土曜～金曜を1～7の数値で表す
17	日曜～土曜を1～7の数値で表す

▶キーワード

関数	p.275
条件付き書式	p.276
シリアル値	p.277
引数	p.278

▶関連する関数

COUNTIF	p.136
IF	p.70
TEXT	p.168
WORKDAY	p.170

HINT!

土日を1つの条件で判定する

WEEKDAY関数の結果が土日かどうかを判定するとき、引数［種類］を「2」に指定すると、IF関数の条件は1つで済みます。月曜から日曜を1～7で表すので、WEEKDAY関数の結果が「6以上」なら土日と判定できるためです。

HINT!

スケジュール表の土日に色が付けられる

土日の日付に色を付ける場合、「条件付き書式」を設定します。条件にWEEKDAY関数を指定すれば、日付から曜日を判定して自動的に色を付けられます。詳しくはレッスン㉛で紹介します。

日付や時刻を扱う管理表を作る　第6章

練習用ファイル WEEKDAY_1.xlsx

使用例 土日なら時給を1200円、平日なら1000円にする

=IF(WEEKDAY(A7,2)>=6,1200,1000)

シリアル値 / **種類**

60 曜日の判別

HINT!
IF関数で時給額を判断する

IF関数は、引数［論理式］に条件を指定し、それが満たされているとき［真の場合］、満たされていないとき［偽の場合］を実行します。
ここでは、「WEEKDAY関数の結果が6以上」、つまり「土日である」を条件にし、満たされているとき「1200」、満たされていないとき「1000」を表示しています。

条件により2通りの結果にする
=**IF**（論理式,真の場合,偽の場合）

土日なら時給を1200円、平日なら1000円と表示できる

ポイント
シリアル値……日付が入力されているセルA7を指定します。
種類……………ここでは月曜～日曜を1～7で表すので、「2」を指定します。

テクニック 祝日はどうやって調べる

日付が祝日かどうかを調べる関数はありません。そこで、IF関数（レッスン⓭）を使い「土日」か「祝日」なら「1200」を表示し、どちらでもないなら「1000」を表示します。まず、IF関数に指定する条件は、「土日」、「祝日」の2つをOR関数（レッスン⓱）でまとめて指定します。OR関数のどちらかの条件が満たされていれば「1200」が表示されます。OR関数で指定する条件は、WEEKDAY関数の結果が6以上（つまり、土日である）とCOUNTIF関数（レッスン㊵）で祝日一覧に同じ日付があるかを数え、その結果が1（つまり、祝日である）の2つです。

土日か祝日とそれ以外で異なる結果が表示された

土日か祝日なら1200を表示し、どちらでもないなら1000を表示する
=IF(OR(WEEKDAY(A7,2)>=6,COUNTIF($O$7:$O$12,A7)=1),1200,1000)

レッスン 61

NETWORKDAYS

土日祝日を除く勤務日数を求めるには

土日祝日を除く日数

土日と祝日を除いて日数を数えるには、NETWORKDAYS関数を使います。このレッスンでは、勤務表の土日と祝日を除く日数を稼働日数として表示します。

日付／時刻　　　　　　対応バージョン **Office 365　2019　2016　2013　2010**

土日祝日を除外して期間内の日数を求める

=NETWORKDAYS(開始日, 終了日, 祭日)
（ネットワークデイズ）

NETWORKDAYS関数は、開始日から終了日の期間の土日を除く日数を数えます。祝日や定休日などの特定の日を除くことも可能です。引数［開始日］と［終了日］を指定するだけで、土日を除く日数が表示されますが、土日以外に除きたい日付がある場合は、引数［祭日］を指定しましょう。

キーワード

関数	p.275
引数	p.278
文字列	p.279

関連する関数

DATEDIF	p.172
WORKDAY	p.170

引　数

開始日……… 期間の最初の日付を指定します。
終了日……… 期間の最後の日付を指定します。
祭日………… 期間から土日以外に除外する日付を指定します（省略可）。

HINT!

祭日を直接指定するには

引数［祭日］には、あらかじめ日付を入力したセル範囲を指定するほかに、1つの日付を直接指定できます。その場合、日付を「""」でくくって指定します。

1 セルL2に「＝NETWORKDAYS(A7,A21,"2019/5/2")」と入力

2019年5月2日が祝日として見なされて営業日が求められた

練習用ファイル NETWORKDAYS.xlsx

使用例 期間内の稼働日数を求める

=NETWORKDAYS(A7,A21,P3:P24)

開始日

期間内の稼働日数が求められる

L2 =NETWORKDAYS(A7,A21,P3:P24)

	A	B	C	D	E	F	G	H	I	J	K	L	M
1	アルバイト勤務表												
2	氏名				渡辺　聡一						稼働日数	7	
3	支給額										実働日数	10	
4													
5	日付		出勤			退出			休憩	実働時間	計算時間	時給	日給
6			時	分	時刻	時	分	時刻	分				
7	2019/5/1	水	8	30	8:30	17	30	17:30	60	8:00	8	1,000	8,000
8	2019/5/2	木	12	30	12:30	21	30	21:30	30	8:30	8.5	1,000	8,500
9	2019/5/3	金			0:00			0:00		0:00	0	1,000	0
10	2019/5/4	土			0:00			0:00		0:00	0	1,200	0
11	2019/5/5	日	8	30	8:30	17	30	17:30	60	8:00	8	1,200	9,600
12	2019/5/6	月	8	30	8:30	17	30	17:30	60	8:00	8	1,000	8,000
13	2019/5/7	火	8	30	8:30	17	30	17:30	60	8:00	8	1,000	8,000
14	2019/5/8	水			0:00			0:00		0:00	0	1,000	0
15	2019/5/9	木	8	30	8:30	17	30	17:30	60	8:00	8	1,000	8,000
16	2019/5/10	金	8	30	8:30	17	30	17:30	60	8:00	8	1,000	8,000
17	2019/5/11	土	8	30	8:30	17	30	17:30	60	8:00	8	1,200	9,600
18	2019/5/12	日	8	30	8:30	17	30	17:30	60	8:00	8	1,200	9,600
19	2019/5/13	月	8	30	8:30	17	30	17:30	60	8:00	8	1,000	8,0
20	2019/5/14	火			0:00			0:00		0:00	0	1,000	
21	2019/5/15	水			0:00			0:00		0:00	0	1,000	0

終了日

平成31年祝日	日付
元日	2019/1/1
成人の日	2019/1/14
建国記念の日	2019/2/11
春分の日	2019/3/21
昭和の日	2019/4/29
休日	2019/4/30
祝日	2019/5/1
休日	2019/5/2
憲法記念日	2019/5/3
みどりの日	2019/5/4
こどもの日	2019/5/5
休日	2019/5/6
海の日	2019/7/15
山の日	2019/8/11
休日	2019/8/12
敬老の日	2019/9/16
秋分の日	2019/9/23
体育の日（スポーツの日）	2019/10/14
祝日	2019/10/22
文化の日	2019/11/3
休日	2019/11/4
勤労感謝の日	2019/11/23

祭日

ポイント

開始日………勤務表の最初の日付を指定します。

終了日………勤務表の最後の日付を指定します。

祭日…………セルO2 ～ P24に入力済みの祝日の一覧表から祝日の日付があるセルP3 ～ P24を指定します。

HINT! 除外する週末が土日以外のときには

NETWORKDAYS関数は、無条件に土日を除いて日数を数えますが、除外したいのがほかの曜日のときには、NETWORKDAYS.INTL関数を利用しましょう。引数［週末］に除外する曜日を示す番号か文字列を指定します。

指定した曜日を除外して期間内の日数を求める

=NETWORKDAYS.INTL（開始日,終了日,週末,祭日）（ネットワークデイズ・インターナショナル）

●引数［週末］の指定方法

引数［週末］の指定	除外される曜日
1または省略	土曜日と日曜日
2	日曜日と月曜日
3	月曜日と火曜日
4	火曜日と水曜日
5	水曜日と木曜日
6	木曜日と金曜日
7	金曜日と土曜日
11	日曜日のみ
12	月曜日のみ
13	火曜日のみ
14	水曜日のみ
15	木曜日のみ
16	金曜日のみ
17	土曜日のみ
文字列（1と0の7けた）（例）"1010000"	（例）月曜日と水曜日 月曜日から日曜日までを1と0の7けたで表示。1が除外する曜日を表す

レッスン 62

SUMPRODUCT

勤務時間と時給から支給金額を求めるには

積の和

支給金額は、毎日の勤務時間に時給を掛け、合計したものです。つまり積の和です。積の和は、SUMPRODUCT関数を利用すれば一度で求められます。

数学／三角　対応バージョン：Office 365　2019　2016　2013　2010

配列要素の積の和を求める

=**SUMPRODUCT**(**配列1**, **配列2**, …, **配列255**)
（サムプロダクト）

SUMPRODUCT関数は、複数の配列（セル範囲）の同じ位置のセル同士を掛け、その結果を合計します。以下の例を見てください。1～4が入力された配列1と10～40が入力された配列2があるとします。配列1と配列2を掛けて合計を求めるとき、「1×10」や「2×20」などの数式を用意してSUM関数で合計してもいいのですが、SUMPRODUCT関数を使えば一度に「300」という積の和を求められます。下の例では配列1と配列2は4行になっていますが、指定する複数の配列は、同じ大きさである必要があります。

キーワード
セル範囲	p.277
配列	p.278

関連する関数
SUM	p.48
PRODUCT	p.114

引数

配列1～255……… 同じ大きさの配列（セル範囲）を指定します。

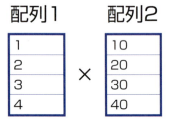

HINT!

「8:00」を計算可能な「8」に直すには

給与計算は、時間×時給で計算します。このレッスンの表では「実働時間」が時間ですが、「8:00」と表示しているため、そのまま「8:00×1000円」のように計算ができません。なぜなら、「8:00」の実体は、シリアル値だからです。「8:00」なら「8/24」（24分の8）が実際の値です。これを計算可能な整数「8」に変換するには、「8:00」に「24」を掛けます。もともと「8:00」は、「8/24」（24分の8）なので、24を掛ければ「8」に直すことができるわけです。このレッスンの表では、「実働時間」に「24」を掛けた値を「計算時間」に表示しているので、給与を「計算時間」×「時給」で計算します。時間を10進数の整数に直すには、「24」を掛ける、ということを覚えておきましょう。

【使用例】勤務時間と時給から給与の支給金額を求める

=SUMPRODUCT(K7:K21,L7:L21)

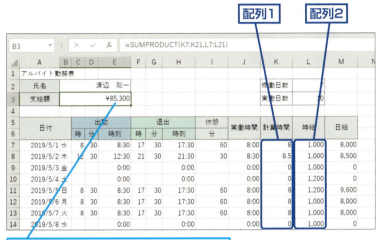

勤務時間と時給から支給金額を求められる

HINT!
配列同士は同じ大きさの必要がある

引数に指定する複数の配列は、同じ大きさである必要があります。ここでは、「計算時間」と「時給」のセル範囲は同じ行数でなくてはなりません。大きさが異なる場合、引数が間違っていることを示す「#VALUE」エラーが表示されます。

ポイント
配列1……… [計算時間] 列のセル範囲を指定します。
配列2……… [時給] 列のセル範囲を指定します。

テクニック 条件に合う行の計算ができる

SUMPRODUCT関数を利用して、条件に合う行の積の和を求められます。配列に条件を判定する数式を指定すると、その配列は「TRUE」か「FALSE」の論理値になります。Excelでは論理値はTRUEは1、FALSEは0と同等なので論理値に「1」を掛けると「TRUE」は「1」、「FALSE」は「0」に置き換えられます。この配列をSUMPRODUCT関数の引数に利用するわけです。条件に合う行（つまり「TRUE」=「1」）だけ積の結果が有効になり、特定の行の和を求められます。

「支払」が「現金」の積の和を求める

=SUMPRODUCT(B3:B6,C3:C6,(D3:D6="現金")*1)

この章のまとめ

●日付と時刻の扱いは要注意

Excelで日付と時刻を扱うときは、表示や計算内容に注意しましょう。日付の場合は、西暦と和暦のどちらで表示するか、また計算時に土日をどう扱うかなど、気を付けることがいろいろあります。日付と時刻を扱う上で注意すべきポイントを確認しておきましょう。

まず、日付と時刻は「表示形式」が重要です。日付や時刻の実体は、シリアル値という数値なので、「表示形式」の設定によって日付や時刻データにしなくてはなりません。

ただし、時間の長さの表示方法は、「表示形式」では変えられません。例えば90分なら、「1:30」「90分」「1.5時間」というように、さまざまな表示方法がありますが、これらは計算により変換しなくてはなりません。「1:30」に「60」を掛けると「90」分の表示になります。また、「1:30」に「24」を掛けると「1.5」に変えられます。このようなテクニックが時間の計算に必須となることを覚えておきましょう。

以上のポイントやテクニックを踏まえた上で、日付と時刻を扱う関数の使い方を覚えましょう。この章で紹介した関数を使いこなせば、受注管理表や勤怠管理表などを自在に作成できます。

表示形式の設定と時刻の計算を使いこなす

表示形式の設定と計算による変換をしっかり押さえよう。

	A	B	C	D	E	F	G	H	I	J	K	L	M
1	アルバイト勤務表												
2	氏名			渡辺　聡一							稼働日数	7	
3	支給額			¥85,300							実働日数	10	
4													
5	日付			出勤			退出		休憩	実働時間	計算時間	時給	日給
6			時	分	時刻	時	分	時刻	分				
7	2019/5/1	水	8	30	8:30	17	30	17:30	60	8:00	8	1,000	8,000
8	2019/5/2	木	12	30	12:30	21	30	21:30	30	8:30	8.5	1,000	8,500
9	2019/5/3	金			0:00			0:00		0:00	0	1,000	0
10	2019/5/4	土								0:00	0	1,200	0
11	2019/5/5	日	8	30	8:30	17	30	17:30	60	8:00	8	1,200	9,600
12	2019/5/6	月	8	30	8:30	17	30	17:30	60	8:00	8	1,000	8,000
13	2019/5/7	火	8	30	8:30	17	30	17:30	60	8:00	8	1,000	8,000
14	2019/5/8	水			0:00			0:00		0:00	0	1,000	0
15	2019/5/9	木	8	30	8:30	17	30	17:30	60	8:00	8	1,000	8,000
16	2019/5/10	金	8	30	8:30	17	30	17:30	60	8:00	8	1,000	8,000
17	2019/5/11	土	8	30	8:30	17	30	17:30	60	8:00	8	1,200	9,600
18	2019/5/12	日	8	30	8:30	17	30	17:30	60	8:00	8	1,200	9,600
19	2019/5/13	月	8	30	8:30	17	30	17:30	60	8:00	8	1,000	8,000
20	2019/5/14	火			0:00			0:00		0:00	0	1,000	0
21	2019/5/15	水			0:00			0:00		0:00	0	1,000	0

練習問題

1

［第6章］フォルダーにある［練習問題1.xlsx］を開いて、「入会日」と「更新手続き期限」の日付を求めましょう。「入会日」は、「年」「月」「日」の数字から日付を作ります。「更新手続き期限」は、「入会日」から1年後の日付で前月の月末にします。

●ヒント：「更新手続き期限」は、何カ月後の月末を表示するかを考えます。

入会日とその1年後の前月末を求める

	A	B	C	D	E	F
1	会員情報管理					
2	氏名	年	月	日	入会日	更新手続き期限
3	高橋　邦夫	2019	1	15	2019/1/15	2019/12/31
4	田中　勝彦	2019	5	25	2019/5/25	2020/4/30
5	伊藤　修二	2019	6	10	2019/6/10	2020/5/31
6	山本　義人	2019	10	22	2019/10/22	2020/9/30
7	渡辺　卓	2019	11	17	2019/11/17	2020/10/31

2

［第6章］フォルダーにある［練習問題2.xlsx］を開いて、「利用時間」を表示し、その合計を求めましょう。
「利用時間」は、「時間」と「分」の数字から時間表示にします。

●ヒント：利用時間の合計には表示形式を設定する必要があります。24時間を超える時間を表示するので「[h]:mm」を指定します。

営業車の利用時間を表示する

	A	B	C	D	E	F	G
1	営業車利用時間						
2	日付	時間	分	利用時間			
3	2019/8/1	5	30	5:30			
4	2019/8/2	6	10	6:10			
5	2019/8/3	4	40	4:40			
6	2019/8/4	6	30	6:30			
7	2019/8/5	4	0	4:00			
8	2019/8/6	7	15	7:15			
9			合計	34:05			

表示した利用時間を合計して表示する

答えは次のページ

解 答

1

1 セルE3に「=DATE(B3,C3,D3)」と入力
2 セルE3のフィルハンドルにマウスポインターを合わせる
3 セルE7までドラッグ

「入会日」は、「年」、「月」、「日」をDATE関数で日付にします。「更新手続き期限」は、11か月後の月末をEOMONTH関数で求めます。

4 セルF3に「=EOMONTH(E3,11)」と入力
5 セルF3のフィルハンドルにマウスポインターを合わせる
6 セルF7までドラッグ

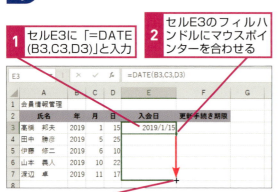
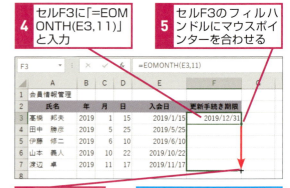

入会日と更新手続き期限を求められる

2

1 セルD3に「=TIME(B3,C3,0)」と入力
2 セルD3のフィルハンドルにマウスポインターを合わせる
3 セルD8までドラッグ
4 セルD3～D9をドラッグして選択
5 Ctrl+1キーを押す

「利用時間」をTIME関数で表示し、その合計をSUM関数で求めます。24時間を超える時間は、表示形式を「[h]:mm」に設定します。

6 [表示形式]タブをクリック
7 [ユーザー定義]をクリック
8 「[h]:mm」と入力
9 [OK]をクリック
10 セルD9に「=SUM(D3:D8)」と入力

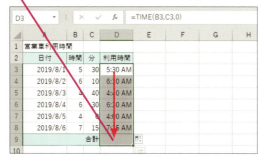
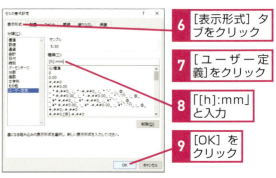

利用時間の合計が求められる

第7章 文字を整えて一覧表を作る

この章では、文字列を操作する関数を紹介します。名簿など文字データの多い表では、用途に合わせてデータを作り直すことがあります。具体的には、全角文字を半角文字に統一したり、氏名の姓と名を分けたりする処理が該当します。文字列を操作するさまざまな処理を関数で行う方法を見ていきましょう。

●この章の内容

- ❻❸ 名簿やリストによく使われる関数とは ……………190
- ❻❹ 特定の文字の位置を調べるには ……………………192
- ❻❺ 文字列の一部を先頭から取り出すには ……………194
- ❻❻ 文字列の一部を指定した位置から取り出すには ……196
- ❻❼ セルの文字列を連結するには ………………………198
- ❻❽ ふりがなを表示するには ……………………………200
- ❻❾ 位置と文字数を指定して
  文字列を置き換えるには ……………………………202
- ❼⓪ 文字列を検索して置き換えるには …………………204
- ❼❶ 文字列が同じかどうか調べるには …………………206
- ❼❷ セル内の改行を取り除くには ………………………208
- ❼❸ 半角や全角の文字に統一するには …………………210
- ❼❹ 英字を大文字や小文字に統一するには ……………212
- ❼❺ 文字数やけた数を調べるには ………………………214
- ❼❻ 先頭に0を付けてけた数をそろえるには ……………216

レッスン 63

名簿やリストによく使われる関数とは

文字列操作

名簿や商品リストなどの文字データを管理する表では、文字列を操作して表を整えたり、データを整形したりします。ここでは文字列を扱う関数を紹介しましょう。

キーワード	
関数	p.275
空白セル	p.276
文字列	p.279
列	p.279

この章で作成する会員名簿

氏名や郵便番号、住所などが含まれる名簿では、文字列を扱う関数が活躍します。例えば、Excelで氏名を入力した場合、PHONETIC関数でふりがなだけを瞬時に取り出せます。また、必要に応じてデータを作り直すのも関数なら簡単です。この章の前半では、「氏名」から「姓」を取り出したり、住所から都道府県名を取り除いたりする、文字データの加工を紹介します。

FIND関数で姓と名の間にある空白の位置を調べる →レッスン64

LEFT関数で、先頭から文字数を指定して[姓]列に文字列を取り出す →レッスン65

PHONETIC関数で[氏名]列からふりがなを取り出して[ふりがな]列に表示する →レッスン68

MID関数で、指定した位置から[住所]列にある文字列を[県名なし]列に取り出す →レッスン66

REPLACE関数で[会員番号]列の文字列を置換し、[新番号]列に取り出す →レッスン69

SUBSTITUTE関数で、[姓]列の文字列を条件にして[氏名]列を検索し、空白を削除して名前を取り出す →レッスン70

この章で作成する商品リスト

この章の後半では、「商品リスト」を例に文字列の表記を整えます。商品名は、アルファベットを大文字にする、商品番号のけた数をそろえるなど、表記にルールがある場合があります。入力済みの文字をルールにしたがって整えるのは面倒な作業ですが、関数なら簡単です。

CLEAN関数で改行を取り除く　→レッスン72

ASC関数で商品名を半角文字に統一する　→レッスン73

UPPER関数で英字を大文字に統一する　→レッスン74

LEN関数で文字数を調べる　→レッスン75

REPT関数で数値の先頭に「0」を付ける　→レッスン76

CONCAT関数、TEXTJOIN関数で文字列を連結する　→レッスン77

EXACT関数で2つの文字列を比較する　→レッスン71

HINT!
データ入力の段階で気を付けるべきことは

この章では、入力済みの文字列を関数で整えています。名簿や商品リストは、ほかの表と結び付けて使われることが多く、どんな使われ方をするかは分かりません。データの汎用性を考えて、使いやすい形でデータを入力しておきましょう。例えば、後から氏名を「姓」と「名」に分けることがあるかもしれません。「姓」と「名」の間に空白があれば、関数を利用して簡単に分けられます。

HINT!
表記をそろえて使いやすいデータにしよう

同じ項目のデータは、大文字と小文字、全角と半角などの表記を統一するべきです。表記が異なると、同じ商品名でも違うもののように見えます。見た目だけでなく、表記の違いで別データと認識され集計処理などに支障をきたす場合もあります。関数で表記を統一し、使い勝手のいいデータに整えましょう。

63 文字列操作

レッスン 64

FIND

特定の文字の位置を調べるには

文字列の位置

セル内の特定の文字位置は、FIND関数で調べられます。ここでは、氏名に含まれる空白の位置を調べます。氏名を姓と名に分けるとき（レッスン(65)）必要です。

文字列操作　対応バージョン Office 365 2019 2016 2013 2010

文字列の位置を調べる

=FIND(検索文字列,対象,開始位置)（ファインド）

FIND関数では、特定の文字が何文字目にあるかを調べられます。文字データを思い通りの形に整えたいときに必要になる関数です。ここでは、氏名の何文字目に空白があるかを調べます。空白の位置は、氏名から姓を取り出すとき（レッスン(65)）必要になります。

引数

検索文字列……検索したい特定の文字を指定します。

対象……［検索文字列］が含まれる文字列が入力されたセル、または文字列を指定します。

開始位置……文字の検索を始める位置を指定します。先頭文字から探す場合は省略できます。

キーワード

関数	p.275
空白文字列	p.276
引数	p.278
文字列	p.279
列	p.279

関連する関数

LEFT	p.194
LEN	p.214
MID	p.196

テクニック　バイト数の位置を調べる

FIND関数は、半角と全角の区別なく、指定した文字が何文字目かを調べますが、半角文字を1バイト、全角文字を2バイトとし、何バイト目にあるかを調べる場合は、FINDB関数を使います。全角文字を使用する日本語、中国語、韓国語を対象にしたとき、FIND関数とFINDB関数の結果が異なります。

文字列のバイト位置を調べる

=FINDB(検索文字列,対象,開始位置)（ファインドビー）

	A	B	C	D	E	F
1	氏名	FIND関数	FINDB関数			
2	高橋　邦夫	3	5			
3	佐々木　祥三	4	7			
4	Jane　Smith	5	5			
5						
6						

使用例1　姓と名の間にある空白の位置を調べる

=FIND("　",C3)

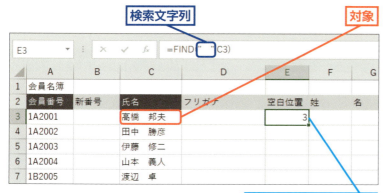

HINT!
全角の空白位置を調べる

［氏名］列のセルには、姓と名を区切るために全角の空白が入力してあります。したがって、FIND関数の引数［検索文字列］は、全角の空白を「"」でくくって指定する必要があります。

HINT!
全角と半角の空白が混在しているときは

姓と名を区切る空白に全角と半角が混在しているときは、どちらかに統一する必要があります。全角や半角に変換するには、JIS関数かASC関数を使いましょう（レッスン73参照）。

ポイント
検索文字列……全角の空白を「"」でくくって指定します。
対象……………名前が入力されている［氏名］列のセルを指定します。
開始位置……先頭文字から「　」を検索するので省略します。

使用例2　2番目の半角カンマがどの位置にあるかを調べる

=FIND(",",A2,FIND(",",A2)+1)

ポイント
検索文字列……半角の「,」を「"」でくくって指定します。
対象……………「会員番号,氏名,ふりがな」の文字が入力されたセルを指定します。
開始位置……ここでは、1番目のカンマの次にある文字を指定するので、「FIND(",",A2)+1」と入力します。

レッスン 65 文字列の一部を先頭から取り出すには

LEFT

文字列を先頭から抽出

文字列の先頭から文字数を指定して取り出すのがLEFT関数です。ここでは、空白が何文字目にあるかを調べ、その文字数分を「姓」として取り出します。

文字列操作

対応バージョン　Office 365　2019　2016　2013　2010

先頭から何文字かを取り出す
=LEFT(文字列,文字数)
（レフト）

LEFT関数は、文字列の左から、つまり先頭から文字を取り出します。何文字分を取り出すかを引数[文字数]に指定します。

ここでは、「氏名」の先頭から「姓」を取り出しますが、取り出す文字数は、FIND関数で調べた空白の位置を利用します。「高橋　邦夫」なら、空白の位置は3文字目です。先頭から3文字を取り出せば、「姓」を取り出せることになります。LEFT関数の引数[文字数]に、空白の位置を調べるFIND関数をネストすることで、姓が何文字であっても正確に姓だけを取り出せます。

引数

文字列……文字列か文字列が入力されたセルを指定します。
文字数……取り出す文字数を数値で指定するか、セルを指定します。

キーワード
ネスト	p.278

関連する関数
FIND	p.192
LEN	p.214
MID	p.196

HINT!

郵便番号の先頭の3文字を取り出すには

郵便番号のように文字数が決まっているものなら、先頭部分を取り出すのは簡単です。郵便番号の最初の3文字を取り出す場合は、引数[文字数]に数値「3」を直接指定しましょう。

郵便番号の最初の3文字を取り出す
=LEFT(郵便番号,3)

文字を整えて一覧表を作る　第7章

テクニック　バイト数を指定して文字を取り出せる

取り出すのを文字数ではなく、バイト数で指定する場合は、LEFTB関数を使います。この関数を使うと全角文字は1文字につき2バイト、半角文字は1文字につき1バイトで数えます。半角と全角の文字が混在するデータから決まったバイト数で文字を取り出すときに利用します。

先頭から何バイトかを取り出す
（レフトビー）
=LEFTB(文字列,バイト数)

バイト数を指定して文字を取り出せる

練習用ファイル LEFT.xlsx

使用例 氏名から姓を取り出す

=LEFT(C3,FIND(" ",C3))

文字列：C3
文字数：FIND(" ",C3)
氏名から姓を取り出せる

	A	B	C	D	E	F	G
1	会員名簿						
2	会員番号	新番号	氏名	フリガナ	姓	名	郵便番
3	1A2001		高橋　邦夫		高橋		248-00
4	1A2002		田中　勝彦				247-00
5	1A2003		伊藤　修二				248-00
6	1A2004		山本　義人				210-00
7	1B2005		渡辺　卓				210-08
8	1B2006		中村　隆志				210-00
9	1B2007		小林　隆志				222-00
10	1B2008		加藤　努				222-00
11	1B2009		吉田　俊朗				222-00
12	1B2010		山田　一義				250-00
13	1B2011		佐々木　祥三				250-00
14	1B2012		山口　孝之				250-00
15	1C2013		松本　次郎				243-00
16	1C2014		井上　裕				243-00
17	1C2015		木村　和己				243-00

HINT!
空白を含めたくないときは

使用例では、空白の位置を調べ、その位置までの文字列を取り出しています。つまり、取り出される文字列には空白が含まれています。空白を含めず姓の文字だけを取り出すには、FIND関数で調べた空白の位置から1を引いて取り出す文字数を調整します。

HINT!
引数［文字数］を省略した場合は

LEFT関数の引数［文字数］を省略すると、［文字数］に「1」を指定したと見なされます。先頭の1文字だけを取り出したいときは省略するといいでしょう。

ポイント
文字列………名前が入力されている［氏名］列のセルを指定します。
文字数………引数［文字数］にFIND関数をネストして指定します。FIND関数で［氏名］列にある空白が何文字目にあるかを調べ、それをLEFT関数の引数［文字数］に指定します。

テクニック 文字列を末尾から取り出す

文字列を末尾から、つまり右から取り出すには、RIGHT関数、またはRIGHTB関数を使います。末尾から取り出す場合も、引数［文字数］で何文字分を取り出すかを指定します。

末尾から何文字かを取り出す
=RIGHT(文字列,文字数)

末尾から何バイトかを取り出す
=RIGHTB(文字列,バイト数)

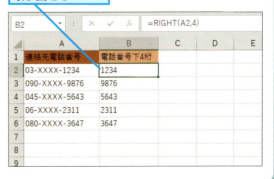

文字列を末尾から取り出せる

レッスン 66

文字列の一部を指定した位置から取り出すには

MID

文字列を指定した位置から抽出

文字列の一部を取り出すとき、取り出し位置と取り出す文字数が分かっている場合、MID関数を利用できます。「○文字目から○文字分」の指定が必要です。

文字列操作　　　　　　　　　対応バージョン **Office 365　2019　2016　2013　2010**

指定した位置から何文字かを取り出す
=MID(文字列,開始位置,文字数)
（ミッド）

MID関数は、文字列の一部を取り出す関数です。LEFT関数（レッスン㊆）は先頭から取り出すと決まっていますが、MID関数では取り出す位置の指定が可能です。
ここでは、「神奈川県」の住所から県名を除くために、5文字目から最大30文字分を取り出します。

キーワード

関数	p.275
文字列	p.279

関連する関数

FIND	p.192
LEFT	p.194
LEN	p.214

引数
- **文字列**……文字列か文字列が入力されたセルを指定します。
- **開始位置**……取り出す位置を数値で指定するか、セルを指定します。
- **文字数**……取り出す文字数を数値で指定するか、セルを指定します。

テクニック　指定した位置から何バイトかを取り出す

取り出す位置や文字数をバイト数で指定する場合は、MIDB関数を使います。半角と全角の文字が混在するデータから文字数に関係なく、同じ位置から文字を取り出すときに利用します。

指定した位置から何バイトかを取り出す
=MIDB(文字列,開始位置,バイト数)
（ミッドビー）

取り出す位置をバイト数で指定できる

使用例1 住所の5文字目以降を取り出す

=MID(H3,5,30)

ポイント

- **文字列**……「住所」の文字データを指定します。
- **開始位置**……先頭の「神奈川県」より右の文字を取り出したいので「5」を指定します。
- **文字数**……5文字目以降のすべての文字を取り出すために、想定される最大文字数「30」を指定します。

HINT! 文字列の後半部分を取り出す

MID関数は、文字列の途中一部分を取り出す関数ですが、取り出す文字数を工夫すれば、文字列の後半部分をすべて取り出せます。長さが違う住所の場合、取り出す文字数を想定される最大文字数（ここでは30文字）に指定します。

使用例2 都道府県名を除いて取り出す

=IF(MID(A2,4,1)="県",MID(A2,5,30),MID(A2,4,30))

ポイント

- **論理式**……条件として「住所の4文字目=県」を指定します。
- **真の場合**……住所の4文字目が県の場合（神奈川県、和歌山県、鹿児島県）、5文字目以降を取り出す「MID(A2,5,30)」を指定します。
- **偽の場合**……住所の4文字目が県ではない場合（神奈川県、和歌山県、鹿児島県以外の都道府県）、4文字目以降を取り出す「MID(A2,4,30)」を指定します。

HINT! 「県」の位置で都道府県名を取り除くには

都道府県名は、神奈川県、和歌山県、鹿児島県のみ4文字で、それ以外は3文字です。そこで、MID関数で4文字目を取り出して「県」かどうかを調べます。これをIF関数の条件にし、4文字目が「県」なら5文字目以降を取り出し、「県」でなければ、4文字目以降を取り出します。

レッスン 67

CONCAT　TEXTJOIN

セルの文字列を連結するには
指定した文字列の結合

セルどうしを連結して新しいデータを作りたいとき、いくつかの方法があります。Excelのバージョンにより使える関数が異なる点に注意が必要です。

文字列操作　　　　　　　　　　　対応バージョン **Office 365　2019**　2016　2013　2010

指定した文字列を結合する
=CONCAT(文字列1,文字列2,･･･,文字列253)
（コンカット）

CONCAT関数は、引数に指定した文字列やセル、セル範囲の文字列をつなぎます。別々のセルに入力した文字列を結合して1つの文字列データにしたいとき利用します。

▶キーワード

関数	p.275
文字列	p.279

▶引数

文字列………結合したい文字列、文字列が入力されたセルやセル範囲を指定します。

▶関連する関数

FIND	p.192
LEFT	p.194
LEN	p.214

文字列操作　　　　　　　　　　　対応バージョン **Office 365　2019**　2016　2013　2010

指定した文字列を区切り文字や空のセルを挿入して結合する
=TEXTJOIN(区切り文字,空のセル,文字列1,文字列2,･･･,文字列252)
（テキストジョイン）

TEXTJOIN関数も引数に指定した文字列やセル、セル範囲の文字列をつなぐことができます。CONCAT関数と異なるのは、区切り文字や空のセルの処理を指定できる点です。

▶関連する関数

FIND	p.192
LEFT	p.194
LEN	p.214

▶引数

区切り文字……つないだ文字列と文字列の間に挿入する区切り文字を指定します。

空のセル………空のセルを無視する場合は「TRUE」、空のセルを含める場合は「FALSE」を指定します。

文字数…………結合したい文字列、文字列が入力されたセルやセル範囲を指定します。

練習用ファイル　CONCAT.xlsx

使用例　セル範囲にある文字列を連結する

=CONCAT(A3:D3)

- 文字列
- 4つのセルの文字列が1つに連結できる

HINT!

「&」でも連結できる

「&」は、演算子の1つで文字列やセルをつなぎます。例えば、セルA1とセルB2、文字列「御中」をつないでセルC1に表示したいとき、セルC1に「=A1&B2&"御中"」の式を入力します。なお、セル範囲を指定することはできません。CONCAT関数、TEXTJOIN関数は、セル範囲の指定が可能です。

ポイント

文字列………「商品番号」、「商品名」、「サイズ」、「色」のセル範囲を指定します。

練習用ファイル　TEXTJOIN.xlsx

使用例　セル範囲にある文字列を「-」でつなぐ

=TEXTJOIN("-",TRUE,A3:D3)

- 文字列
- 区切り文字
- 4つのセルの文字列が「-」でつながり1つに連結できる

HINT!

空のセルの処理の違い

引数［空のセル］は、空のセルを無視する「TRUE」か空のセルを含む「FALSE」のどちらかを指定します。商品名が空のセルだった場合、以下のような違いになります。

●引数［空のセル］の指定と結果

引数	結果
TRUE	C00328-S-ブラック
FALSE	C00328--S-ブラック

ポイント

区切り文字……文字列と文字列の間に挿入する「-」を指定します。
空のセル………空のセルを無視する「TRUE」を指定します。
文字列…………「商品番号」、「商品名」、「サイズ」、「色」のセル範囲を指定します。

テクニック　Excel 2016以前で文字列をつなぐには

Excel 2016以前では、CONCATENATE関数を使います。ただし、引数にセル範囲の指定はできません。区切り文字の指定もできません。使用例と同じ「-」でつなぐには「=CONCATENATE(A3,"-",B3,"-",C3,"-",D3)」と指定します。

CONCATENATE関数で結合できる

```
文字列を連結する（互換性関数）
       コンカティネート
=CONCATENATE(文字列1,文字列2,
・・・,文字列255)
```

レッスン 68

ふりがなを表示するには

ふりがなの抽出

Excelに入力した氏名のふりがなはPHONETIC関数で取り出して表示します。間違った読みで漢字に変換した場合にふりがなを修正する方法も紹介します。

情報

ふりがなを取り出す
=PHONETIC(参照)

対応バージョン **Office 365** **2019** **2016** **2013** **2010**

PHONETIC関数は、セルに漢字を入力したときの「ひらがなの読み」を表示します。

セルには、日本語を入力したときの読みがなが情報として保存されています。そのため、別の読み方で入力した漢字は、その間違った読みのままふりがなが表示されます。

ここでは、[氏名]列からふりがなを取り出し、[ふりがな]列に表示します。

キーワード

セル範囲	p.277

関連する関数

ASC	p.210
JIS	p.210

引数

参照………ふりがなを表示する文字列が入力されたセルを指定します。

HINT!

ふりがなを修正するには

ふりがなの情報は、漢字を入力したセルを選択し、Alt + Shift + ↑ キーを押すと表示され、修正できるようになります。[ホーム]タブの[ふりがなの表示/非表示]ボタンの▼をクリックして、[ふりがなの編集]を選んで修正することもできます。

名前を入力したセルをクリックしておく

1 Alt + Shift + ↑ キーを押す

ふりがなの候補が表示された

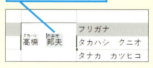

正しいふりがなを入力し直す

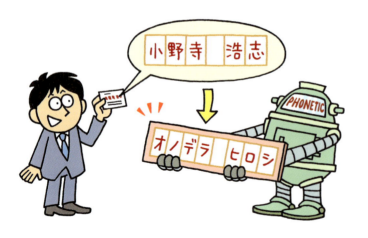

練習用ファイル PHONETIC.xlsx

使用例 氏名からふりがなを取り出す

=PHONETIC(C3)

参照　　　　　氏名からふりがなを取り出せる

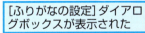

HINT!
[ふりがなの表示/非表示]ボタンで文字にふりがなが付く

[ホーム]タブの[ふりがなの表示/非表示]ボタンを利用すると、セルの文字に直接ふりがなを表示できます。PHONETIC関数はこのふりがなを取り出しています。

HINT!
ふりがなでなく漢字がそのまま表示されたときは

ほかのソフトウェアやWebページからコピーした文字列は、ふりがな情報がないため、漢字がそのまま表示されてしまいます。漢字を入力し直すか、ふりがなの修正が必要です。

ポイント
参照………… [氏名]列のセルを指定します。

テクニック　ふりがなをカタカナにするには

[ふりがなの設定]ダイアログボックスを利用すれば、PHONETIC関数で取り出したふりがなの文字種を変更できます。以下の手順で[ふりがなの設定]ダイアログボックスを表示し、[種類]から[全角カタカナ]や[半角カタカナ]を選びます。なお、[ふりがなの設定]ダイアログボックスの[ふりがな]タブにある[配置]や[フォント]タブにある設定項目は、PHONETIC関数の表示内容には影響しません。[ふりがなの表示/非表示]ボタンを利用して、文字の上に表示したふりがなの配置やフォントを変更するときに設定します。

ふりがなの設定を変更するセル範囲を選択しておく

1 [ホーム]タブをクリック

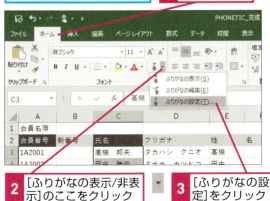

2 [ふりがなの表示/非表示]のここをクリック
3 [ふりがなの設定]をクリック

[ふりがなの設定]ダイアログボックスが表示された

4 [ふりがな]タブをクリック

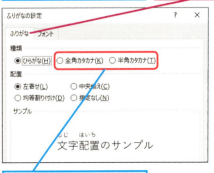

[全角カタカナ]もしくは[半角カタカナ]を選択する

68　ふりがなの抽出

レッスン 69

REPLACE

位置と文字数を指定して文字列を置き換えるには

文字列の置換

位置と文字数を指定して文字を置換するには、REPLACE関数を使うといいでしょう。けたがそろった数字や文字列での置換や削除、挿入に威力を発揮します。

| 文字列操作 | 対応バージョン **Office 365** **2019** **2016** **2013** **2010** |

指定した位置の文字列を置き換える
=REPLACE(文字列,開始位置,文字数,置換文字列)
（リプレース）

REPLACE関数は、指定した位置の文字を置き換える関数です。引数［開始位置］に何文字目を置き換えるかを指定します。ここでは、「1A2001」や「1B2005」などの会員番号の2文字目を「F」に置き換えます。
なお、特定の文字を探して置き換える場合は、レッスン⓻で紹介するSUBSTITUTE関数を利用します。

引数
文字列………置き換える対象の文字列かセルを指定します。
開始位置……置き換える文字の位置を指定します。
文字数………置き換える文字数を指定します。
置換文字列…置き換え後の文字列か文字列が入力されたセルを指定します。文字列を指定するときは「""」でくくります。

▶ キーワード

関数	p.275
セル	p.277
引数	p.277
文字列	p.279

▶ 関連する関数

| SUBSTITUTE | p.204 |

HINT!
REPLACE関数はどんな文字でも置き換わる

REPLACE関数は、文字位置を指定して置き換えるため、会員番号の2文字目が「A」であっても「B」であっても「F」に置き換えられます。「A」だけを置き換えたいならSUBSTITUTE関数（レッスン⓻）を使います。

文字を整えて一覧表を作る 第7章

練習用ファイル REPLACE.xlsx

使用例 会員番号の一部を置き換える

=REPLACE(A3,2,1,"F")

文字列　開始位置　文字数　置換文字列

B3　=REPLACE(A3,2,1,"F")

	A	B	C	D	E	F	G
1	会員名簿						
2	会員番号	新番号	氏名	フリガナ	姓	名	郵便番
3	1A2001	1F2001	高橋　邦夫	タカハシ　クニオ	高橋		248-0
4	1A2002		田中　勝彦	タナカ　カツヒコ	田中		247-0
5	1A2003		伊藤　修二	イトウ　シュウジ	伊藤		248-0
6	1A2004		山本　義人	ヤマモト　ヨシト	山本		210-0
7	1B2005		渡辺　卓	ワタナベ　タク	渡辺		210-0
8	1B2006		中村　隆志	ナカムラ　タカシ	中村		210-0
9	1B2007		小林　隆志	コバヤシ　タカシ	小林		222-0
10	1B2008		加藤　努	カトウ　ツトム	加藤		222-0

2文字目を「F」に置き換えられる

ポイント

文字列…………会員番号を対象にするので、［会員番号］列のセルを選択します。

開始位置………会員番号の2文字目を置き換えるので、「2」を指定します。

文字数…………1文字を置き換えるので、「1」を指定します。

置換文字列……置換後の文字列「F」を「" "」でくくって指定します。

HINT!

指定したバイト数の文字列を置き換えるには

REPLACE関数は、半角と全角の区別なく、何文字目から何文字分置き換えるかを指定しますが、半角文字を1バイト、全角文字を2バイトと数えて、バイト数で指定する場合は、REPLACEB関数を利用しましょう。

指定したバイト数の文字列を置き換える

=REPLACEB(文字列,開始位置,バイト数,置換文字列)

リプレースビー

テクニック 指定した位置の文字列を削除できる

REPLACE関数は、指定した位置の文字を削除する場合にも利用できます。その場合、引数［置換文字列］に「" "」を指定します。「" "」は、文字が何もない状態を表すので、結果的に指定した位置の文字が削除されます。

2文字目から1文字を削除する

=REPLACE(A2,2,1,"")

リプレース

置き換え後の文字を空白に指定すれば文字の削除に使える

B2　=REPLACE(A2,2,1,"")

	A	B	C	D	E	F
1	会員番号	新番号				
2	1A2001	12001				
3	1A2002	12002				
4	1A2003	12003				
5	1A2004	12004				
6	1B2005	12005				
7						

レッスン 70

SUBSTITUTE
文字列を検索して置き換えるには
検索文字列の置換

特定の文字を探して別の文字に置き換えるときは、SUBSTITUTE関数を利用します。文字列にある特定の文字を探せるので、さまざまな処理に役立ちます。

文字列操作　　　　　　　対応バージョン **Office 365　2019　2016　2013　2010**

文字列を検索して置き換える
=SUBSTITUTE(文字列,検索文字列,置換文字列,置換対象)
（サブスティテュート）

SUBSTITUTE関数は、指定した文字を探して、ほかの文字に置き換えます。検索する文字が複数あるとき、何番目の文字列を置換するかを選ぶこともできます。

引数

文字列………置き換える対象の文字列かセルを指定します。引数に文字を指定するときは「" "」でくくります。
検索文字列…引数［文字列］の中で検索する文字を指定します。
置換文字列…置き換え後の文字列を指定します。
置換対象……引数［検索文字列］に合致する文字が複数あるとき、何番目を置換するかを指定します。省略した場合は、引数［検索文字列］で指定した文字列がすべて置換されます。

▶キーワード
関数	p.275
セル	p.277
引数	p.278
文字列	p.279

▶関連する関数
REPLACE	p.202
LEFT	p.194
LEN	p.214

👉テクニック　Excelの機能でも置換を実行できる

関数を利用しなくても、Excelの機能だけで文字を置換できます。［検索と置換］ダイアログボックスの［置換］タブにある［検索する文字列］と［置換後の文字列］に文字列を入力して置換を実行します。ただし、［検索と置換］ダイアログボックスを利用した場合は、文字データがすべて置き換わり、置換前の文字は残りません。元の文字列を残して別のセルに置換結果を取り出すときはSUBSTITUTE関数を使うようにしましょう。

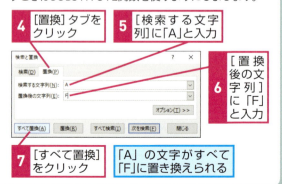

練習用ファイル　SUBSTITUTE_1.xlsx

使用例1　氏名から名を取り出す

=SUBSTITUTE(C3,E3,"")

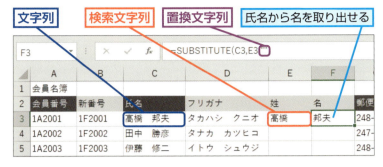

HINT!
氏名の姓を消すことで名を表示する

［氏名］列のうちの「姓」は、先頭から文字を取り出すLEFT関数（レッスン⑮）で取り出してあります。［姓］が分かっているので、SUBSTITUTE関数で［氏名］の［姓］を空白に置き換える（結果的に削除する）ことで、［名］だけ表示します。

ポイント

文字列……………［氏名］列のセルを指定して置換対象とします。
検索文字列………［氏名］列のセルで姓の文字を探すので、［姓］列のセルを指定します。
置換文字列………姓の文字を空白に置き換えたいので「" "」を指定します。
置換対象…………ここでは省略します。

練習用ファイル　SUBSTITUTE_2.xlsx

使用例2　2番目の文字列を置き換える

=SUBSTITUTE(A2,"-","",2)

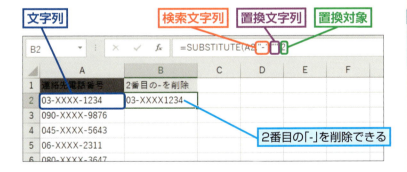

HINT!
大文字と小文字、全角と半角も区別される

SUBSTITUTE関数は、大文字と小文字、全角と半角を区別します。引数［検索文字列］に指定した文字が大文字なら大文字を検索します。完全に一致する文字を探して置き換えることを覚えておきましょう。

ポイント

文字列……………［連絡先電話番号］列のセルを指定して置換対象とします。
検索文字列………［連絡先電話番号］列のセルで「-」という文字を検索します。
置換文字列………「-」を削除するので「""」を指定します。
置換対象…………電話番号の2番目の「-」を置き換えるので、「2」を指定します。

レッスン 71 EXACT
文字列が同じかどうかを調べるには
文字列の比較

同じでなくてはならない2つの文字列があるとき、同じかどうかは見ただけでは分からないことがあります。EXACT関数で2つを比較して確認します。

文字列操作　　対応バージョン：Office 365 / 2019 / 2016 / 2013 / 2010

2つの文字列を比較する
=EXACT(文字列1, 文字列2)
（イグザクト）

引数に指定する2つの文字列を比較し、同じ場合は「TRUE」、同じでない場合は「FALSE」を表示します。大文字と小文字、全角と半角は区別されます。なお、書式の違いは無視されます。

キーワード

条件付き書式	p.276
論理式	p.279

関連する関数

IF	p.70
NOT	p.79

引数

文字列1……比較する一方の文字列を指定します。
文字列2……比較するもう一方の文字列を指定します。

テクニック　EXACT関数の結果を分かりやすくする

EXACT関数の結果はTRUEかFALSEの論理値です。ということは、EXACT関数の式をそのまま条件として使用できます。例えば、IF関数や条件付き書式（レッスン㊲参照）の条件に使用できます。IF関数と組み合わせて分かりやすい文字を表示したり、条件付き書式で色を付けたりしましょう。条件付き書式は、条件に対して「TRUE」のとき書式が変わりますが、ここでは、EXACT関数の結果が「FALSE」のとき書式を変えたいのでNOT関数で結果を逆にしています。

IF関数と組み合わせて「NG」を表示する
`=IF(EXACT(E3,G3),"","NG")`
（イフ）

条件付き書式で色を変える（条件付き書式の条件に指定）
`=NOT(EXACT(E3,G3))`
（ノット）

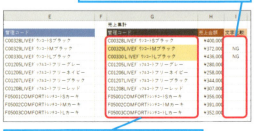

IF関数でEXACT関数の結果がFALSEのとき「NG」を表示する

条件付き書式でEXACT関数の結果がFALSEのとき色を付ける

使用例 2つの表の文字列の違いを見つける

=EXACT(E3,G3)

ポイント

文字列1 ……… 商品リストの「管理コード」のセルを指定します。
文字列2 ……… 売上集計表の「管理コード」のセルを指定します。

HINT!
どんなときに使う？

売上集計の表には、商品リストと同じ「管理コード」が入力されてなくてはなりません。2つの表は別々に作られたものとします。2つの「管理コード」が同じかどうかを目で見て確認するのは困難です。EXACT関数なら見ても分からない違いも確認することができます。使用例では、2行目と3行目が「FALSE」になっています。2行目は文字列の最後に空白が入力されています。3行目は「L」が全角になっています。

71 文字列の比較

レッスン 72

CLEAN
セル内の改行を取り除くには
制御文字や特殊文字の削除

> 文字列が複数行入力されているセルには、見えない改行コードが挿入されています。CLEAN関数を使えば、改行コードを削除して1行の文字列に変更できます。

文字列操作

対応バージョン **Office 365** **2019** **2016** **2013** **2010**

特殊な文字を削除する
=CLEAN(文字列)
（クリーン）

CLEAN関数は、制御文字などの目に見えない特殊な文字を削除します。セル内の改行を取り消したいときによく利用します。また、別のソフトウェアやWebページなどからコピーしたデータには、Excelでは印刷できない制御文字が含まれていることがあります。CLEAN関数は、これらを削除できる可能性があります。

▶キーワード

改行コード	p.275
空白文字列	p.276
制御文字	p.277
セル	p.277
文字列	p.279

▶関連する関数

TRIM	p.208

引 数

文字列………特殊な文字を削除したいセルを指定します。

HINT!
改行コードの有無を確認するには

改行コードは、Excelの検索機能を使って検索できます。［検索と置換］ダイアログボックスの［検索する文字列］に改行コードを表す Ctrl + J キーを入力します。詳しくは、次ページのテクニックを参照してください。

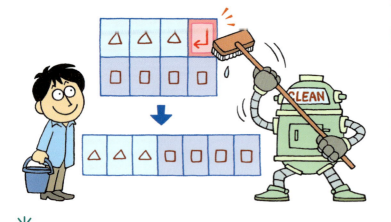

テクニック 不要な空白はまとめて削除しよう

ほかのソフトウェアやWebページなどからコピーしたデータには、不要な空白が含まれている場合があります。しかし、空白を1つ1つ削除するのは骨の折れる作業です。そんなときはTRIM関数を使いましょう。TRIM関数を利用すれば、単語間の空白は1つずつ残し、それ以外の不要な空白をまとめて削除できます。

余計な空白文字を削除する
=TRIM(文字列)
（トリム）

単語間の空白以外の不要な空白を削除する

練習用ファイル　CLEAN.xlsx

使用例　改行を取り除く

=CLEAN(C3)

文字列

改行を削除できる

	A	B	C	D	E	F
1	商品リスト					
2	分類	番号	商品名	改行なし	サイズ	色
3	C	328	LIVE ダウンコート	LIVEダウンコート	S	ブラック
4	C	329	LIVE ダウンコート		M	ブラック
5	C	330	LIVE ダウンコート		L	ブラック
6	C	1205	LIVEダッフルコート		フリー	グレー
7	C	1206	LIVEダッフルコート		フリー	ネイビー
8	C	1207	LIVEダッフルコート		フリー	ブラック
9	C	1208	LIVEダッフルコート		フリー	レッド

ポイント

文字列………改行が含まれる［商品名］列のセルを指定します。

HINT!
特殊な文字って何？

コンピューターで使用する文字にはコード番号が割り当てられています。改行や改ページなどの編集用、あるいは、機器を制御するために必要な記号などにも番号が割り当てられていますが、通常は目視で確認できず印刷もされません。異なるOSやソフトウェアからコピーしたデータに含まれることがあります。

HINT!
なぜ特殊文字を削除するの？

制御文字などが含まれていると、検索や並べ替え、抽出などが意図した結果にならない場合があります。目には見えないため原因を追究することもかないません。そうしたときには、CLEAN関数が役立ちます。

テクニック　関数を使わずに改行コードを削除するには

改行コードは、Excelの機能により検索や置換が可能です。まず、204ページのテクニックを参考に［検索と置換］ダイアログボックスを表示しましょう。ダイアログボックスの［検索する文字列］をクリックして、一度だけ Ctrl + J キーを押します。何も表示されませんが、これで改行コードが指定されます。改行コードを削除するので、［置換後の文字列］には何も入力せずに置換を実行しましょう。

1 ［検索する文字列］をクリック　　**2** Ctrl + J キーを押す

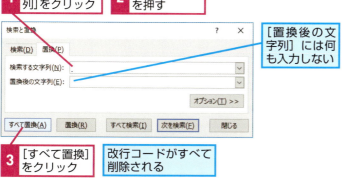

［置換後の文字列］には何も入力しない

3 ［すべて置換］をクリック　　改行コードがすべて削除される

HINT!
セルの配置を変えても改行コードは消えない

改行コードが含まれるセルは、［ホーム］タブの［折り返して全体を表示する］ボタンが有効なときに複数行で表示されます。［折り返して全体を表示する］ボタンを無効にすると、改行されず1行の表示になります。しかし、改行コードが削除されたわけではありません。再度ボタンを有効にすると、改行された状態で表示されます。

レッスン 73

ASC JIS 半角や全角の文字に統一するには

半角や全角に変換

「同じ商品名なのに全角と半角のデータがある」という場合、正しくデータの検索や抽出ができません。ここでは、文字列を半角や全角に統一する方法を紹介します。

文字列操作

文字列を半角に変換する
=ASC(文字列)
（アスキー）

対応バージョン Office 365 2019 2016 2013 2010

ASC関数は、半角に変換可能な文字を変換します。全角のカタカナやアルファベット、数字は半角に変換できますが、ひらがなや漢字は半角に変換できません。エラーは表示されませんが、結果は全角文字がそのまま表示されます。

▶キーワード

関数	p.275
セル	p.277
文字列	p.279

▶関連する関数

LOWER	p.212
PROPER	p.213
UPPER	p.212

引数

文字列………半角に変換する文字列が入力されているセルを指定します。

文字列操作

文字列を全角に変換する
=JIS(文字列)
（ジス）

対応バージョン Office 365 2019 2016 2013 2010

JIS関数は、全角に変換可能な文字を変換します。半角のカタカナやアルファベット、数字を全角文字に変換できます。

引数

文字列………全角に変換する文字列が入力されているセルを指定します。

HINT!

小数点第2位の数値を全角で表示するには

数値「38.20」を全角に変換した場合、「３８．２」の表示になります。これは、数値「38.20」の最後の0が小数点以下のけた数を指定する表示形式によって表示されているためです。数値としての実体は「38.2」のため、全角に変換した場合「３８．２」となります。「３８．２０」と表示するには、表示形式を指定するTEXT関数を利用しましょう。

小数点第2位まで全角にする（セルA1に「38.20」がある場合）
=JIS(TEXT(A1,"0.00"))

📄 練習用ファイル　ASC.xlsx

使用例 文字列を半角に統一する

=ASC(C3)

文字列 → C3
文字列を半角に統一できる → D列

	A	B	C	D	E	F
1	商品リスト					
2	分類	番号	商品名	半角変換	サイズ	色
3	C	328	ＬＩＶＥダウンコート	LIVEダウンコート	S	ブラック
4	C	329	ＬＩＶＥダウンコート		M	ブラック
5	C	330	ＬＩＶＥダウンコート		L	ブラック
6	C	1205	LIVEダッフルコート		フリー	グレー
7	C	1206	LIVEダッフルコート		フリー	ネイビー
8	C	1207	LIVEダッフルコート		フリー	ブラック
9	C	1208	LIVEダッフルコート		フリー	レッド
10	F	5001	comfortトレンチコート		S	カーキ
11	F	5002	comfortトレンチコート		M	カーキ
12	F	5003	comfortトレンチコート		L	カーキ

ポイント

文字列……全角文字で「ＬＩＶＥ」と入力されている［商品名］列のセルを指定します。ASC関数では「LIVE」や「Live」など、大文字や小文字は変換しません。大文字や小文字の変換については、レッスン❹を参照してください。

HINT!
カタカナ以外の文字も変換できる

ASC関数は、全角のカタカナ、アルファベット、数字を半角文字に変換します。また、全角の空白も半角の空白に変換します。

HINT!
ASC関数で半角にできない文字がある

ASC関数は、カタカナを半角に変換できますが、一部半角にならない文字があります。以下のカタカナは半角文字が用意されていないため、変換できません。

●半角にならないカタカナ
ヴ、ヰ、ヱ、ヵ、ヶ

テクニック　空白も変換できる

会員名簿や住所録を作成するとき、データの件数が多いと複数人で手分けしてデータを入力することもあるでしょう。そうしたときに起こりがちなのが半角と全角の空白の混在です。空白は、氏名から姓と名を取り出すとき重要な役割をはたします。ASC関数やJIS関数を使って半角か全角のどちらかに統一しておきましょう。なお、「全角の空白1文字に見えて、実際には半角の空白が2つ挿入されている」というときは、レッスン❼で紹介したSUBSTITUTE関数やレッスン❼で解説したTRIM関数で空白を削除します。

文字列に含まれる空白を全角に統一できる

B2 =JIS(A2)

	A	B	C	D	E
1	氏名	空白を全角に統一			
2	高橋　邦夫	高橋　邦夫			
3	田中　勝彦	田中　勝彦			
4	伊藤　修二	伊藤　修二			
5	山本　義人	山本　義人			
6	渡辺　卓	渡辺　卓			
7					

73 半角や全角に変換

レッスン 74

LOWER **UPPER**

英字を大文字や小文字に統一するには

大文字や小文字に変換

英字の大文字と小文字をExcelは別データと見なします。関数で英字の大文字や小文字をそろえるほか、先頭文字だけを大文字にする方法を紹介しましょう。

文字列操作　　　　　　　　　　　　　　　対応バージョン **Office 365 2019 2016 2013 2010**

英字を大文字に変換する
=UPPER(文字列)
（アッパー）

UPPER関数は、引数［文字列］に含まれるアルファベットをすべて大文字に変換します。対象になるのはアルファベットのみです。

引数

文字列……大文字に変換する文字列が入力されたセルを指定します。

▶キーワード

関数	p.275
数式	p.277
引数	p.278
文字列	p.279

▶関連する関数

ASC	p.210
JIS	p.210

文字列操作　　　　　　　　　　　　　　　対応バージョン **Office 365 2019 2016 2013 2010**

英字を小文字に変換する
=LOWER(文字列)
（ロウアー）

LOWER関数は、引数［文字列］に含まれるアルファベットをすべて小文字に変換します。アルファベット以外の文字に影響はありません。

引数

文字列……小文字に変換する文字列が入力されたセルを指定します。

▶関連する関数

ASC	p.210
JIS	p.210
UPPER	p.212

HINT!
全角や半角の変換はできない

UPPER関数やLOWER関数は、アルファベットを大文字か小文字に変換するのみで、全角と半角の変換は行いません。大文字と小文字の変換だけでなく、全角と半角の変換も行う場合は、JIS関数やASC関数を組み合わせます。

英字を半角の小文字に変換する
=ASC(LOWER(文字列))

文字を整えて一覧表を作る　第7章

練習用ファイル　UPPER.xlsx

使用例　英字を大文字に統一する

=UPPER(C3)

文字列　　　　　英字を大文字に統一できる

ポイント

文字列………大文字にしたい英字が含まれる［商品名］列のセルを指定します。

テクニック　英単語の先頭文字だけを大文字にしたい

アルファベットの先頭文字を大文字に変換し、それ以外を小文字にするには、PROPER関数を使います。PROPER関数は、単語ごとに先頭文字を大文字に、2文字目以降を小文字にする働きがあります。空白や記号で区切られた複数の単語を変換した場合、それぞれの単語の先頭が大文字になります。

英単語の先頭文字だけを大文字にする
=PROPER(文字列)
　　　　プロパー

文字列　　　先頭文字だけを大文字にできる

HINT!
元のデータを削除するには

下のテクニックの例のように、A列を参照してB列に取り出したデータは「=PROPER(A1)」という数式です。A列を削除すると、参照するデータがないことを示す#REF!エラーが発生します。元のデータが不要になったときは、数式の結果を値（数値や文字）として残す処理を行ってから削除します。値として残すには、数式が入力されたセルをコピーし、［値］として貼り付けます。

セルB2～B6に関数を入力してコピーしておく

1 セルC2をクリックして選択

2 Ctrl + V キーを押す

3 ［貼り付けのオプション］をクリック

4 ［値］をクリック

数式の結果が値として貼り付けられる

74　大文字や小文字に変換

レッスン 75

LEN **LENB**

文字数やけた数を調べるには

文字列の長さ

文字列のデータを操作するとき、文字数やけた数が必要になることがあります。セル内の文字列の長さを調べるには、LEN関数を利用するといいでしょう。

文字列操作

対応バージョン **Office 365** **2019** **2016** **2013** **2010**

文字列の文字数を求める
=LEN(文字列)
（レングス）

LEN関数は、引数［文字列］の文字数を表示します。半角と全角は区別せず、どちらも1文字と換算します。
なお、引数［文字列］に数値を指定した場合、数値のけた数が分かります。表示形式による「,」や「¥」は、けた数に含まれません。

▶ キーワード

関数	p.275
セル	p.277
引数	p.278
文字列	p.279

▶ 関連する関数

FIND	p.192
LEFT	p.194
MID	p.196

引数

文字列……文字数を調べる文字列が入力されているセルを指定します。

HINT!
空白も数えられる

空白を含む文字列の場合、空白も1文字と数えます。特に半角の空白は、セルの表示を見ただけでは確認しにくいため注意が必要です。

文字列操作

対応バージョン **Office 365** **2019** **2016** **2013** **2010**

文字列のバイト数を求める
=LENB(文字列)
（レングスビー）

半角文字を1バイト、全角文字を2バイトと換算して数える場合は、LENB関数を使います。半角と全角の文字が混在する場合にも、正確に文字列の長さを調べられます。

▶ 関連する関数

FINDB	p.192
LEFTB	p.194
MIDB	p.196

引数

文字列……バイト数を調べる文字列が入力されているセルを指定します。

練習用ファイル　LEN.xlsx

使用例　商品番号のけた数を調べる

=LEN(B3)

文字列　　商品番号のけた数を調べられる

HINT!
全角文字の文字数を数えるには

LEN関数とLENB関数を利用すれば、文字列に含まれる全角文字の文字数を数えられます。バイト数を数えるLENB関数の結果から、LEN関数の結果を引けば、全角の文字数を確認できます。半角文字を入力する個所に全角文字が含まれていないかを確認するときに有効です。

文字列に含まれる全角文字の文字数が分かる

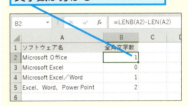

ポイント
文字列………商品番号が何けたかを調べるので、［番号］列にあるセルを指定します。

練習用ファイル　LENB.xlsx

使用例　文字列のバイト数を調べる

=LENB(A2)

文字列　　文字列のバイト数を数えられる

HINT!
半角文字を0.5文字と換算するには

全角文字を1文字、半角文字を0.5文字として換算する場合は、バイト数を数えるLENB関数の結果を2で割って求めます。

全角文字を1文字、半角文字を0.5文字として換算する

=LENB(文字列)/2

ポイント
文字列………商品名のバイト数を調べるので、［商品名］列にあるセルを指定します。

レッスン 76

REPT
先頭に0を付けてけた数をそろえるには
文字列の繰り返し

文字列のけた数を同じにしたいとき、足りないけたに文字を追加する方法があります。任意の文字を繰り返し表示するREPT関数を使えば簡単です。

文字列操作　　　　　　　　　　　　対応バージョン **Office 365　2019　2016　2013　2010**

文字列を指定した回数だけ繰り返す
=REPT(文字列,繰り返し回数)
（リピート）

REPT関数は文字列を指定した数だけ繰り返して表示する関数です。引数［文字列］に指定した任意の文字を引数［繰り返し回数］に指定した数だけ繰り返します。
ここでは、商品番号のけた数を5けたにそろえるために、5けたに満たない番号の先頭に「0」を繰り返し表示します。

引数

文字列……… 繰り返し表示する文字列を「"」でくくって指定します。

繰り返し回数… 繰り返し表示する回数を指定します。

キーワード

&	p.275
関数	p.275
引数	p.278
文字列	p.279

関連する関数

LEN	p.214
LENB	p.214

HINT!
数値の先頭に0を付けると文字列になる

REPT関数により数値の先頭に「0」を付加した場合、結果は、数値ではなく文字データになります。

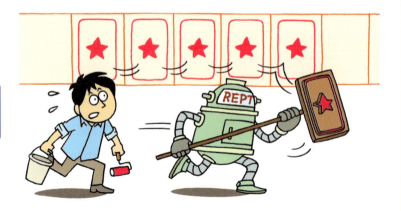

文字を整えて一覧表を作る　第7章

216　できる

練習用ファイル REPT.xlsx

使用例 先頭に0を付けてけた数をそろえる

=REPT("0",5-LEN(B3))&B3

「0」＝文字列
「5-LEN(B3)」＝繰り返し回数

	A	B	C	D	E	F	G
1	商品リスト						
2	分類	番号	商品番号5桁	商品名	サイズ	色	価格
3	C	328	00328	LIVEダウンコート	S	ブラック	12,000
4	C	329		LIVEダウンコート	M	ブラック	12,000
5	C	330		LIVEダウンコート	L	ブラック	12,000
6	C	1205		LIVEダッフルコート	フリー	グレー	14,500
7	C	1206		LIVEダッフルコート	フリー	ネイビー	14,500
8	C	1207		LIVEダッフルコート	フリー	ブラック	14,500
9	C	1208		LIVEダッフルコート	フリー	レッド	14,500
10	F	5001		COMFORTトレンチコート	S	カーキ	23,000
11	F	5002		COMFORTトレンチコート	M	カーキ	23,000
12	F	5003		COMFORTトレンチコート	L	カーキ	23,000

先頭に0を付けてけた数をそろえられる

HINT!
文字列をつなげて表示するには

セルの内容や計算結果に、指定した文字を追加したいとき、または、異なるセルの内容をつなげたいときには、「&」が利用できます。ここでは、REPT関数で表示した「0」に「番号」のデータをつなげるために、REPT関数に続けて「&B3」としています。

ポイント

文字列………… ここでは商品番号が5けたに満たないとき、先頭に繰り返し表示する文字に「0」を指定します。

繰り返し回数… ［番号］列に入力されている文字数をLEN関数で数え、5けたにするために必要な数を「5-LEN(B3)」で求めます。

テクニック 記号を利用した簡易グラフを作成する

REPT関数を利用して、数値を「★」などの記号に置き換えて繰り返し表示すれば、数値の大小がひと目で分かる簡易グラフを作成できます。下の例では、1～5のランク表示を「★」に置き換えて表示し、「★」が5つに満たないときには、残りを「☆」で表しています。

ランクを星で表す
=REPT("★",B2)&REPT("☆",5-B2)

ランクを星印で表示できる

この章のまとめ

●面倒な文字列の整形に関数が役立つ

名簿や商品リストなどの、ほとんどが文字データの表では、合計や平均といった集計が目的の関数を使うことはあまりありません。文字データが中心の表では、データの入力や整形を簡単にする目的で関数を利用します。そのときに使うのが文字列操作関数です。

例えば、100件のデータがある表をさまざまなルールに合わせて作り直す必要があるとき、手作業で1つ1つ入力し直すのは、手間と時間がかかり現実的ではありません。文字列操作関数を使えば、文字数を数えたり、文字を変換したりする文字列特有の処理を簡単に実行できます。

データを作り直すなら、まず、関数で処理できないかを考えてみましょう。一度ではできないにしても、何段階かの手順を踏めば可能かもしれません。この章では、文字列操作関数の中でも特に汎用性の高いものを紹介しました。実務でデータの整形を行うときは、この章にひと通り目を通して、実際に利用できる関数がないかを探ってみてください。

文字列操作関数でできる操作を把握しておこう

膨大な文字データを操作するには文字列操作関数による処理が必須。できることを把握しておこう。

練習問題

1

[第7章] フォルダーにある [練習問題1.xlsx] を開いて、「名簿」をもとに、「所属部」と「所属課」のデータを作成しましょう。

●ヒント：部と課を分けるためのルールを見つける必要があります。「所属部」が分かれば、それを利用して「所属課」を表示できます。

「所属部課」を部と課に分ける

2

[第7章] フォルダーにある [練習問題2.xlsx] を開いて、「名簿」をもとに姓に「様」を付けたデータを作成しましょう。

●ヒント：「氏名」の名の部分を「様」の文字に置き換えます。

名を「様」に置き換える

答えは次のページ

解 答

1

1 セルD3に「=LEFT(A3,FIND("部",A3))」と入力

2 Enterキーを押す

所属部は、[所属部課] 列に含まれる「部」の位置をFIND関数で調べ、その位置までの文字をLEFT関数で取り出します。

所属課は、[所属部課] 列の「所属部」の文字列をSUBSTITUTE関数で空白にします。

3 セルE3に「=SUBSTITUTE(A3,D3,"")」と入力

4 Enterキーを押す

5 セルD3～E3をドラッグして選択

6 セルE3のフィルハンドルにマウスポインターを合わせる

7 セルE8までドラッグ

所属部と所属課を求められる

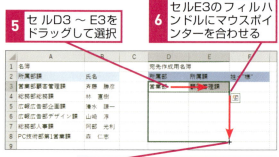

2

1 セルF3に「=REPLACE(B3,FIND(" ",B3),5,"様")」と入力

2 Enterキーを押す

REPLACE関数を使い、「氏名」の名の部分を最大5文字と仮定して、「様」の文字に置き換えます。そのためには、「氏名」の姓と名を分ける空白の位置をFIND関数で調べる必要があります。

3 セルF3をクリックして選択

4 セルF3のフィルハンドルにマウスポインターを合わせる

5 セルF8までドラッグ

「氏名」から「姓」を取り出して「様」を追加できる

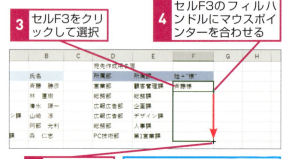

第8章

データを分析・予測する表を作る

データの集まりは合計や平均を求めるだけでは、全体像をつかめません。この章では、データの分析と予測を行います。試験の成績や売上表のデータから中央値や中間項平均、分散などを求めて、実態に合ったデータの特徴を調べます。また、会員数や売り上げデータでは、将来の予測値を求めます。関数の使い方だけでなく、分析の概念や考え方についても紹介します。

●この章の内容

(77) 分析や予測に利用する関数を知ろう……222
(78) 中央値を求めるには……224
(79) 値のばらつきを調べるには……226
(80) 極端な数値を除いて平均を求めるには……228
(81) 伸び率の平均を求めるには……230
(82) 成長するデータを予測するには……232
(83) 2つの値の相関関係を調べるには……234
(84) 1つの要素を元に予測するには……236
(85) 2つの要素を元に予測するには……238

レッスン 77 分析や予測に利用する関数を知ろう

データ分析表

データの分析や予測というと難しいイメージがあるかもしれません。しかし、必要なデータがそろっていれば、関数を利用して目的の結果を簡単に求められます。

この章で作成する成績分析表・売り上げ分析表

試験の成績や売り上げ日報などで集めたデータをきめ細かく分析してみましょう。試験成績のデータでは通常、合計や平均を求めますが、それだけでは数値の特徴をつかむことはできません。この章では、さらに中央値や値のばらつきを求めて、数値の実態に迫ります。また、売り上げ日報でも、より現実的な売り上げの平均値を把握するために、中間項平均を求めます。ここでは、分散や中間項分析などの考え方についても解説します。

キーワード

最頻値	p.276
相乗平均	p.277
中央値	p.277
中間項平均	p.278
調和平均	p.278
分散	p.279

HINT!
さまざまな代表値を使いこなそう

多くの数値からなるデータの標準的な値を表す数値が「代表値」です。最も身近なものは「平均値」でしょう。ほかにも「中央値」や「最頻値」などがあります。さらに、「平均値」とひと言でいっても、計算方法が異なる相加平均、相乗平均、中間項平均などさまざまです。いずれも関数で求められます。きめ細かいデータ分析を行うには、データの特徴や分析の目的に合わせて使い分ける必要があります。

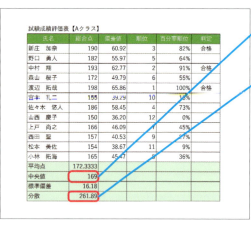

MEDIAN関数で中央値を求める →レッスン78

VAR.P関数で分散を求める →レッスン79

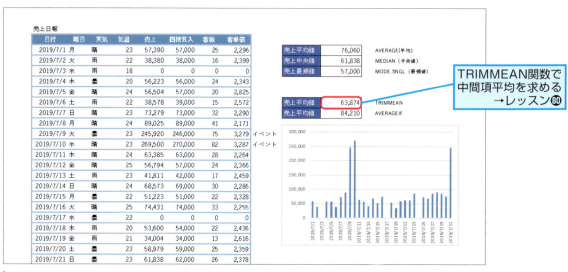

TRIMMEAN関数で中間項平均を求める →レッスン80

この章で作成する会員数予測表・売上表

Excelには、数値を集めて集計する関数のほかに、数値を予測する関数が用意されています。この章の後半では、将来の会員数や売上高を予測します。ここでは、過去のデータから将来のデータを算出しますが、予測はどんなデータでもできるわけではありません。例えば、xが変化すると、yも変わるというような関係性を見いだし、それを元に予測を行います。ここでは、2つのデータの相関関係を調べた上で予測を行います。

HINT! 散布図グラフを作成するには

2つのデータの関係性を簡単に探るには、散布図グラフが有効です。グラフを作成するには、ワークシートの列に左からxとyのデータを入力し、範囲を選択して、[挿入] タブにある [散布図 (X,Y) またはバブルチャートの挿入] ボタンの [散布図] を選びます。正確にデータの特徴を読み取るには、縦横の比率を同じにしましょう。グラフを選択した状態で [グラフツール] の [書式] タブをクリックし、[高さ:] と [幅:] の数値を同じにするとグラフが正方形になります。

- GEOMEAN関数で相乗平均を求める →レッスン㉛
- GROWTH関数で指数回帰曲線による予測をする →レッスン㉜
- CORREL関数で相関係数を求める →レッスン㉝
- FORECAST.LINEAR関数で単回帰分析をする →レッスン㉞
- TREND関数で重回帰分析をする →レッスン㉟

レッスン 78

中央値を求めるには

MEDIAN

中央値

平均年収や平均貯蓄額、成績表などで活用するのが中央値です。一部の突出した値によって平均値が実感を伴わないようなときは、中央値の値を求めます。

|統計| 対応バージョン **Office 365** **2019** **2016** **2013** **2010**

数値の中央値を求める
=MEDIAN(数値1,数値2,…,数値255)
  メジアン

MEDIAN関数は、引数［数値］に指定したデータを大きい順や小さい順に並べたとき、ちょうど真ん中に位置する中央値を求める関数です。データの個数が奇数の場合は、中央に位置する値が表示されますが、個数が偶数の場合は、中央に位置する2つの値の平均が表示されます。

▶引数
数値………中央値を求めるデータ群のセル範囲を指定します。

●中央値について
複数のデータの特徴を1つの値で代表して表す場合、よく使われるのが平均値や中央値です。あるクラスの試験結果を見るとき、平均値のみで全体の実力を測れるとは限りません。一部の優秀な生徒によって平均点はつり上がることがあるからです。中央値は、データを数値順に並べたときの中央に位置する値です。突出して高い、あるいは低い値があったとしても、あまり影響を受けないため、クラス全体の実力を実態により近い値で表せる場合があります。

▶キーワード	
最頻値	p.276
セル範囲	p.277
中央値	p.277
配列数式	p.278
引数	p.278
文字列	p.279

▶関連する関数	
AVERAGE	p.50
TRIMMEAN	p.228

HINT!

最頻値でデータの ばらつきを見る

データの特徴を表す値としては、平均値、中央値のほかに最頻値があります。最頻値は、最も頻度が高い値を表し、データ全体を把握するのに有効です。Excelでは、MODE.SNGL関数で最頻値を求められます（レッスン㊺参照）。

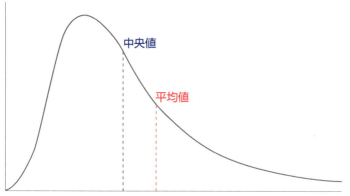

一部のデータが突出している場合は、平均値よりも中央値で見た方が実態に近くなる

[使用例] 試験成績の中央値を求める

=MEDIAN(B3:B14)

数値

	A	B	C	D	E	F
1	試験成績評価表【Aクラス】					
2	氏名	総合点	偏差値	順位	百分率順位	判定
3	新庄 加奈	190	60.92	3	82%	合格
4	野口 勇人	182	55.97	5	64%	
5	中村 翔	193	62.77	2	91%	合格
6	森山 桜子	172	49.79	6	55%	
7	渡辺 拓哉	198	65.86	1	100%	合格
8	宮本 礼二	155	39.29	10	18%	
9	佐々木 悠人	186	58.45	4	73%	
10	山西 慶子	150	36.20	12	0%	
11	上戸 尚之	166	46.09	7	45%	
12	西田 聖	157	40.53	9	27%	
13	松本 美佐	154	38.67	11	9%	
14	小林 拓海	165	45.47	8	36%	
15	平均点	172.3333				
16	中央値	169				
17	標準偏差	16.18				

試験成績の中央値が求められる

HINT!

文字や空白が含まれているときは

引数[数値]に指定するセル範囲に、文字列、空白、論理値が含まれている場合それらは無視されます。なお、数値の「0」は含まれます。

HINT!

TRIMMEAN関数を利用してもいい

TRIMMEAN関数は、データの中の最大値、最小値を除いて平均を求めます。大きく異なる数値を例外と見なし、除外して計算ができるので、より実態に近い平均値を求められます。詳しくは、レッスン㊿で紹介します。

ポイント

数値………クラス全員の総合点から中央値を求めるので、セルB3～B14を指定します。

テクニック 0を除いて中央値を求めたい

MEDIAN関数は、「0」もデータの1つとし、これを含めて中央値を求めます。「0」を含めたくない場合は、配列数式（144ページ参照）を利用して中央値を求めましょう。MEDIAN関数の引数にIF関数「IF(B2:B7>0,B2:B7)」を指定すれば、「0」より大きい値を対象にして中央値を求められます（図参照）。

0を除いて中央値を求める
{=MEDIAN(IF(B2:B7>0,B2:B7))}

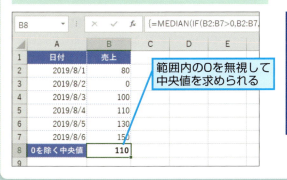

範囲内の0を無視して中央値を求められる

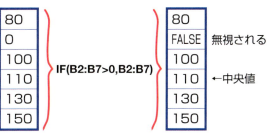

レッスン 79

VAR.P
値のばらつきを調べるには
分散

数値のばらつき具合を示す「分散」は、VAR.P関数で調べられます。このレッスンでは、成績表から点数の分散を求め、ばらつきがあるかどうかを確認します。

【統計】　対応バージョン：Office 365／2019／2016／2013／2010

数値の分散を求める
=VAR.P(数値1, 数値2, …, 数値254)
（バリアンスピー）

VAR.P関数は、数値のばらつき具合を表す指標である「分散」を求めます。引数［数値］に指定した数値を母集団そのものと見なして分散が求められます。結果の値が小さいほどばらつきは少ないと判定します。なお、データを抜き取ったサンプルから分散（不偏分散）を求めるにはVAR.S関数を使います。

引数
数値……分散を求めるデータ群のセル範囲か数値を指定します。

●分散について

「分散」は、数値のばらつきを示す値で、偏差（平均との差）の2乗を合計した値をデータ数で割って求められます。下のグラフはAクラス（左グラフ）とBクラス（右グラフ）の試験結果を、散布図にしたものです。Aクラスの分散は「261.89」、Bクラスの分散は「915.50」という結果でした。Bクラスの方がばらつきが大きく、生徒の学習状況の差が大きいことが読み取れます。

●散布図で表した分散の例

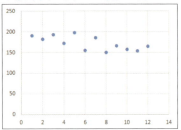 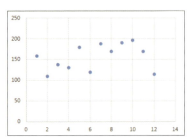

キーワード
関数	p.275
互換性	p.276
数値	p.277
引数	p.278
標準偏差	p.279
分散	p.279

▶関連する関数
STDEV.P	p.86

HINT!
「分散」と「標準偏差」

VAR.P関数で求める「分散」とSTDEV.P関数（レッスン㉑参照）で求める「標準偏差」は、どちらもデータのばらつき具合を見るものです。ちなみに「標準偏差の2乗」＝「分散」です。

試験結果のばらつきを表す場合、一般的には「標準偏差」を使います。「標準偏差」は元のデータと同じ単位で表せるので、標準偏差が「16.8」の場合、平均点±16.8点に大体の人がいる、とイメージできますが、「分散」は計算上2乗しているため同じ単位で語ることはできず、ばらつきの指標が「261.8」と言われてもイメージしにくいからです。

ただ、「分散」の指標は、ほかの分析の計算上必要な場合があります。ここでは、「分散」の求め方を理解しましょう。

練習用ファイル VAR.P.xlsx

使用例 試験成績の分散を求める

=VAR.P(B3:B14)

数値

	A	B	C	D	E	F	G	H
1	試験成績評価表【Aクラス】							試験成績評価表
2	氏名	合計点	偏差値	順位	百分率順位	判定		氏名
3	新庄 加奈	190	60.92	3	82%	合格		西岡 芽衣
4	野口 勇人	182	55.97	5	64%			松山 祐一
5	中村 翔	193	62.77	2	91%	合格		岩井 洋二
6	森山 桜子	172	49.79	6	55%			川田 英明
7	渡辺 拓哉	198	65.86	1	100%	合格		大竹 泰
8	宮本 礼二	155	39.29	10	18%			梅田 啓二
9	佐々木 悠人	186	58.45	4	73%			向井 千代美
10	山西 慶子	150	36.20	12	0%			久保田 修造
11	上戸 尚之	166	46.09	7	45%			奥山 良美
12	西田 聖	157	40.53	9	27%			井口 綺羅
13	松本 美佐	154	38.67	11	9%			藤岡 桜子
14	小林 拓海	165	45.47	8	36%			滝沢 隆則
15	平均点	172.3333						平均点
16	中央値	169						中央値
17	標準偏差	16.18						標準偏差
18	分散	261.89						分散

試験成績の分散を求められる

ポイント

数値……… クラス全員の総合点から分散を求めるので、セルB3～B14を指定します。

HINT!
旧タイプのVARP関数が使われていた場合

Excel 2010より前の旧バージョンでは、VARP関数を利用していました。使い方は、STDEV.P関数と同じです。新しいバージョンのExcelで旧VARP関数は利用可能ですが、将来は分かりません。旧VARP関数が使われていた場合、新しいVAR.P関数に置き換えることをおすすめします。

テクニック 統計でよく利用する不偏分散を求める

分散を求める関数には、引数［数値］を母集団そのものと見なして分散を求めるVAR.P関数と引数［数値］を標本（サンプル）と見なして母集団の分散（不偏分散）を推定するVAR.S関数があります。例えば、クラス全体の分散を求めるならVAR.P関数を利用しますが、全国一斉に実施したテストの場合、すべてのデータを集めるのは不可能です。その場合、無作為に抽出したいくつかのデータを元にVAR.S関数を使って分散の推定値を求めます。

数値の不偏分散を求める
バリアンスエス
=VAR.S(数値1,数値2,…数値254)

	A	B	C
1	試験成績評価表		
2	サンプルNo.	総合点	
3	1	190	
4	2	182	
5	3	193	
6	4	172	
7	5	198	
8	6	155	
9	7	186	
10	8	150	
11	9	166	
12	10	157	
13	11	154	
14	12	165	
15	平均点	172.3	
16	中央値	169	
17	標準偏差	16.90	
18	分散	285.70	

VAR.S関数を使えば不偏分散が求められる

レッスン 80

TRIMMEAN
極端な数値を除いて平均を求めるには
中間項平均

データの中にほかとは異なる、極端に大きい値、もしくは小さい値がある場合、TRIMMEAN関数を使って極端な値を除いて平均を求めてみましょう。

統計　　　　　　　　　　　　　　　対応バージョン: Office 365 / 2019 / 2016 / 2013 / 2010

数値の中間項平均を求める
=TRIMMEAN(配列,割合)
（トリムミーン）

TRIMMEAN関数は、データの中の大きい値や小さい値を一定の割合で除いて、平均値を求めます。計算から除外する割合は、引数[割合]に小数点以下の数値か「%」の数値で指定します。

引数

- **配列**……平均値を求めるデータが入力されたセル範囲を指定します。除外するデータも含めて選択するのがポイントです。
- **割合**……除外するデータの個数を割合で指定します。100個のデータがあるとき、「0.1」、または「10%」と指定すると、上下合わせて10個のデータが均等に除外されます。結果、大きい値から5個、小さい値から5個のデータが除外されます。

●中間項平均について

中間項平均とは、極端に大きい値、小さい値を一定の割合で除いて求める平均値です。平均を求めるとき、極端な値が含まれていると、実態とはかけ離れた平均値になる可能性があります。下の例は、1カ月の売り上げをまとめた集合縦棒グラフです。これを見ると極端に売り上げが高い日や売り上げがない日があることが分かります。このような極端な値を含むデータを除くことで、より実態に近い平均を求めるのが中間項平均です。

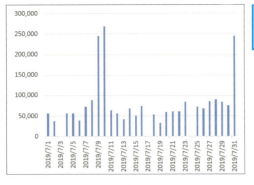

7月9日、10日、31日の売り上げが極端に高い

キーワード

関数	p.275
数値	p.277
セル範囲	p.277
中間項平均	p.278
配列	p.278
引数	p.278
文字列	p.279

関連する関数

AVERAGE	p.50
AVERAGEIFS	p.141

HINT!
文字列は無視される

TRIMMEAN関数は、数値のみ対象にします。引数[配列]に文字列が含まれている場合、無視されます。

HINT!
異常値を見極めて使おう

「中間項平均」は、売り上げ日報で必ず必要というわけではありません。「中間項平均」は、ほかのデータとかけ離れた異常値があるときに求めます。異常値があるかどうかは、グラフを見れば一目瞭然です。なぜ異常値が含まれるのか、その背景を探ることも必要でしょう。

練習用ファイル　TRIMMEAN.xlsx

使用例　上下それぞれ10%の数値を除いた売り上げ平均を求める

=TRIMMEAN(E3:E33, 0.2)

配列　　**割合**

HINT!
割合には上下合わせた数値を指定する

引数［割合］には、データ全体から除外する割合を指定します。上限を10%、下限を10%削除するなら、合わせて20%の指定が必要です。なお、上下別々の割合は設定できません。上下で異なる個数を除外するときは、下のテクニックで紹介するAVERAGEIFS関数を使うといいでしょう。

上下それぞれ10%のデータを除外した売り上げ平均が求められる

ポイント

配列‥‥‥‥売上金額の平均値を求めるので、セルE3～E33を指定します。

割合‥‥‥‥上下それぞれ10%、合わせて20%を除外したいので「0.2」を指定します。

テクニック　「0」などの特定の数値を除外して平均値を求める

数値を指定して除外する場合は、条件に合うデータを対象に平均を求めるAVERAGEIF関数、またはAVERAGEIFS関数を利用しましょう。
条件が1つのときには、AVERAGEIF関数を使います。
条件が複数のときは、AVERAGEIFS関数を使います。
右の例では、0円より大きい金額のみで平均値を求めています。

AVERAGEIF関数を使い、0より大きい値で平均を求める

0より大きい値の平均を求める
=AVERAGEIF(E3:E33,">0",E3:E33)

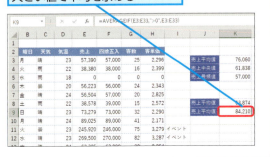

80 中間項平均

レッスン 81

GEOMEAN

伸び率の平均を求めるには

相乗平均

前年比の売り上げなど、過去のデータを元にした割合の平均は、GEOMEAN関数で相乗平均を求めます。相乗平均は伸び率の平均と考えるといいでしょう。

統計　　　　　　　　　　　　対応バージョン: Office 365　2019　2016　2013　2010

数値の相乗平均を求める
=GEOMEAN(数値1,数値2,…,数値255)
（ジオミーン）

GEOMEAN関数は、相乗平均を求める関数です。n個のデータがあった場合、すべての値を掛けた値のn乗根で求めます。引数［数値］には正の値を指定します。比率の平均を求める場合に利用しましょう。

引数

数値………相乗平均を求めるセル範囲か0より大きい正の値からなる数値を指定します。

●相乗平均とは

一般的に平均というと、データをすべて加えてデータ個数で割って求める「相加平均」のことを指します。Excelでは、AVERAGE関数で求めます。これに対し、データをすべて掛けて、その個数のべき乗根で求めるのが「相乗平均」です。
例えば、前年比で売り上げが3倍、翌年は2倍と伸びている場合、初年度から見ると3×2=6倍の伸びです。この伸び率の相加平均は2.5倍となりますが、この値で計算すると2.5×2.5=6.25倍伸びることになってしまいます。相乗平均では、√6倍となりますが、√6×√6=6倍となり、正確に伸び率の平均を求められます。

▶キーワード	
関数	p.275
数式	p.277
数値	p.277
セル範囲	p.277
相乗平均	p.277
調和平均	p.278
引数	p.278

▶関連する関数	
AVERAGE	p.50
TRIMMEAN	p.228

HINT!

数式で計算するときは

例えば、1、3、5、7の4つの値の平均を関数を使わずに求めるには、以下の数式で計算します。Excelで「n乗根」を計算するには、「^」の記号を使い「^(1/n)」と入力します。4乗根の場合は、「^(1/4)」です。

●相加平均
　和を「値の個数」で割る
=(1+3+5+7)/4

●相乗平均
　積の「値の個数」乗根
=(1*3*5*7)^(1/4)

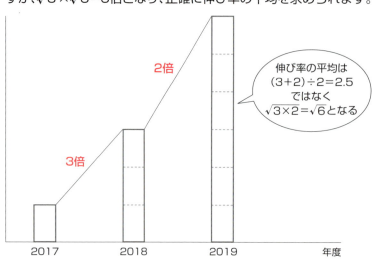

伸び率の平均は
(3+2)÷2=2.5
ではなく
√3×2=√6となる

練習用ファイル　GEOMEAN.xlsx

使用例 会員数の伸び率の相乗平均を求める

=GEOMEAN(C4:C10)

数値 → C4:C10
伸び率の相乗平均が求められる → D10: 124.75%

	A	B	C	D	E
1	顧客会員数				
2	年度	会員数	伸び率		
3	2011	1,201	-		
4	2012	1,259	105%		
5	2013	1,689	134%		
6	2014	2,054	122%		
7	2015	2,589	126%		
8	2016	3,559	137%		
9	2017	4,400	124%		
10	2018	5,647	128%	**124.75%**	【伸び率平均】
11	**2019**		【予測】		
12					

HINT!

あらかじめ伸び率を計算しておく

GEOMEAN関数で伸び率の平均を求めるには、あらかじめ伸び率を計算しておく必要があります。このレッスンの例では、「今年度会員数÷前年度会員数」で求められます。数値を%で表示にするには、[ホーム]タブにある[パーセントスタイル]ボタンを利用しましょう。

その年の会員数を前年の会員数で割って伸び率を求めている

C4: =B4/B3

	A	B	C	D
1	顧客会員数			
2	年度	会員数	伸び率	
3	2011	1,201		
4	2012	1,259	105%	
5	2013	1,689	134%	
6	2014	2,054	122%	
7	2015	2,589	126%	

ポイント

数値……会員数の伸び率が計算された「伸び率」のデータを指定します。

テクニック　平均値には3つの種類がある

平均には、前ページで紹介した「相加平均」や「相乗平均」のほかに「調和平均」があります。調和平均は、すべての数値の逆数（その数に掛け合わせると1になる数）の相加平均（逆数を加えて個数で割った数）に対する逆数を計算して求められる平均です。ある作業にかかる時間の平均や速度の平均などを求めるときに利用されます。これら3つの平均の大きさは「相加平均≧相乗平均≧調和平均」の順になります。

数値の調和平均を求める
=HARMEAN(数値1,数値2,…数値255)

レッスン 82

GROWTH
成長するデータを予測するには
指数回帰曲線による予測

一定のペースで上昇するデータを予測しましょう。GROWTH関数は、指数回帰曲線による予測です。ここでは、これまでの会員数から増加する会員数を予測します。

統計

対応バージョン: Office 365 / 2019 / 2016 / 2013 / 2010

指数回帰曲線で予測する

=GROWTH(yの範囲, xの範囲, 予測に使うxの範囲, 定数の扱い)
（グロース）

GROWTH関数は、指定したデータを使用して指数曲線を求め、その線上の値を予測します。引数には、xとyのデータを指定しますが、その関係が「$y = b \times m^x$」（bは係数、mは指数回帰曲線の底）の式に当てはまると考えられる場合に有効です。yが予測の対象です。例えば、売り上げを予測する場合は、過去の売り上げデータをyとします。

引数

- **yの範囲** …………… すでに分かっている「一定のペースで変化するデータ範囲」を指定します。
- **xの範囲** …………… 「$y = b \times m^x$」が成り立つ可能性のあるデータ範囲を指定します（省略可）。省略した場合は、「1、2、3……」の配列を指定したと見なされます。
- **予測に使うxの範囲** … 予測を求める条件となる値を指定します（省略可）。
- **定数の扱い** ………… 「TRUE」を指定するか、省略すると、bの値も計算して予測します。「FALSE」を指定すると、bの値を「1」として予測します。

●指数回帰曲線について
増加や減少が次第に大きくなるデータは、指数関数の曲線「指数回帰曲線」に当てはめられます。散布図グラフにした場合、データの近くを通る線を指数関数で求めると曲線になります。GROWTH関数では、曲線の方程式を「$y = b \times m^x$」とし、データを当てはめて予測します。

キーワード

FALSE	p.275
TRUE	p.275
指数回帰曲線	p.276
配列	p.278
引数	p.278

▶関連する関数

CORREL	p.234
FORECAST.LINEAR	p.236
TREND	p.238

HINT!

曲線的な変化の予測を行う

GROWTH関数は、曲線的に変化するデータの予測に用います。曲線ではなく、直線に当てはめる方が妥当な場合は、FORECAST.LINEAR関数（レッスン⓼⓸）やTREND関数（レッスン⓼⓹）を使って予測します。

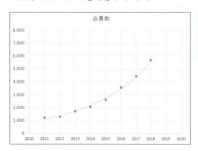

増加が次第に大きくなるデータは、指数回帰曲線に当てはめられる

練習用ファイル GROWTH.xlsx

使用例 **2019年の会員数を指数回帰曲線で予測する**

=GROWTH(B3:B10,A3:A10,A11)

xの範囲: B3:B10 の左隣の列 A3:A10
yの範囲: B3:B10

	A	B	C	D	E	F	G
1	顧客会員数						
2	年度	会員数	伸び率				
3	2011	1,201	-				
4	2012	1,259	105%				
5	2013	1,689	134%				
6	2014	2,054	122%				
7	2015	2,589	126%				
8	2016	3,559	137%				
9	2017	4,400	124%				
10	2018	5,647	128%	124.75%	【伸び率平均】		
11	2019	6918.526	【予測】				
12							
13							

予測に使うxの範囲: A11
会員数が予測できる

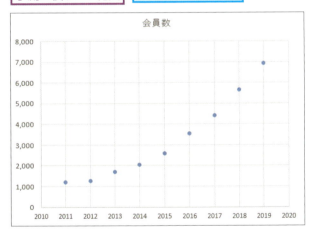

HINT!

散布図グラフでデータを見極める

予測の元になるデータの変化が曲線的であるか、あるいは直線に近いのかを見極めるにはグラフが有効です。データの変化を簡易的に見るだけなら、データのセル範囲を選択し、散布図グラフを作成します。

データのセル範囲を選択しておく

1. [挿入]タブをクリック
2. [散布図またはバブルチャートの挿入]をクリック

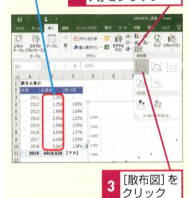

3. [散布図]をクリック

散布図グラフができた

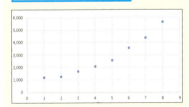

ポイント

- **yの範囲** …………… すでにある「会員数」のデータ範囲を指定します。
- **xの範囲** …………… 「年数」のデータ範囲を指定します。[yの範囲]に指定した範囲と同じサイズにします。
- **予測に使うxの範囲** … 予測の元になる「年数」の新しい値を指定します。
- **定数の扱い** ………… 省略します。

レッスン 83

2つの値の相関関係を調べるには

相関係数

2つのデータ間に相関関係があるかどうかは、データを見ただけでははっきりしません。CORREL関数を使えば、相関性を調べることができます。

【統計】

対応バージョン：Office 365 / 2019 / 2016 / 2013 / 2010

2組のデータの相関係数を調べる
コリレーション
=CORREL(配列1,配列2)

CORREL関数は、データの相関係数を調べる関数です。2つのデータに相関関係があるかどうかを調べたいとき、引数［配列1］と引数［配列2］に2つのデータを指定して調べます。この関数により表示されるのは、-1～1までの相関係数です。一般的に1または、-1に近いほど相関性が強いと判断します。

引数
- **配列1** ……… 相関係数を調べたい2つのデータの一方のデータ範囲を指定します。
- **配列2** ……… 相関係数を調べたい2つのデータの他方のデータ範囲を指定します。［配列1］と同じデータ数にします。

●相関係数について

一方のデータが変化すると、もう一方も変化する関係が「相関関係」です。散布図グラフでは、プロットされた点が直線的に見えるとき、相関関係があると判定します。しかし、データにばらつきがあると直線を見い出せず、関係性を判断するのは困難です。CORREL関数は、相関関係を数値として表すので、客観的にとらえることができます。

▶キーワード

関数	p.275
相関係数	p.277
配列	p.278
引数	p.278

▶関連する関数

GROWTH	p.232
FORECAST.LINEAR	p.236
TREND	p.238

HINT!

PEARSON関数も利用できる

CORREL関数と同じく、PEARSON関数でも相関関係を調べられます。両者は引数の指定方法も結果も同じです。

2組のデータの相関係数を調べる
ピアソン
=PEARSON(配列1,配列2)

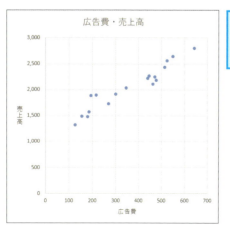

散布図グラフで右上がりか右下がりの直線状になれば、相関関係があると見なせる

練習用ファイル　CORREL.xlsx

使用例 広告費と売上高との相関係数を求める

=CORREL(B3:B20,C3:C20)

配列1　　配列2　　　広告費と売上高との相関係数を求められる

	A	B	C	D	E	F
F2		=CORREL(B3:B20,C3:C20)				
2	月	広告費（万）	売上高（万）		相関係数	0.957671
3	2018年4月	471	2,243			
4	2018年5月	643	2,804			
5	2018年6月	549	2,645			
6	2018年7月	345	2,030			
7	2018年8月	441	2,217			
14	2019年3月	185	1,568			
15	2019年4月	515	2,427			
16	2019年5月	525	2,557			
17	2019年6月	194	1,887			
18	2019年7月	301	1,915			
19	2019年8月	478	2,186			
20	2019年9月	463	2,107			
21	2019年10月				【予測】	

HINT!
相関係数の数値の見方が分からない

CORREL関数で求める相関係数は、-1〜1に収まります。1に近いほど「正の相関」（グラフでは右上がりの直線）が強く、-1に近いほど「負の相関」（グラフでは右下がりの直線）が強いと判定します。0に近いほど相関は弱くなります。明確な基準はありませんが、以下の値を参考にしてください。

●相関係数の目安

相関係数（絶対値）	相関の判定
0〜0.2	ほとんど相関なし
0.2〜0.4	弱い相関あり
0.4〜0.7	相関あり
0.7〜1	強い相関あり

ポイント

配列1………「広告費」のデータ範囲を指定します。
配列2………「売上高」のデータ範囲を指定します。

テクニック　相関関係を表すグラフを作るには

相関関係を見るには、2つのデータから作る散布図が必要です。グラフを作成するとき、データの範囲を選択したあと、グラフ種類「散布図」を選びますが、データ範囲の左側の列がグラフの横軸を基準に、右側の列が縦軸を基準に配置されます。

2つのデータの範囲を選択して散布図を作成する

データ範囲の左側の列が横軸を基準に配置される

レッスン 84

FORECAST.LINEAR

1つの要素を元に予測するには

単回帰直線による予測

一方が変わると他方も変わる相関関係にあるデータでは、FORECAST.LINEAR関数による予測が可能です。ここでは、広告費から売上高を予測します。

|統計| 　　　　　　　　　　　対応バージョン **Office 365** **2019** **2016** 2013 2010

1つの要素から予測する

フォーキャストリニア
=FORECAST.LINEAR(予測に使うx, yの範囲, xの範囲)

FORECAST.LINEAR関数は、相関関係にある2つのデータの一方を予測します。2つのデータをxとyで表し、xの変化によりyが変化する関係において、新しいx（予測に使うx）からyを予測します。例えば、広告費が増えると売り上げが増える関係なら、広告費がx、売り上げがyです。

キーワード
回帰直線	p.275
関数	p.275

関連する関数
CORREL	p.234
TREND	p.238

引数

予測に使うx……予測を求めるための条件となる値を指定します。
yの範囲………xの変化により影響を受けるデータの範囲を指定します。
xの範囲………yに影響するデータ範囲を指定します。

●回帰直線について

相関関係がある2つのデータは「回帰直線」で予測できます。相関関係にあるデータは、グラフの点が直線的になります。ここに線を引いたのが「回帰直線」です。この直線の方程式（単回帰式）「y=ax+b」が求められれば、点が存在しない部分の予測が可能です。この回帰直線上でxに対応するyを求めるのがFORECAST.LINEAR関数です。なお、a（回帰係数）、b（切片）も関数で求められます（次ページ参照）。

HINT!

回帰係数と切片とは

xの値からyを予測するとき、回帰直線はy=ax+bで表されますが、aは直線の傾きを表す「回帰係数」、bは縦軸との交点を表す「切片」です。この2つの値は関数で求められます（次ページ参照）。予測をする上で直線の傾きを正確に把握する必要がある場合に計算します。

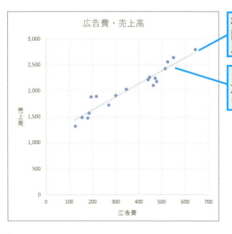

相関関係があるデータを散布図グラフにすると、点が直線的になる

グラフに「線形近似」を追加すると、回帰直線をグラフ内に表示できる

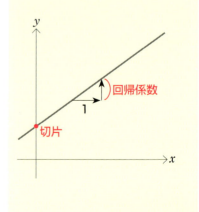

練習用ファイル FORECAST.LINEAR.xlsx

使用例 売上高を回帰直線で予測する

=FORECAST.LINEAR(B21,C3:C20,B3:B20)

HINT!
2013以前のExcelで予測するには

Excel 2013以前では、FORECAST関数を使って予測します。使い方はFORECAST.LINEAR関数と同じです。

1つの要素から予測する（互換性関数）
=FORECAST(予測に使うx,yの範囲,xの範囲)

ポイント

予測に使うx ……予測の元となる値が入力されている「広告費」のセルを指定します。
yの範囲 …………「広告費」のデータ範囲を指定します。
xの範囲 …………「売上高」のデータ範囲を指定します。

テクニック　回帰係数や切片を求める

回帰直線の式「y=ax+b」のaが回帰係数、bが切片です。aの回帰係数は、直線の傾きを表し、SLOPE関数で求められます。bの切片は、xが0のときのyの値を表し、INTERCEPT関数で求められます。なお、これらの関数は、Excelのバージョンに関係なく利用できます。

回帰直線の傾きを求める
=SLOPE(yの範囲,xの範囲)

回帰直線の切片を求める
=INTERCEPT(yの範囲,xの範囲)

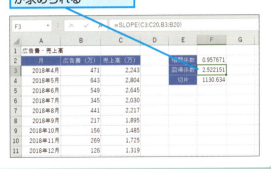

回帰直線の傾きや切片が求められる

レッスン 85

TREND
2つの要素を元に予測するには
重回帰直線による予測

複数の変数からあるデータを予測するには、TREND関数を利用しましょう。FORECAST.LINEAR関数と同様に回帰直線の予測を行います。

統計　　　　　　　　　　　　　　対応バージョン: Office 365 / 2019 / 2016 / 2013 / 2010

2つの要素から予測する
=TREND(yの範囲, xの範囲, 予測に使うxの範囲, 切片の定数)

TREND関数は、回帰直線（レッスン❽❹参照）による予測値を表示します。あるデータに影響を与える変数が複数ある場合に利用します。引数は、xの変化によりyが変化すると理解し、xに複数の変数を指定します。予測するのは、yの値です。

引数

yの範囲……………xの変化により影響を受けるデータの範囲を指定します。

xの範囲……………yに影響するデータの範囲を指定します。複数のデータを指定することが可能です。

予測に使うxの範囲…予測を求めるための条件となるxの範囲を指定します。

切片の定数…………「TRUE」または省略すると回帰直線の切片を計算して予測します。「FALSE」を指定すると切片を「0」として予測します。

キーワード

FALSE	p.275
TRUE	p.275
回帰直線	p.275
引数	p.278

関連する関数

GROWTH	p.232
CORREL	p.234

[使用例] **売上高を2つの要素から予測する**

=TREND(D3:D20,B3:C20,B21:C21)

	A	B	C	D	E
1	広告費・売上高				
2	月	広告費（万）	サンプル配布	売上高（万）	
3	2018年4月	471	100	2,243	
4	2018年5月	643	300	2,804	
5	2018年6月	549	200	2,645	
6	2018年7月	345	100	2,030	
7	2018年8月	441	100	2,217	
8	2018年9月	217	50	1,895	
9	2018年10月	156	50	1,485	
10	2018年11月	269	100	1,725	
11	2018年12月	126	50	1,319	
12	2019年1月	179	50	1,482	
13	2019年2月	448	100	2,266	
14	2019年3月	185	50	1,568	
15	2019年4月	515	300	2,427	
16	2019年5月	525	200	2,557	
17	2019年6月	194	50	1,887	
18	2019年7月	301	100	1,915	
19	2019年8月	478	200	2,186	
20	2019年9月	463	200	2,107	
21	2019年10月	500	100	2,430	【予測】

- xの範囲：D21セルに =TREND(D3:D20,B3:C20,B21:C21)
- yの範囲
- 予測に使うxの範囲
- 売上高を2つの要素から予測できる

HINT!
FORECAST.LINEAR関数の代わりに使える

TREND関数もFORECAST.LINEAR関数も同じく回帰直線による予測を求めます。FORECAST.LINEAR関数は、1つの変数による予測をしますが、TREND関数の引数［xの範囲］に1つの変数の範囲を指定すれば、同じ結果になります。

ポイント

- **xの範囲**……「広告費」と「サンプル配布」のデータ範囲を指定します。
- **yの範囲**……「売上高」のデータ範囲を指定します。
- **予測に使うxの範囲**…予測の元となる値が入力されている「広告費」と「サンプル配布」のセルを指定します。
- **切片の変数**……省略します。

この章のまとめ

●データを見極めて関数を使う

たくさんの数値を集めた表からデータの特徴をつかむことから、データ分析の第一歩が始まります。それにはまず、第2章で紹介した合計や平均を求める集計や、第3章で紹介した順位やランクを付ける評価が基本となります。本章では、さらに一歩進めて、よりきめ細かくデータの実態を把握し、予測まで行っています。このような高度なデータ分析は、Excelの関数を使えば、簡単に行うことができます。ただし問題は、どのようなアプローチで分析を行うかでしょう。例えば、2つのデータの相関関係はCORREL関数を使えばすぐに調べられます。しかし、もともと関係のないデータの相関を調べても結果に意味はありません。関数を使う前にまず、2つのデータ間に関係性はあり得るかを見極めることが最も重要です。この章では、関数の解説を中心にしながら、関数を使う上で必要な知識や統計学の基礎について解説しました。関数の使い方だけでなく、分析内容を理解し、どのような場面で、どのようなデータに対して使えるかを考えてみましょう。

蓄積したデータをどのように分析するかが重要となる

データごとに有効な手法は異なるので、有効な手法の見極めが大切。

練習問題

1

[第8章]フォルダーにある[練習問題1.xlsx]を開いて、試験結果のデータから「中央値」と最高点、最低点のそれぞれ5%を除外した「中間項平均」を求めましょう。

●ヒント 中間項平均では、除外する割合の設定に注意が必要です。

中央値と中間項平均を求める

	A	B	C	D	E	F	G
1	資格試験結果						
2	Aクラス	Bクラス	Cクラス		平均値	75.79167	
3	72	80	73		中央値	79	
4	88	71	65		中間項平均	78.13636	
5	86	100	78				
6	100	81	95				
7	0	71	76				
8	75	84	95				
9	98	69	71				
10	87	84	20				
11							

2

[第8章]フォルダーにある[練習問題2.xlsx]を開きましょう。気温と個数の相関係数を調べ、特定の気温でいくつ肉まんが売れるかを予測してください。

●ヒント セルE6に入力された「気温」のときの売上個数を予測します。

相関係数と予測の個数を求める

	A	B	C	D	E	F	G
1	肉まん売上						
2	日付	気温	個数		相関係数		
3	2/1	13	15		-0.96682		
4	2/2	13	13				
5	2/3	6	28		気温	個数予測	
6	2/4	9	24		10	24	
7	2/5	6	30				
8	2/6	7	26				
9	2/7	8	23				
10	2/8	11	18				
11	2/9	10	17				

答えは次のページ

解 答

1

1 セルF3に「=MEDIAN(A3:C10)」と入力
2 Enter キーを押す

中央値はMEDIAN関数を使って求めます。計算の対象になるのは、Aクラス、Bクラス、Cクラスの3列の範囲です。

中央項平均は、TRIMMEAN関数を使って求めます。最高点、最低点とも5%ずつ除外するには、除外する割合を10%に指定します。

3 セルF4に「=TRIMMEAN(A3:C10,10%)」と入力
4 Enter キーを押す

中央値と中間項平均を求められる

2

1 セルE3に「=CORREL(B3:B16,C3:C16)」と入力
2 Enter キーを押す

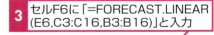

気温と個数の相関関係はCORREL関数で求めます。

個数予測は、FORECAST.LINEAR関数で求めます。引数［予測に使うx］には、気温が入力されるセルE6を指定しましょう。

3 セルF6に「=FORECAST.LINEAR(E6,C3:C16,B3:B16)」と入力
4 Enter キーを押す

気温と個数の相関係数を求められる

第9章 いろいろ使える関数小ワザ

この章では、作成する表の種類や内容に関係なく、さまざまな表で汎用的に使える関数のテクニックを紹介します。連続した番号を自動的に作成したり、乱数を発生させたり、土日の日付に色を付けたりします。これまで見てきた関数の合わせ技や、条件付き書式と関数の組み合わせを解説します。

●この章の内容
- ⑱ 常に連番を表示するには……………………………………244
- ⑲ 分類ごとに連番を表示するには……………………………246
- ⑳ 1行置きに数値を合計するには……………………………248
- ㉑ 「20190410」を日付データに変換するには………………250
- ㉒ ランダムな値を発生させるには……………………………252
- ㉓ 土日の日付に自動で色を付けるには………………………254
- ㉔ 入力が必要なセルに自動で色を付けるには………………256
- ㉕ 分類に応じて罫線を引くには………………………………258

レッスン 86

COLUMN　ROW

常に連番を表示するには

連番

連番はCOLUMN関数やROW関数を利用して作成できます。作成した連番は、列や行を削除しても欠番が出ることはなく、新しく振り直されます。

|検索／行列|　　　　　　　対応バージョン　Office 365　2019　2016　2013　2010|

セルの列番号を求める
=COLUMN(参照)
（カラム）

COLUMN関数は、引数［参照］に指定したセルの列番号を表示します。列番号は、A列を1列目と数えます。
例えば、引数にセルC2を指定すると、結果は「3」になります。

引数［参照］にセルC2を指定すると、結果は「3」になる

▶キーワード

関数	p.275
行番号	p.276
セル	p.277
セル範囲	p.277
引数	p.278
列番号	p.279

▶関連する関数

INDEX	p.82
OFFSET	p.158

引 数

参照……… 列番号を表示するセルを指定します。省略もできますが「()」の入力は必要です。省略した場合は、COLUMN関数を入力したセルの列番号が表示されます。

|検索／行列|　　　　　　　対応バージョン　Office 365　2019　2016　2013　2010|

セルの行番号を求める
=ROW(参照)
（ロウ）

ROW関数は、引数［参照］に指定したセルの行番号を表示します。例えば、引数にセルC2を指定すると、結果は「2」になります。

引数［参照］にセルC2を指定すると、結果は「2」になる

▶関連する関数

INDEX	p.82
OFFSET	p.158

引 数

参照……… 行番号を表示するセルを指定します。省略もできますが「()」の入力は必要です。省略した場合は、ROW関数を入力したセルの行番号が表示されます。

練習用ファイル COLUMN_ROW_1.xlsx

使用例1 列番号から連番を作る

=COLUMN()-1

列番号の連番を簡単に求められる

HINT!
引数[参照]を指定したときは

引数[参照]に特定のセルを指定したときは、そのセルの列番号が表示されます。

HINT!
列を非表示にしたときは

COLUMN関数は、引数[参照]のセルの列番号を表示します。たとえ[参照]のセルが非表示になっていても、COLUMN関数の結果には影響しません。

ポイント

参照……ここでは、関数を入力したセルの列番号を表示するので省略します。セルB2の列番号は「2」なので、1を引いて「1」になるようにします。セルC2～F2に関数をコピーし、1～5の連番が表示されるようにします。

練習用ファイル COLUMN_ROW_2.xlsx

使用例2 行番号から連番を作る

=ROW()-2

行番号の連番を簡単に求められる

HINT!
セル範囲の列数と行数を表示するには

セル範囲に含まれる列数や行数を調べるには、COLUMNS関数、ROWS関数を使います。どちらも引数[配列]にセル範囲を指定します。

セル範囲の列数を数える
=COLUMNS(配列)

セル範囲の行数を数える
=ROWS(配列)

ポイント

参照……ここでは、関数を入力したセルの行番号を表示するので省略します。セルA3の行番号は「3」なので、2を引いて「1」になるようにします。セルA4～A7に関数をコピーし、1～5の連番が表示されるようにします。

レッスン 87 分類ごとに連番を表示するには

分類ごとの連番

IF関数を利用すれば、グループごとに1から始まる連番を作成できます。ここでは、グループの文字列をIF関数で判定し、文字列が入力されたら1を表示します。

練習用ファイル IF_3.xlsx

使用例 組ごとに連番を表示する

=IF(A3<>"",1,B2+1)

1 IF関数を入力する

キーワード

オートフィル	p.275
関数	p.275
空白セル	p.276
文字列	p.279

HINT!

A列に何か入力されていれば「1」を表示する

ここではIF関数を使い、A列に何か入力されていれば1を表示し、何も入力されていなければ1を足します。このときのIF関数の条件は、「A3<>""」とします。「<>」は「〜ではない」を表す演算子です。「A3<>""」は、「セルA3は空白("")ではない」つまり、「何か入力されている」という意味になります。

2 入力した関数をコピーする

③ 分類ごとに連番を表示できた

- 関数がコピーされた
- 組ごとに1から連番を表示できた

HINT!
関数を使わずに連番を振るには

連続した数値を手入力する場合は、オートフィル機能を使います。初期値の「1」を入力し、セルの右下のフィルハンドルをドラッグした後、[オートフィルオプション]ボタンをクリックして、[連続データ]を選択しましょう。ただし、分類ごとの連番にするには、分類の数だけオートフィルの操作を繰り返す必要があります。

1. セルB2に「1」と入力
2. セルB2のフィルハンドルをここまでドラッグ
3. [オートフィルオプション]をクリック
4. [連続データ]をクリック

連番が作成される

テクニック 分類の文字がすべて入力されているときに連番を表示する

練習用ファイルでは、1組というグループを示す文字がセルA3のみに入力されています。下の例のように、グループを示す1組や2組という文字がすべて[組]列に入力されている場合はどうでしょう。
この場合は、IF関数の条件に「1つ上のセルと同じではない」という式を指定します。ここでは「A3<>A2」とします。これで、A列に入力された文字が1つ上のセルと違うとき1を表示し、同じなら1が足されます。このように表の内容に合わせて関数式を作りましょう。

文字が変わったときに組ごとの連番を表示する
=IF(A3<>A2,1,B2+1)

[組]列にすべて文字が入力されていても、グループごとの連番を付けられる

レッスン 88

MOD　ROW　SUMPRODUCT

1行置きに数値を合計するには

1行置きに合計

1行置きに入力されている数値を合計するには、行番号が奇数か偶数かを調べ、奇数行、偶数行ごとに計算します。合計にはSUMPRODUCT関数を利用します。

練習用ファイル　SUMPRODUCT_2.xlsx

使用例　1行置きに入力された数値を合計する

=SUMPRODUCT(B5:B12,MOD(ROW(B5:B12),2))

① 関数を入力する

ここでは以下のような集計表で、「金額」と「個数」の項目をそれぞれ合計する

①セルB13に「=SUMPRODUCT(B5:B12,MOD(ROW(B5:B12),2))」と入力

② Enter キーを押す

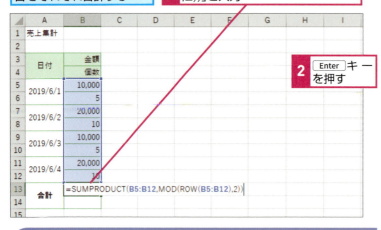

キーワード
配列	p.278
論理値	p.279

HINT!
ここで使用する関数

ここでは以下の3つの関数を組み合わせて使用しています。

配列の積の和を求める（レッスン㉒参照）
=SUMPRODUCT(配列1,配列2,…)

割り算の余りを求める（レッスン㊲参照）
=MOD(数値,除数)

行番号を表示する（レッスン㊱参照）
=ROW(参照)

② 続けて関数を入力する

続けて関数を入力する

①セルB14に「=SUMPRODUCT(B5:B12,MOD(ROW(B5:B12)+1,2))」と入力

② Enter キーを押す

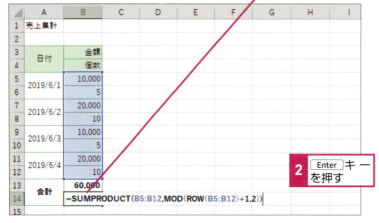

HINT!
奇数行の数値を合計する

SUMPRODUCT関数は、複数の配列の積の合計を求めます。配列は、下図の配列1で示す「B5～B12」と配列2で示す「B5～B12の行番号を2で割った余り」です。余りが0の偶数行は、掛け算の結果が0になるので、奇数行のみ合計されます。

行	配列1	配列2		積	
5	10000	5÷2の余り 1		10000	
6	5	6÷2の余り 0		0	
7	20000	7÷2の余り 1		20000	
8	10	× 8÷2の余り 0	=	0	合計
9	10000	9÷2の余り 1		10000	60000
10	5	10÷2の余り 0		0	
11	20000	11÷2の余り 1		20000	
12	10	12÷2の余り 0		0	

❸ 1行置きに入力された数値を合計できた

「金額」と「個数」のそれぞれを合計できた

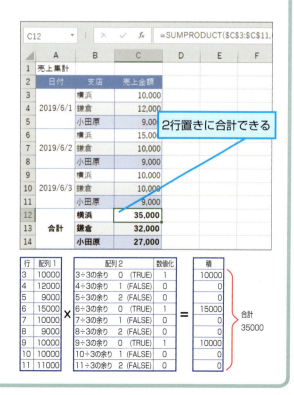

HINT! 偶数行の数値を合計するには

ここでは、行番号を2で割った余りが「1」の行を合計しています。偶数行は余りが「0」になってしまうので、「1」になるように調整します。偶数行を合計する下の式は、ROW関数で取り出した行番号に1を加え、余りを「1」にしています。

偶数行の数値を合計する
=SUMPRODUCT(B5:B12,MOD(ROW(B5:B12)+1,2))

テクニック 2行置きで合計する

2行置きに合計する場合、行番号を3で割った余りで合計する行を決めます。右の例では、セルC12に行番号が3、6、9行の合計を求めたいので余りが0かどうかを判定します。下の式の「MOD(ROW($C$3:$C$11),3)=0」がそのための式です。この結果は、余りが0なら「TRUE」、それ以外なら「FALSE」です。これに1を掛けて数値化すると、「TRUE」は「1」、「FALSE」は「0」となり、余りが0の行のみ合計されます。同様にしてセルC13の合計は余りが1の行を、セルC1の合計は余りが2の行を合計します。

2行置きに入力された数値を合計する
=SUMPRODUCT($C$3:$C$11,(MOD(ROW($C$3:$C$11),3)=0)*1)

レッスン 89

DATEVALUE
「20190410」を日付データに変換するには

数字を日付に変換

日付が8けたの数字で入力してある場合は、日付データとして利用できません。DATEVALUE関数とTEXT関数を使えば日付データに変換できます。

日付／時刻　　　対応バージョン: **Office 365　2019　2016　2013　2010**

日付を表す文字列からシリアル値を求める
=DATEVALUE(日付文字列)
（デートバリュー）

DATEVALUE関数は、日付の文字列をシリアル値に変換します。シリアル値は、1900年1月1日を「1」として1日に1ずつ増える値です（177ページ参照）。この値に変換することで、日付データとして扱えるようになります。

キーワード	
&	p.275
関数	p.275
シリアル値	p.277
数値	p.277
引数	p.278
文字列	p.279

引数

日付文字列……「2019/04/10」や「H31.4.10」「2019年4月10日」など、Excelが日付データと認識する文字列を指定します。

関連する関数	
DATE	p.176
TEXT	p.168

●数値をシリアル値にする

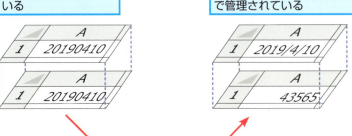

◆数値
「20190410」という数値として管理されている

◆シリアル値
表示は「2019/4/10」だが、「43565」というシリアル値で管理されている

TEXT
数値に書式を与えて文字列に変換する

DATEVALUE
日付の文字列をシリアル値に変換する

◆文字列
「2019/4/10」という文字列として管理されている

HINT!
日付の表示形式に整えて変換する

「20190410」は、そのまま入力すると数値として認識されます。これをまず、TEXT関数で「2019/04/10」の形式にします。TEXT関数の結果は文字データなので、DATEVALUE関数でシリアル値に変換します。つまり、数値→文字→シリアル値への変換を行います。

| 使用例 |「20190410」という文字列をシリアル値に変換する |

=DATEVALUE(TEXT(A2,"0000!/00!/00"))

文字列をシリアル値に変換できる　　日付文字列

	A	B
1	文字列	日付
2	20190410	2019/4/10
3	20190501	2019/5/1
4	20191020	2019/10/20

ポイント

日付文字列……TEXT関数で「20190410」を「2019/04/10」に変換した文字列を指定します。

HINT!
シリアル値に変換する利点は

「20190410」は、8けたの数値です。このままでは日付の計算ができません。日付を扱う関数の引数にも指定できません。DATEVALUE関数でシリアル値に変換すれば、計算が可能になります。また、曜日の表示形式にしたり、和暦にしたりするといった、表示形式の変更も可能です（レッスン㊾参照）。

HINT!
表示形式「"0000!/00!/00"」の意味は？

TEXT関数の引数に指定する表示形式「"0000!/00!/00"」は、8けたの数字を「0000/00/00」の表示にする設定です。「!」は、その次の文字（ここでは「/」）をそのまま表示するという意味があります。本来、「/」は、「"」でくくる必要があり「"0000""/""00""/""00"」のように指定しなくてはなりませんが、「!」を使えば、簡単に表記できます。

テクニック　「2019年」「4月」「10日」をつないでシリアル値に変換する

日付を表す年、月、日が、「2019年」「4月」「10日」と、別々に文字列として入力してある場合、これを日付として扱えるシリアル値にするには、まず別々に入力してある年、月、日を「&」でつないで「2019年4月10日」にします。この形は日付データとして認められている形式なので、DATEVALUE関数の引数に直接指定できます。

文字列をつないでシリアル値に変換する
=DATEVALUE($A$1&A3&B3)

「2019年」「4月」「10日」の文字列をつないで、シリアル値に変換できる

	A	B	C
1	2019年		
2	月	日	シリアル値
3	4月	10日	2019/4/10
4	5月	1日	2019/5/1
5	6月	14日	2019/6/14
6	7月	30日	2019/7/30

レッスン **90**

RAND　RANDBETWEEN

ランダムな値を発生させるには

乱数

RAND関数、RANDBETWEEN関数は、ランダムな数値を表示します。実験に必要なテストデータにするなど、いろいろな用途に利用できます。

数学／三角　　　　　　　　　　　　　　　　　　　　　対応バージョン Office 365　2019　2016　2013　2010

0以上1未満の小数の乱数を発生させる
=RAND()
（ランダム）

RAND関数は、0以上1未満のランダムな数値（乱数）を表示します。セルに文字や数式を入力したり、いろいろな機能を利用したりすると、ワークシートは自動的に再計算されますが、そのたびに新しい乱数が発生します。

▶キーワード	
関数	p.275
引数	p.278
乱数	p.279
ワークシート	p.279

引数
RAND関数には引数がありません。しかし、「()」の省略はできません。

▶関連する関数	
VLOOKUP	p.76, p.106

数学／三角　　　　　　　　　　　　　　　　　　　　　対応バージョン Office 365　2019　2016　2013　2010

指定した範囲内の整数の乱数を発生させる
=RANDBETWEEN(最小値, 最大値)
（ランダムビトウィーン）

RANDBETWEEN関数は、引数［最小値］と引数［最大値］の範囲内にあるランダムな数値を表示します。RAND関数と同様に、ワークシートが再計算されるたびに、新しい乱数が発生します。

▶関連する関数	
VLOOKUP	p.76, p.106

引数
最小値………乱数として発生させる最小値を整数で指定します。
最大値………乱数として発生させる最大値を整数で指定します。

練習用ファイル　RAND_RANDBETWEEN_1.xlsx

使用例1　0以上1未満の乱数を発生させる

=RAND()

0以上1未満のランダムな小数が表示される

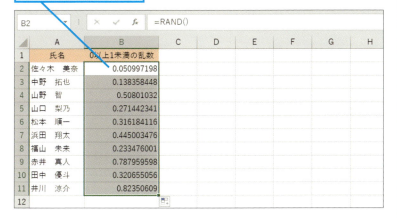

HINT!

1つのデータをランダムに選ぶには

10人の中から1人をランダムに選ぶというようなとき、10人すべてにランダムな数値を割り当て、その中の最大値を選ぶ方法があります。以下の例では、VLOOKUP関数（レッスン㉘）により、乱数の最大値の「氏名」を取り出して表示しています。

10人の中から1人をランダムに選ぶ
=VLOOKUP(MAX(A2:A11),A2:B11,2,FALSE)

氏名に対応する乱数を作り、その最大値に対応する氏名を取り出している

練習用ファイル　RAND_RANDBETWEEN_2.xlsx

使用例2　1から5の間のランダムな整数を表示する

=RANDBETWEEN(1,5)

1から5までの整数がランダムに表示される　最小値　最大値

HINT!

作業のたびに乱数が新しくなる

RAND関数、RANDBETWEEN関数は、ワークシート上のいろいろな作業のタイミングで更新されます。関数が使われているファイルを開いたときにも更新されます。発生させた数値を保存したいときは、レッスン㉔のHINT!を参考に、数値をコピーして値として貼り付けましょう。

ポイント

最小値………「1」を指定します。
最大値………「5」を指定します。

レッスン 91

WEEKDAY
土日の日付に自動で色を付けるには

日付と条件付き書式

指定した条件に合うセルに色などの書式を設定できるのが「条件付き書式」です。条件にWEEKDAY関数を指定し、土日に色を付けてみましょう。

練習用ファイル　WEEKDAY_2.xlsx

使用例　日付が土日かどうかを判別する

=WEEKDAY($A3,2)>=6

1 [新しい書式ルール]ダイアログボックスを表示する

土曜か日曜の日付が入力された行に自動で背景色を付ける

セルA3～C16をドラッグして選択しておく

1 [ホーム]タブをクリック
2 [条件付き書式]をクリック
3 [新しいルール]をクリック

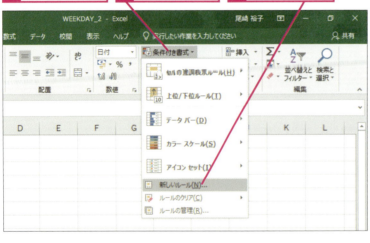

キーワード	
条件付き書式	p.276
絶対参照	p.277
セル範囲	p.277
引数	p.278
列	p.279

HINT!

曜日の番号が6以上のとき色を付ける

WEEKDAY関数は、日付に対する曜日を番号で表す関数です（レッスン⓬参照）。ここでは、引数［種類］に月～日を1～7の番号で表す「2」を指定し、その結果が6以上（土曜日と日曜日）のときセルに塗りつぶしの色が設定されるようにします。

2 条件式を入力する

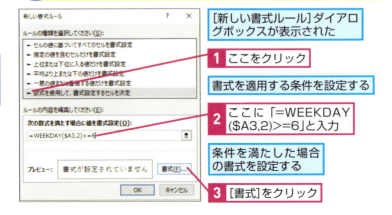

[新しい書式ルール]ダイアログボックスが表示された

1 ここをクリック

書式を適用する条件を設定する

2 ここに「=WEEKDAY($A3,2)>=6」と入力

条件を満たした場合の書式を設定する

3 [書式]をクリック

HINT!

引数に指定する日付は列のみ固定する

WEEKDAY関数の引数に指定する日付のセルは、「$A3」のように列のみ「$」を付けて絶対参照（レッスン❾）の指定にします。条件付き書式は、A～C列に対し設定しますが、条件となるセルの列が変動しないように、列のみ固定します。

3 書式を設定する

ここでは土日のセルの塗りつぶし色を薄いオレンジ色に変更する

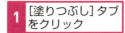

1 [塗りつぶし]タブをクリック

2 ここをクリック

3 [OK]をクリック

[プレビュー]に設定された書式の例が表示された

4 [OK]をクリック

4 条件付き書式を設定できた

土日の行にのみ薄いオレンジ色の塗りつぶしを設定できた

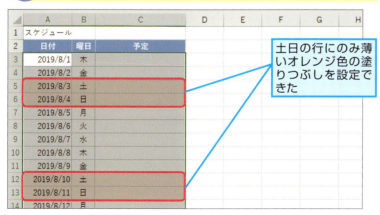

HINT!

設定した条件付き書式を後から変更するには

条件付き書式の設定を変更するには、設定したセル範囲を選択し、[条件付き書式]-[ルールの管理]を選びます。[条件付き書式ルールの管理]ダイアログボックスでは、ルールの修正や削除が可能です。

条件付き書式を設定したセル範囲を選択しておく

1 [ホーム]タブをクリック

2 [条件付き書式]をクリック

3 [ルールの管理]をクリック

[条件付き書式ルールの管理]ダイアログボックスが表示された

[ルールの編集]や[ルールの削除]で設定された条件付き書式を変更できる

レッスン 92

ISBLANK

入力が必要なセルに自動で色を付けるには

空白と条件付き書式

入力個所が空白のときだけ、セルに色が付くようにしてみましょう。条件付き書式の条件に、セルが空白かどうかを調べるISBLANK関数を設定します。

情報

対応バージョン Office 365 / 2019 / 2016 / 2013 / 2010

セルが空白かどうかを調べる
イズブランク
=ISBLANK(テストの対象)

ISBLANK関数は、引数［テストの対象］に指定したセルが空白かどうかを調べられます。結果は、空白のときには「TRUE」、空白ではないときには「FALSE」の論理値になります。

▶キーワード

FALSE	p.275
TRUE	p.275
条件付き書式	p.276
セル	p.277
引数	p.278
文字列	p.279
論理値	p.279

▶関連する関数

ISTEXT	p.257

引数

テストの対象……空白かどうかを調べるセルを指定します。

練習用ファイル ISBLANK_1.xlsx

使用例 セルが空白かどうかを調べる

=ISBLANK(C4)

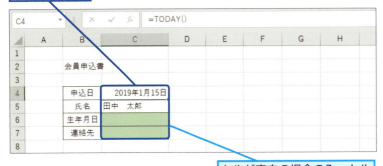

セルが空白の場合のみ、セルの背景色を緑色に変更する

HINT!
セルごとに空白かどうかを判定する条件を指定する

条件付き書式は、入力個所のセルを選択して設定します。条件となるのは、セルが空白かどうかを調べる「=ISBLANK(C4)」ですが、ポイントはISBLANK関数の引数に指定するセルC4です。セルC4を相対参照にしておくことで、各セルの条件がそのセル自身を判定するISBLANK関数になります。

ポイント

テストの対象……条件付き書式を設定するセル範囲の先頭にあるセルを指定します。

条件付き書式の設定

1 条件付き書式を設定するセル範囲を指定する

セルが空白の場合に自動的にセルに背景色が付けられるように条件付き書式を設定する

1 セルC4 ～ C7をドラッグして選択

2 [ホーム] タブをクリック

3 [条件付き書式] をクリック

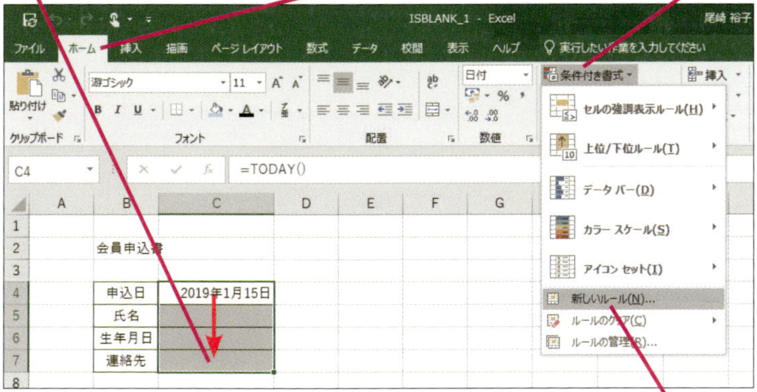

4 [新しいルール]をクリック

2 条件と書式を設定する

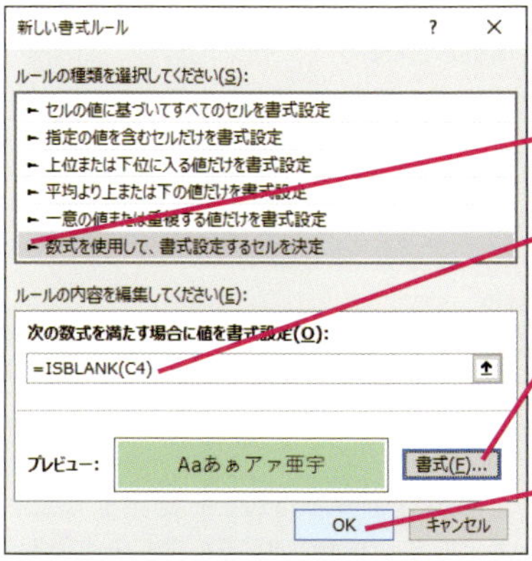

[新しい書式ルール] ダイアログボックスが表示された

1 ここをクリック

2 ここに「=ISBLANK(C4)」と入力

3 レッスン(91)を参考に [書式] をクリックして塗りつぶし色を設定

4 [OK]をクリック

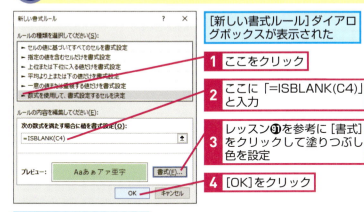

空白のセルだけにセルの背景色が設定された

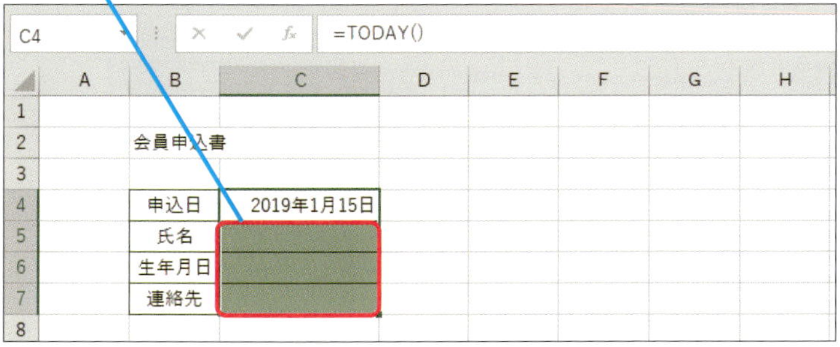

HINT!

セルの内容が文字列かどうかを調べるには

ISBLANK関数は、セルが空白かどうかを調べますが、セルに文字が入力されているかどうかを調べるにはISTEXT関数を使います。ISTEXT関数は、セルに文字があるとき「TRUE」が表示されます。空白や数値、論理値など文字以外のときは「FALSE」が表示されます。

セルの内容が文字列かどうかを調べる

=ISTEXT(テストの対象)（イズテキスト）

HINT!

データを入力するとセルの色は消える

条件付き書式で、セルが空白のとき色を付ける設定にすると、セルに何らかのデータが入力されたとき、色は消えます。

HINT!

条件付き書式を解除するには

[ホーム] タブの [条件付き書式] をクリックし、[ルールのクリア] を選びますが、このあと2つのどちらかを選びます。[選択したセルからルールをクリア] は、あらかじめ選択しておいた範囲の条件付き書式をクリアします。[シート全体からルールをクリア] は、シート全体のすべての条件付き書式をクリアします。

レッスン
93 分類に応じて罫線を引くには

ISBLANK NOT

分類と条件付き書式

表の中で文字が入力してある行だけ上側に罫線を引きます。手作業で個別に引くのは面倒ですが、条件付き書式を使えば自動的に罫線が引かれます。

練習用ファイル ISBLANK_2.xlsx

使用例 セルが空白でないかを調べる

=NOT(ISBLANK($A2))

1 条件付き書式を設定するセル範囲を指定する

条件付き書式で［分類］列が空白でないときに罫線を引く

1 セルA2 ～ B8をドラッグして選択

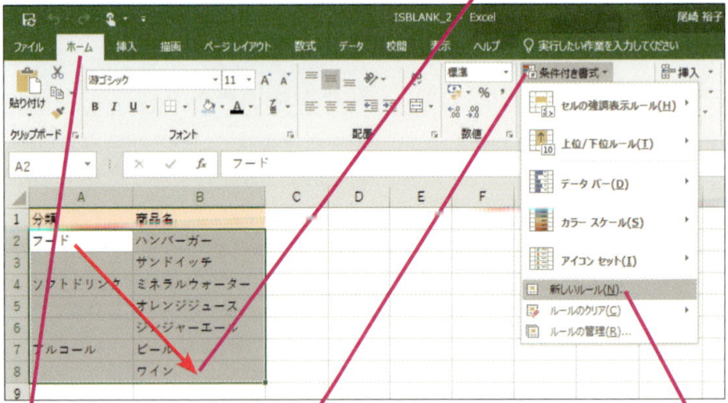

2 ［ホーム］タブをクリック

3 ［条件付き書式］をクリック

4 ［新しいルール］をクリック

2 条件と書式を設定する

［新しい書式ルール］ダイアログボックスが表示された

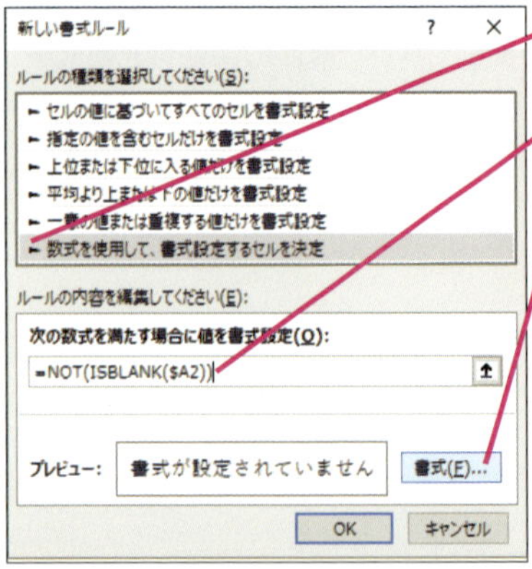

1 ここをクリック

2 ここに「=NOT(ISBLANK($A2))」と入力

3 ［書式］をクリック

キーワード

関数	p.275
条件付き書式	p.276
書式	p.276
セル範囲	p.277

HINT! ここで使用する関数

ここでは以下の2つの関数を組み合わせて使用しています。

セルが空白かどうかを調べる（レッスン(92)参照）

=ISBLANK(テストの対象)

条件を満たさないかどうかを調べる

=NOT(論理式)

HINT! 条件付き書式を設定する範囲を後から変更するには

条件付き書式の設定を変更するには、設定したセル範囲を選択し、［条件付き書式］-［ルールの管理］を選びます。ここで、［適用先］を変更します。

ここをクリックすれば、条件付き書式を設定するセル範囲を変更できる

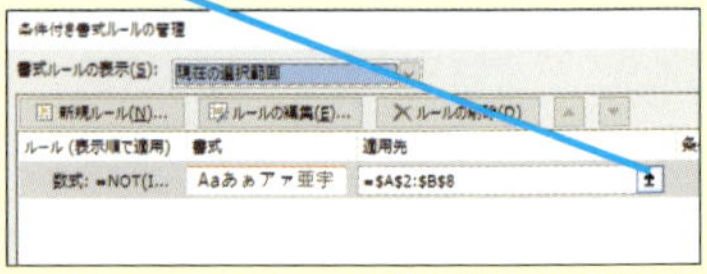

❸ 罫線の書式を設定する

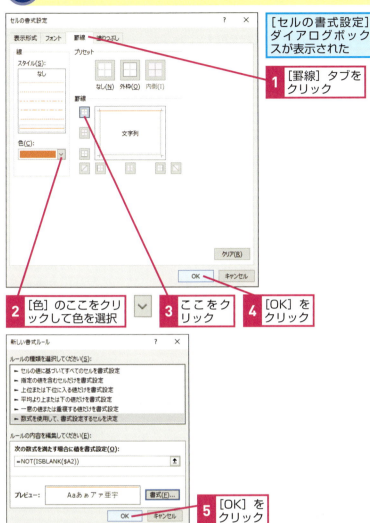

[セルの書式設定]ダイアログボックスが表示された

1 [罫線]タブをクリック
2 [色]のここをクリックして色を選択
3 ここをクリック
4 [OK]をクリック
5 [OK]をクリック

❹ 条件付き書式を設定できた

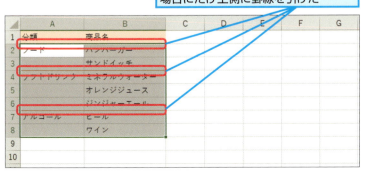

条件付き書式で[分類]列が空白でない場合にだけ上側に罫線を引けた

HINT!
セルが文字のときだけ罫線を引くには

ここでは、NOT関数とISBLANK関数を組み合わせて、「セルが空白ではない」ときに罫線を引いています。逆にセルが文字のときだけ罫線を引く場合は、ISTEXT関数を利用します。条件付き書式の条件に「=ISTEXT($A2)」と指定します。

HINT!
フォントや表示形式も変更できる

ここでは、条件付き書式で罫線を引くように設定していますが、ほかの書式の変更も可能です。[セルの書式設定]ダイアログボックスのタブを切り替えて設定します。文字に色を付けるなら[フォント]タブをクリックし、[色]を設定します。

手順1～2を参考に[セルの書式設定]ダイアログボックスを表示しておく

1 [フォント]タブをクリック

フォントや文字の色、太さなどの書式を設定できる

この章のまとめ

●関数の便利な使い方を事例で確認しよう

本章では作成する表を限定せず、いろいろな場面で役に立つ、関数を使った事例を紹介しています。中にはあまり使うことのない関数もあるでしょう。しかし、使い方を知れば、覚えておきたい関数となるはずです。

例えば、ROW関数は行番号を調べることができますが、「行番号を調べてどうするの？」と思われるかもしれません。しかし、行番号から連番を自動的に作成できることを覚えておけば利用機会があるかもしれません。

また、この章では関数を「条件付き書式」に利用する例も紹介しました。「条件付き書式」は、条件に合わせてセルの書式を変えることができる便利な機能ですが、関数と組み合わせることで、より高度な使い方ができます。土日の日付に色を付ける、入力が必要なセルに色を付けるといった作業は、Excelの定型文書を作成するときに欠かせないテクニックです。これには、WEEKDAY関数やISBLANK関数と条件付き書式を組み合わせますが、あらためてWEEKDAY関数やISBLANK関数の便利さに気付くはずです。

およそ使いそうにない関数でも、実は利用価値のある関数かもしれません。この章で紹介した事例を参考に、いろいろな使い方を考えてみてください。

いろいろな使い方を考えてみよう
関数の利用価値は使い方次第で変わる。どう工夫できるかをよく考えよう。

練習問題

1

[第9章] フォルダーにある [練習問題1.xlsx] を開いて、[番号] 列のセルA3～A7に100から始まり、10ずつ増える連番のデータを作成しましょう。

●ヒント　行番号を利用して番号を作ります。

> 100から始まり10ずつ増える番号を付ける

	A	B	C	D	E
1	名簿				
2	番号	氏名			
3	100	田中　優斗			
4	110	赤井　真人			
5	120	佐々木　美奈			
6	130	山野　智			
7	140	松本　順一			
8					

2

[第9章] フォルダーにある [練習問題2.xlsx] を開いて、スケジュールの曜日が水曜、日曜の行に自動的に色が付くようにしましょう。

●ヒント　「条件付き書式」の条件に関数を設定します。水曜のときと日曜のときの2つの条件のどちらかを満たすときに色が付くようにしましょう。

> 水曜と日曜に色を付ける

	A	B	C	D
1	スケジュール			
2	日付	曜日	予定	
3	2019/8/1	木		
4	2019/8/2	金		
5	2019/8/3	土		
6	2019/8/4	日		
7	2019/8/5	月		
8	2019/8/6	火		
9	2019/8/7	水		
10	2019/8/8	木		
11	2019/8/9	金		
12	2019/8/10	土		
13	2019/8/11	日		
14	2019/8/12	月		
15	2019/8/13	火		
16	2019/8/14	水		
17				

答えは次のページ

解　答

1

1 セルA3に「=(ROW()-2)*100」と入力

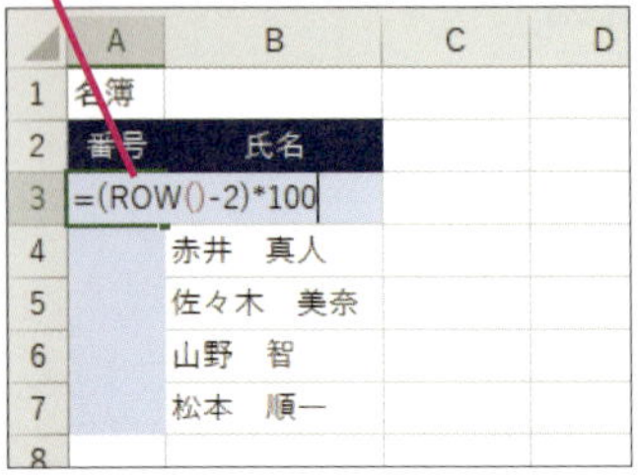

2 Enter キーを押す

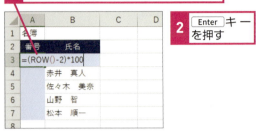

3 セルA4に「=A3+10」と入力

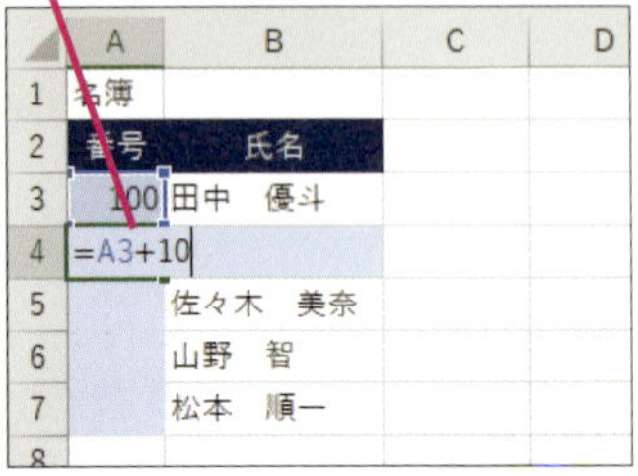

4 Enter キーを押す

セルA3には、ROW関数で調べた行番号を100に調整する数式を入力します。セルA4 ～ A7には、1つ上のセルに10を足す数式を入力します。

5 セルA4をクリック

6 セルA4のフィルハンドルにマウスポインターを合わせる

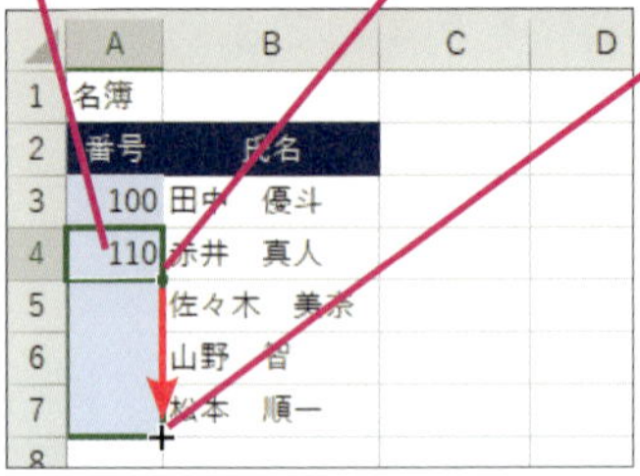

7 ここまでドラッグ

100から始まり、10ずつ増える連番を作成できる

2

レッスン❾❶を参考に［新しい書式ルール］ダイアログボックスを表示しておく

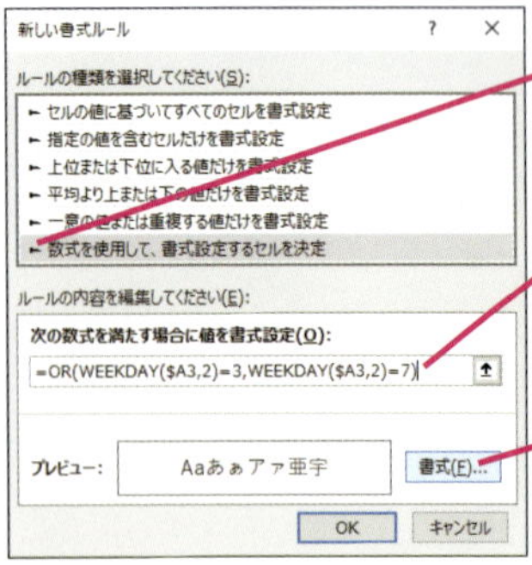

1 ここをクリック

2 ここに「=OR(WEEKDAY($A3,2)=3,WEEKDAY($A3,2)=7)」と入力

3 ［書式］をクリック

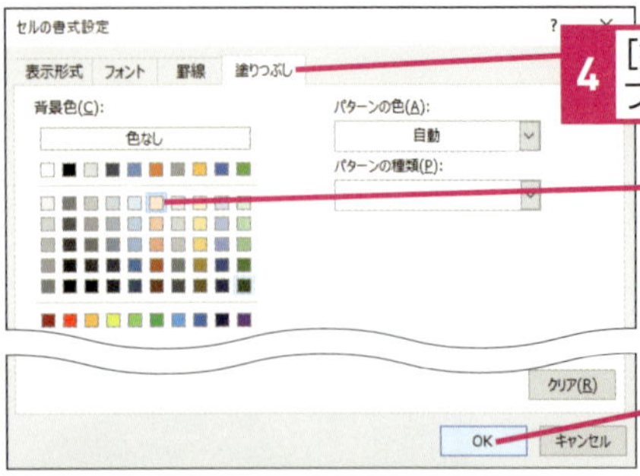

4 ［塗りつぶし］タブをクリック

5 ここをクリック

6 ［OK］をクリック

「条件付き書式」の条件に、日付から曜日を判定するWEEKDAY関数を指定しますが、水曜か日曜に色を付けるので、WEEKDAY関数の2つの条件式を指定します。さらに、「どちらかを満たす」という条件なので、OR関数に2つの条件をネストします。

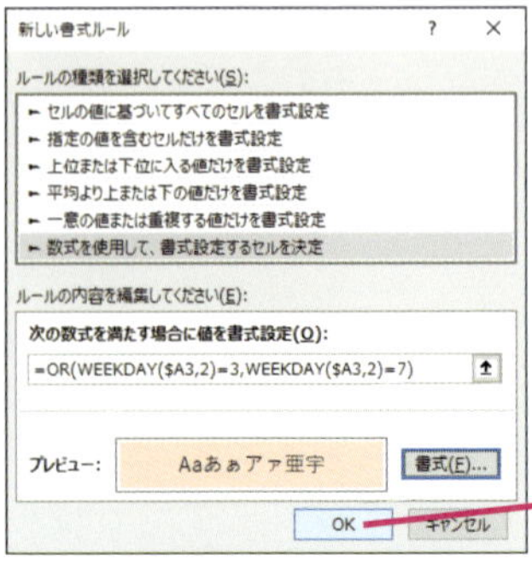

7 ［OK］をクリック

水曜か日曜の行に色を付ける条件付き書式を設定できる

付録 1 バージョンの異なるExcel間でデータをやり取りするには

データのやり取りにおいて、上位バージョンのExcelを使うユーザーは注意が必要です。バージョンに対応していない関数はエラーになります。また、下位バージョンで作られたブックはそのままでは上位バージョンの機能が使えません。こうした問題を解決する方法を知っておきましょう。

「互換性チェック」でデータの有効性を確認する

1 [互換性チェック]を実行する

互換性をチェックしたいブックを開いておく

1. [ファイル]タブをクリック
2. [情報]をクリック
3. [問題のチェック]をクリック
4. [互換性チェック]をクリック

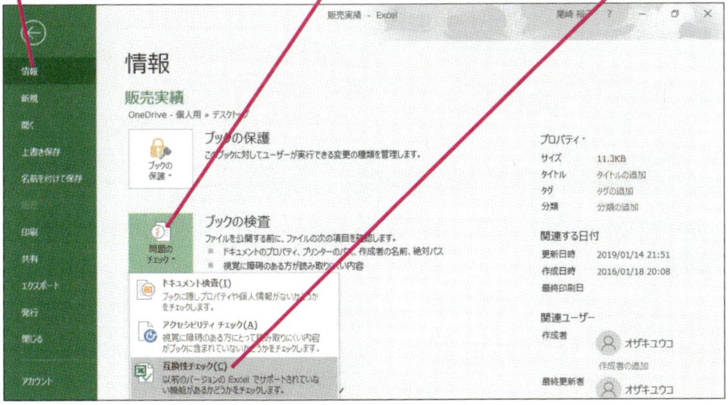

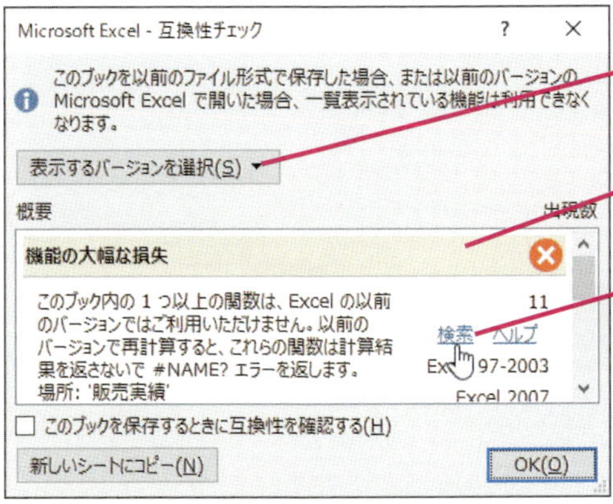

HINT!
下位バージョンでも使えるか[互換性チェック]で確認する

[互換性チェック]は、バージョンの違いによる致命的な不具合を検索します。作業中いつでもチェックすることができます。

2 チェック結果を確認する

[互換性ダイアログボックス]に表示される「機能の大幅な損失」や「再現性の低下」の詳細を確認する

1. ここをクリックして確認したいバージョンを選択
2. チェック結果を確認
3. [機能の大幅な損失]の[検索]をクリック

該当するセルが選択される

HINT!
「機能の大幅な損失」と「再現性の低下」の違い

「機能の大幅な損失」は、再現不可能な個所です。下位バージョンで使えない関数、機能が使われているときに表示されます。この場合、修正が必要です。「再現性の低下」は、書式設定など見た目が完全に再現できないときに表示されます。ほとんどは色などの書式です。使われている色が下位バージョンにないときは自動的に近い色に置き換わります。

次のページに続く

ブックを上位バージョン用に変換する

❶ [互換モード]のブックを変換する

下位バージョンのブックを開くと「互換モード」と表示される

ブックを上位バージョン用に変換する

1 [ファイル]タブをクリック

2 [情報]をクリック

3 [変換]をクリック

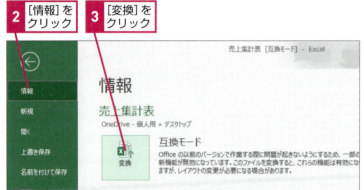

❷ ブックが変換されたことを確認する

ファイルの変換後、復元できないことを警告するメッセージが表示された

1 [OK]をクリック

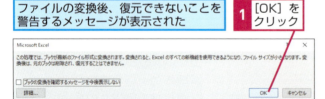

すべての機能を利用するには、ブックを開き直す必要があるメッセージが表示された

2 [はい]をクリック

ブックが変換され「互換モード」の表示がなくなった

HINT!
[互換モード]のブックを上位バージョン用に変換する

Excel 2003以前の拡張子が「xls」のブックは、上位バージョンでは「互換モード」で開きます。ただし、新しい機能は利用できません。上位バージョンのすべての機能を使えるようにするには「xlsx」のブックに変換し、保存し直す必要があります。

HINT!
Excel 2003以前でも使えるように保存するには

Excelが扱えるブックは、Excel 2007以降では拡張子「xlsx」のファイル、Excel 2003以前では拡張子「xls」のファイルです。Excel 2003以前のバージョンでも開く可能性があるブックは[ファイルの種類]を[Excel 97-2003ブック]に指定し、拡張子が「xls」になるように保存します。

F12キーを押して[名前を付けて保存]ダイアログボックスを表示しておく

1 ここをクリックして[Excel 97-2003ブック]を選択

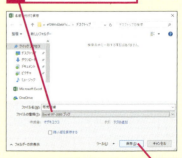

2 [保存]をクリック

付録 2 Office 365で追加される新関数を知ろう

一定期間ごとに利用料金を支払うサブスクリプション版のOffice 365では、随時新しい関数や機能が追加されます。ここでは今後追加が予定されている関数の一部を紹介します。2019年2月現在では、Office Insider（一般公開の前にベータ版Excelを利用できるプログラム）に参加するユーザーのみ利用可能です。なお、関数の仕様は変更になる可能性があります。

=FILTER(配列,含む,空の場合)
データを抽出する

FILTER関数は、引数［配列］のデータから条件に合うデータを抽出します。引数［含む］には、抽出の対象になる列と条件を指定し、引数［空の場合］には該当するデータがない場合の処理を指定します。
Excelには同じように条件に合わせてデータを抽出する「フィルター」機能がありますが、FILTER関数のほうは元のデータとは別の場所に該当するデータを抽出できます。

左の表の「天気」列から「晴」のデータを取り出して表示できる

=FILTER(A3:E9,C3:C9="晴","")
条件に一致するデータを別表から抽出する

=SEQUENCE(行,列,開始,目盛り)
複数行列の範囲に連番を作る

SEQUENCE関数は、指定した行列数の範囲に連番を作ります。引数［行］、引数［列］に行、列数を指定します。引数［開始］に連番の最初の値、引数［目盛り］に増分の値を指定します。

5行3列の範囲に100から始まり10ずつ増える連番を作る

=SEQUENCE(5,3,100,10)
5行3列の範囲に100から10ずつ増える連番を作る

次のページに続く

=SORT(配列,並べ替えインデックス,並べ替え順序,並べ替え基準)
データを並べ替える

SORT関数は、引数［配列］のデータを並べ替えます。引数［並べ替えインデックス］は並べ替える列または行、引数［並べ替え順序］は昇順（1）、降順（-1）、引数［並べ替え基準］は並べ替えの方向（FALSEは行、TRUEは列で並べ替え）を指定します。
並べ替えは「並べ替えとフィルター」機能でも実行できますが、その場合値そのものが並び替わります。一方SORT関数は、並べ替え前の値とは別に並べ替え後の値を作ることができます。

左の表の総合点を基準に降順で並べ替えることができる

=SORT(A3:B14,2,-1,FALSE)
特定のセル範囲を基準にデータを並べ替える

=UNIQUE(配列,基準の列,回数)
1回でも登場する、または1回限り登場するデータを取り出す

UNIQUE関数は、範囲内に何種類のデータが存在するかを調べます。または1回だけ登場するデータを探すこともできます。例えば、「りんご、ミカン、りんご、桃、ミカン」とデータがあるとき、この中に存在するデータの種類は「りんご、ミカン、桃」の3種類です。または1回だけ登場する種類は「桃」の1種類です。このように登場する回数によりデータの種類を調べることができます。
引数［配列］には調べたい範囲を指定します。引数［基準の列］は値を比較する対象を行（FALSE）にするか列（TRUE）にするかを指定し、引数［回数］では1回でも登場する（FALSE）か1回のみ登場する（TRUE）かを指定します。

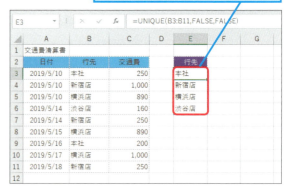

左の表の「行先」に1回でも登場するデータを取り出して表示できる

=UNIQUE(B3:B11,FALSE,FALSE)
1回でも登場するデータを取り出す

付録 3 関数小事典

ここでは、本書で紹介した関数をアルファベット順に並べています。関数の書式や意味を調べたいときに参照してください。また、[関数の挿入] ダイアログボックスや関数ライブラリから関数を入力するときに役立つ、関数の分類も掲載しています。

	関数	解説	掲載レッスン
A	**AND** アンド 分類 論理	書式 =AND(論理式1,論理式2,…,論理式255) 意味 複数の条件がすべて満たされているかを判断する	⓱
	ASC アスキー 分類 文字列操作	書式 =ASC(文字列) 意味 文字列を半角に変換する	㊼
	AVERAGE アベレージ 分類 統計	書式 =AVERAGE(数値) 意味 数値の平均値を表示する	❼
	AVERAGEIF アベレージイフ 分類 統計	書式 =AVERAGEIF(範囲,条件,平均対象範囲) 意味 条件を満たすデータの平均を求める	㊷
	AVERAGEIFS アベレージイフエス 分類 統計	書式 =AVERAGEIFS(平均対象範囲,条件範囲1,条件1,条件範囲2,条件2,…) 意味 複数の条件を満たすデータの平均を求める	㊷
C	**CEILING** シーリング 分類 数学/三角	書式 =CEILING(数値,基準値) 意味 基準値の倍数で数値を切り上げる(互換性関数)	㊱
	CEILING.MATH シーリング・マス 分類 数学/三角	書式 =CEILING.MATH(数値,基準値,モード) 意味 基準値の倍数で数値を切り上げる	㊱
	CHOOSE チューズ 分類 検索/行列	書式 =CHOOSE(インデックス,値1,値2,…,値254) 意味 引数のリストから値を選ぶ	㉟
	CLEAN クリーン 分類 文字列操作	書式 =CLEAN(文字列) 意味 特殊な文字を削除する	㊻
	COLUMN カラム 分類 検索/行列	書式 =COLUMN(参照) 意味 セルの列番号を求める	㊻
	COLUMNS カラムズ 分類 検索/行列	書式 =COLUMNS(配列) 意味 セル範囲の列数を数える	㊻
	CONCAT コンカット 分類 文字列操作	書式 =CONCAT(文字列1,文字列2,…,文字列253) 意味 指定した文字列を結合する	㊷
	CONCATINATE コンカティネート 分類 文字列操作	書式 =CONCATINATE(文字列1,文字列2,…,文字列255) 意味 文字列を連結する(互換性関数)	㊷
	CORREL コリレーション 分類 統計	書式 =CORREL(配列1,配列2) 意味 2組のデータの相関係数を調べる	㊳

	関数	解説	掲載レッスン
C	カウント COUNT 分類 統計	書式 =COUNT(値1,値2,…,値255) 意味 数値の個数を数える	㊴
	カウントエー COUNTA 分類 統計	書式 =COUNTA(値1,値2,…,値255) 意味 データの個数を数える	㊴
	カウントブランク COUNTBLANK 分類 統計	書式 =COUNTBLANK(範囲) 意味 空白セルの個数を数える	㊴
	カウントイフ COUNTIF 分類 統計	書式 =COUNTIF(範囲,検索条件) 意味 条件を満たすデータの個数を数える	㊵
	カウントイフエス COUNTIFS 分類 統計	書式 =COUNTIFS(範囲1,検索条件1,範囲2,検索条件2,…) 意味 複数の条件を満たすデータの個数を数える	㊻
D	デート DATE 分類 日付 / 時刻	書式 =DATE(年,月,日) 意味 年、月、日から日付を求める	(58)
	デートディフ DATEDIF 分類 なし	書式 =DATEDIF(開始日,終了日,単位) 意味 開始日から終了日までの期間を求める	(56)
	デートバリュー DATEVALUE 分類 日付 / 時刻	書式 =DATEVALUE(日付文字列) 意味 日付を表す文字列からシリアル値を求める	(89)
	ディーアベレージ DAVERAGE 分類 データベース	書式 =DAVERAGE(データベース,フィールド,条件) 意味 複雑な条件を満たすデータの平均を求める	㊾
	デイ DAY 分類 日付 / 時刻	書式 =DAY(シリアル値) 意味 日付から日を求める	(58)
	ディーカウント DCOUNT 分類 データベース	書式 =DCOUNT(データベース,フィールド,条件) 意味 複雑な条件を満たす数値の個数を求める	㊽
	ディーカウントエー DCOUNTA 分類 データベース	書式 =DCOUNTA(データベース,フィールド,条件) 意味 複雑な条件を満たす空白以外のデータの個数を求める	㊽
	ディーマックス DMAX 分類 データベース	書式 =DMAX(データベース,フィールド,条件) 意味 複雑な条件を満たすデータの最大値を求める	㊿
	ディーミニマム DMIN 分類 データベース	書式 =DMIN(データベース,フィールド,条件) 意味 複雑な条件を満たすデータの最小値を求める	㊿
	ディーサム DSUM 分類 データベース	書式 =DSUM(データベース,フィールド,条件) 意味 複雑な条件を満たすデータの合計を求める	㊾
E	エクスパイレーション・デート EDATE 分類 日付 / 時刻	書式 =EDATE(開始日,月) 意味 指定した月数だけ離れた日付を表示する	㉗
	エンド・オブ・マンス EOMONTH 分類 日付 / 時刻	書式 =EOMONTH(開始日,月) 意味 指定した月数だけ離れた月末の日付を求める	(57)

付録

	関数	解説	掲載レッスン
E	**EXACT** (イグザクト) 分類 文字列操作	書式 =EXACT(**文字列1**,**文字列2**) 意味 2つの文字列を比較する	㉛
F	**FIND** (ファインド) 分類 文字列操作	書式 =FIND(**検索文字列**,**対象**,**開始位置**) 意味 文字列の位置を調べる	㊴
	FINDB (ファインドビー) 分類 文字列操作	書式 =FINDB(**検索文字列**,**対象**,**開始位置**) 意味 文字列のバイト位置を調べる	㊴
	FLOOR (フロア) 分類 数学/三角	書式 =FLOOR(**数値**,**基準値**) 意味 基準値の倍数で数値を切り捨てる(互換性関数)	㊱
	FLOOR.MATH (フロア・マス) 分類 数学/三角	書式 =FLOOR.MATH(**数値**,**基準値**,**モード**) 意味 基準値の倍数で数値を切り捨てる	㊱
	FORECAST (フォーキャスト) 分類 統計	書式 =FORECAST(**予測に使うx**,**yの範囲**,**xの範囲**) 意味 1つの要素から予測する(互換性関数)	㊹
	FORECAST.LINEAR (フォーキャストリニア) 分類 統計	書式 =FORECAST.LINEAR(**予測に使うx**,**yの範囲**,**xの範囲**) 意味 1つの要素から予測する	㊹
	FREQUENCY (フリーケンシー) 分類 統計	書式 {=FREQUENCY(**データ配列**,**区間配列**)} 意味 区間に含まれる値の個数を調べる	㊹
G	**GEOMEAN** (ジオミーン) 分類 統計	書式 =GEOMEAN(**数値1**,**数値2**,…,**数値255**) 意味 数値の相乗平均を求める	㊶
	GROWTH (グロース) 分類 統計	書式 =GROWTH(**yの範囲**,**xの範囲**,**予測に使うxの範囲**,**定数の扱い**) 意味 指数回帰曲線で予測する	㊷
H	**HARMEAN** (ハーミーン) 分類 統計	書式 =HARMEAN(**数値1**,**数値2**,…,**数値255**) 意味 数値の調和平均を求める	㊶
	HOUR (アワー) 分類 日付/時刻	書式 =HOUR(**シリアル値**) 意味 時刻から時を求める	㊾
I	**IF** (イフ) 分類 論理	書式 =IF(**論理式**,**真の場合**,**偽の場合**) 意味 論理式に当てはまれば真の場合、当てはまらなければ偽の場合を表示する	⑭、⑮、㊼
	IFERROR (イフエラー) 分類 論理	書式 =IFERROR(**値**,**エラーの場合の値**) 意味 値がエラーの場合に指定した値を返す	㉙
	IFNA (イフノンアプリカブル) 分類 論理	書式 =IFNA(**値**,**エラーの場合の値**) 意味 値が[#N/A]エラーの場合に指定した値を返す	㉙
	IFS (イフエス) 分類 論理	書式 =IFS(**論理式1**,**真の場合1**,**論理式2**,**真の場合2**,…) 意味 論理式に当てはまれば、対応する真の場合を表示する	⑮
	INDEX (インデックス) 分類 検索/行列	書式 =INDEX(**配列**,**行番号**,**列番号**) 意味 配列の中で行と列で指定した位置の値を求める	⑲、㉞

付録

	関数	解説	掲載レッスン
I	インダイレクト **INDIRECT** 分類 検索／行列	書式 =INDIRECT(参照文字列,参照形式) 意味 文字列を利用してセル参照を求める	㉜
	インテジャー **INT** 分類 数学／三角	書式 =INT(数値) 意味 小数点以下を切り捨てる	㉚
	インターセプト **INTERCEPT** 分類 統計	書式 =INTERCEPT(yの範囲,xの範囲) 意味 回帰直線の切片を求める	(84)
	イズブランク **ISBLANK** 分類 情報	書式 =ISBLANK(テストの対象) 意味 セルが空白かどうかを調べる	(92)、(93)
	イズテキスト **ISTEXT** 分類 情報	書式 =ISTEXT(テストの対象) 意味 セルの内容が文字列かどうかを調べる	(92)
J	ジス **JIS** 分類 文字列操作	書式 =JIS(文字列) 意味 文字列を全角に変換する	(73)
L	ラージ **LARGE** 分類 統計	書式 =LARGE(配列,順位) 意味 ○番目に大きい値を求める	⑱
	レフト **LEFT** 分類 文字列操作	書式 =LEFT(文字列,文字数) 意味 先頭から何文字かを取り出す	(65)
	レフトビー **LEFTB** 分類 文字列操作	書式 =LEFTB(文字列,バイト数) 意味 先頭から何バイトかを取り出す	(65)
	レングス **LEN** 分類 文字列操作	書式 =LEN(文字列) 意味 文字列の文字数を求める	(75)
	レングスビー **LENB** 分類 文字列操作	書式 =LENB(文字列) 意味 文字列のバイト数を求める	(75)
	ロウアー **LOWER** 分類 文字列操作	書式 =LOWER(文字列) 意味 英字を小文字に変換する	(74)
M	マッチ **MATCH** 分類 検索／行列	書式 =MATCH(検査値,検査範囲,照合の種類) 意味 検査範囲内での検査値の位置を求める	⑱、㉝
	マックス **MAX** 分類 統計	書式 =MAX(数値) 意味 数値の最大値を表示する	⑧
	マックスイフエス **MAXIFS** 分類 統計	書式 =MAXIFS(対象範囲,条件範囲1,条件1,条件範囲2,条件2,…) 意味 条件を満たすデータの最大値を求める	㊸
	メジアン **MEDIAN** 分類 統計	書式 =MEDIAN(数値1,数値2,…,数値255) 意味 数値の中央値を求める	(78)
	ミッド **MID** 分類 文字列操作	書式 =MID(文字列,開始位置,文字数) 意味 指定した位置から何文字かを取り出す	(66)

付録

	関数	解説	掲載レッスン
M	ミッドビー **MIDB** 分類 文字列操作	書式 =MIDB(文字列,開始位置,バイト数) 意味 指定した位置から何バイトかを取り出す	(66)
	ミニマム **MIN** 分類 統計	書式 =MIN(数値) 意味 数値の最小値を表示する	⑧
	ミニマムイフエス **MINIFS** 分類 統計	書式 =MINIFS(対象範囲,条件範囲1,条件1,条件範囲2,条件2,…) 意味 条件を満たすデータの最小値を求める	㊸
	ミニット **MINUTE** 分類 日付/時刻	書式 =MINUTE(シリアル値) 意味 時刻から分を求める	(59)
	モデュラス **MOD** 分類 数学/三角	書式 =MOD(数値,除数) 意味 割り算の余りを求める	㊲、(88)
	モード **MODE** 分類 統計	書式 =MODE(数値1,数値2,…,数値255) 意味 数値の最頻値を求める(互換性関数)	㊺
	モード・マルチ **MODE.MULT** 分類 統計	書式 =MODE.MULT(数値1,数値2,…,数値254) 意味 複数の最頻値を調べる	㊺
	モード・シングル **MODE.SNGL** 分類 統計	書式 =MODE.SNGL(数値1,数値2,…,数値254) 意味 数値の最頻値を求める	㊺
	マンス **MONTH** 分類 日付/時刻	書式 =MONTH(シリアル値) 意味 日付から月を求める	(58)
N	ネットワークデイズ **NETWORKDAYS** 分類 日付/時刻	書式 =NETWORKDAYS(開始日,終了日,祭日) 意味 土日祝日を除外して期間内の日数を求める	(61)
	ネットワークデイズインターナショナル **NETWORKDAYS.INTL** 分類 日付/時刻	書式 =NETWORKDAYS.INTL(開始日,終了日,週末,祭日) 意味 指定した曜日を除外して期間内の日数を求める	(61)
	ノット **NOT** 分類 論理	書式 =NOT(論理式) 意味 条件に合わないとき「TRUE」を表示する	⑰、(93)
	NOW 分類 日付/時刻	書式 =NOW() 意味 現在の日付と時刻を求める	㉖
O	オフセット **OFFSET** 分類 検索/行列	書式 =OFFSET(参照,行数,列数,高さ,幅) 意味 行と列で指定したセルのセル参照を求める	(51)
	オア **OR** 分類 論理	書式 =OR(論理式1,論理式2,…,論理式255) 意味 複数の条件のいずれかが条件が満たされているかを判断する	⑰
P	ピアソン **PEARSON** 分類 統計	書式 =PEARSON(配列1,配列2) 意味 2組のデータの相関係数を調べる	(83)
	パーセンタイル **PERCENTILE** 分類 統計	書式 =PERCENTILE(配列,率) 意味 百分位数を求める(互換性関数)	㉔

付録

	関数	解説	掲載レッスン
P	**PERCENTILE.INC** (パーセンタイル・インクルーシヴ) 分類 統計	書式 =PERCENTILE.INC(配列,率) 意味 百分位数を求める	㉔
	PERCENTRANK (パーセントランク) 分類 統計	書式 =PERCENTRANK(配列,数値,有効桁数) 意味 百分率で順位を表示する(互換性関数)	㉓
	PERCENTRANK.EXC (パーセントランク・エクスクルーシブ) 分類 統計	書式 =PERCENTRANK.EXC(配列,数値,有効桁数) 意味 百分率での順位を表示する(0%と100%を除く)	㉓
	PERCENTRANK.INC (パーセントランク・インクルーシヴ) 分類 統計	書式 =PERCENTRANK.INC(配列,数値,有効桁数) 意味 百分率での順位を表示する	㉓
	PHONETIC (フォネティック) 分類 情報	書式 =PHONETIC(参照) 意味 ふりがなを取り出す	㉘
	PRODUCT (プロダクト) 分類 数学/三角	書式 =PRODUCT(数値1,数値2,…,数値255) 意味 積を求める	㉛
	PROPER (プロパー) 分類 文字列操作	書式 =PROPER(文字列) 意味 英単語の先頭文字だけを大文字にする	㉞
Q	**QUOTIENT** (クォーシャント) 分類 数学/三角	書式 =QUOTIENT(数値,除数) 意味 商を求める	㊲
R	**RAND** (ランダム) 分類 数学/三角	書式 =RAND() 意味 0以上1未満の小数の乱数を発生させる	⑨⓪
	RANDBETWEEN (ランダムビトウィーン) 分類 数学/三角	書式 =RANDBETWEEN(最小値,最大値) 意味 指定した範囲内の整数の乱数を発生させる	⑨⓪
	RANK (ランク) 分類 統計	書式 =RANK(数値,参照,順序) 意味 順位を求める(互換性関数)	⑳
	RANK.AVG (ランクアベレージ) 分類 統計	書式 =RANK.AVG(数値,参照,順序) 意味 順位を求める(同じ値は順位の平均値を表す)	⑳
	RANK.EQ (ランクイコール) 分類 統計	書式 =RANK.EQ(数値,参照,順序) 意味 順位を求める(同じ値は最上位の順位にする)	⑳
	REPLACE (リプレース) 分類 文字列操作	書式 =REPLACE(文字列,開始位置,文字数,置換文字列) 意味 指定した位置の文字列を置き換える	㉙
	REPLACEB (リプレースビー) 分類 文字列操作	書式 =REPLACEB(文字列,開始位置,バイト数,置換文字列) 意味 指定したバイト数の文字列を置き換える	㉙
	REPT (リピート) 分類 文字列操作	書式 =REPT(文字列,繰り返し回数) 意味 文字列を指定した回数だけ繰り返す	㊆
	RIGHT (ライト) 分類 文字列操作	書式 =RIGHT(文字列,文字数) 意味 末尾から何文字かを取り出す	㉕

	関数	解説	掲載レッスン
R	**RIGHTB** (ライトビー) 分類 文字列操作	書式 =RIGHTB(**文字列**,**バイト数**) 意味 末尾から何バイトかを取り出す	㊸
	ROUND (ラウンド) 分類 数学/三角	書式 =ROUND(**数値**,**桁数**) 意味 指定したけたで四捨五入する	㉚
	ROUNDDOWN (ラウンドダウン) 分類 数学/三角	書式 =ROUNDDOWN(**数値**,**桁数**) 意味 指定したけたで切り捨てる	㉚
	ROUNDUP (ラウンドアップ) 分類 数学/三角	書式 =ROUNDUP(**数値**,**桁数**) 意味 指定したけたで切り上げる	㉚
	ROW (ロウ) 分類 検索/行列	書式 =ROW(**参照**) 意味 セルの行番号を求める	㊈、㊊
	ROWS (ロウズ) 分類 検索/行列	書式 =ROWS(**配列**) 意味 セル範囲の行数を数える	㊈
S	**SECOND** (セカンド) 分類 日付/時刻	書式 =SECOND(**シリアル値**) 意味 時刻から秒を求める	㊃
	SLOPE (スロープ) 分類 統計	書式 =SLOPE(**yの範囲**,**xの範囲**) 意味 回帰直線の傾きを求める	㊇
	SMALL (スモール) 分類 統計	書式 =SMALL(**配列**,**順位**) 意味 ○番目に小さい値を求める	⑱
	STANDARDIZE (スタンダーダイズ) 分類 統計	書式 =STANDARDIZE(**値**,**平均値**,**標準偏差**) 意味 標準化変量を求める	㉒
	STDEV.P (スタンダードディビエーションピー) 分類 統計	書式 =STDEV.P(**数値1**,**数値2**,…,**数値254**) 意味 標準偏差を求める	㉑
	STDEV.S (スタンダードディビエーション・エス) 分類 統計	書式 =STDEV.S(**数値1**,**数値2**,…,**数値254**) 意味 標本データから標準偏差を指定する	㉑
	STDEVP (スタンダードディビエーションピー) 分類 統計	書式 =STDEVP(**数値1**,**数値2**,…,**数値255**) 意味 標準偏差を求める(互換性関数)	㉑
	SUBSTITUTE (サブスティテュート) 分類 文字列操作	書式 =SUBSTITUTE(**文字列**,**検索文字列**,**置換文字列**,**置換対象**) 意味 文字列を検索して置き換える	㊆
	SUBTOTAL (サブトータル) 分類 数学/三角	書式 =SUBTOTAL(**集計方法**,**参照1**,**参照2**,…,**参照254**) 意味 さまざまな集計値を求める	㊼
	SUM (サム) 分類 数学/三角	書式 =SUM(**数値**) 意味 数値の合計値を表示する	❻、❿、⓫
	SUMIF (サムイフ) 分類 数学/三角	書式 =SUMIF(**範囲**,**検索条件**,**合計範囲**) 意味 条件を満たすデータの合計を求める	㊶

	関数	解説	掲載レッスン
S	サムイフエス SUMIFS 分類 数学 / 三角	書式 =SUMIFS(合計対象範囲,条件範囲1,条件1,条件範囲2,条件2,…) 意味 検索条件を満たすデータの合計を求める	㊼
S	サムプロダクト SUMPRODUCT 分類 数学 / 三角	書式 =SUMPRODUCT(配列1,配列2,…,配列255) 意味 配列要素の積の和を求める	(62)、(88)
T	テキスト TEXT 分類 文字列操作	書式 =TEXT(値,表示形式) 意味 数値を指定した表示形式の文字列で表示する	(54)
T	テキストジョイン TEXTJOIN 分類 文字列操作	書式 =TEXTJOIN(区切り文字,空のセル,文字列1,文字列2,…,文字列252) 意味 指定した文字列を区切り文字や空のセルを挿入して結合する	(67)
T	タイム TIME 分類 日付 / 時刻	書式 =TIME(時,分,秒) 意味 時、分、秒から時刻を求める	(59)
T	トゥデイ TODAY 分類 日付 / 時刻	書式 =TODAY() 意味 今日の日付を求める	㉖
T	トレンド TREND 分類 統計	書式 =TREND(yの範囲,xの範囲,予測に使うxの範囲,切片の定数) 意味 2つの要素から予測する	(85)
T	トリム TRIM 分類 文字列操作	書式 =TRIM(文字列) 意味 余計な空白文字を削除する	(72)
T	トリムミーン TRIMMEAN 分類 統計	書式 =TRIMMEAN(配列,割合) 意味 数値の中間項平均を求める	(80)
U	アッパー UPPER 分類 文字列操作	書式 =UPPER(文字列) 意味 英字を大文字に変換する	(74)
V	バリアンスピー VAR.P 分類 統計	書式 =VAR.P(数値1,数値2,…,数値254) 意味 数値の分散を求める	(79)
V	バリアンスエス VAR.S 分類 統計	書式 =VAR.S(数値1,数値2,…,数値254) 意味 数値の不偏分散を求める	(79)
V	ブイルックアップ VLOOKUP 分類 検索 / 行列	書式 =VLOOKUP(検索値,範囲,列番号,検索方法) 意味 データを検索して同じ行のデータを取り出す	⑯、㉘
W	ウィークデイ WEEKDAY 分類 日付 / 時刻	書式 =WEEKDAY(シリアル値,種類) 意味 日付から曜日の番号を取り出す	(60)、(91)
W	ワークデイ WORKDAY 分類 日付 / 時刻	書式 =WORKDAY(開始日,日数,祭日) 意味 1営業日後の日付を求める	(55)
W	ワークデイズインターナショナル WORKDAYS.INTL 分類 日付 / 時刻	書式 =WORKDAYS.INTL(開始日,日数,週末,祭日) 意味 土日以外を除いた営業日を数える	(55)
Y	イヤー YEAR 分類 日付 / 時刻	書式 =YEAR(シリアル値) 意味 日付から年を求める	(58)

付録

用語集

&（アンパサンド）
Excelの数式に利用できる演算子。「+」を数値を足す演算子として使うように、「&」を文字列を連結する演算子として利用する。例えば、セルA1の文字列と「あいう」を連結する場合、式は「=A1&"あいう"」とする。
→演算子、数式、セル、文字列

3D集計（スリーディーシュウケイ）
複数のワークシートにある同じセルを集計する方法。串刺し集計ともいう。同じ体裁の表が複数のワークシートの同じ場所にある場合に有効で、串を刺すように同じセルの内容を集計する。数式は、「シート名!」でワークシートを指定する。
→数式、セル、ワークシート

FALSE（フォールス）
引数［論理値］の「偽」の値。「数式の答えが正しくない」ことを意味する。OR関数、AND関数、NOT関数の結果は、FALSEかTRUEの論理値になる。
→TRUE、関数、数式、引数、論理値

Office Insider（オフィスインサイダー）
一定期間、料金を支払って利用するサブスクリプション製品であるOffice 365を利用しているユーザーが参加できるプログラム。Office Insiderに登録したユーザーは、一般には未公開の新機能を利用することができる。検証の後フィードバックすることも可能。

TRUE（トゥルー）
引数［論理値］の「真」の値。「数式の答えが正しい」ことを意味する。OR関数、AND関数、NOT関数の結果は、TRUEかFALSEの論理値になる。
→FALSE、関数、数式、引数、論理値

エラーインジケーター
隣接したセルを参照していない関数や数式を入力したとき、セルの左上に表示される三角のマーク。Excelがセル参照の間違いと判断したときに表示されるが、入力内容が正しい場合は無視したままでいい。
→関数、数式、セル、セル参照

演算子
数式などに使う計算記号。例えば数学で使う「+」「-」「×」「÷」は「算術演算子」と呼ばれる。なお、数式で算術演算子を使うときは、それぞれ「+」「-」「*」「/」の記号を入力する。
→数式

オートSUM（オートサム）
合計するセル範囲を自動的に認識し、計算結果を表示する機能。［オートSUM］ボタンの一覧から項目を選択すれば、合計だけでなく、平均、データの個数、最大値、最小値を計算できる。なお、［オートSUM］ボタンは［ホーム］タブと［数式］タブの両方にある。
→セル、セル範囲

オートフィル
セルに入力済みのデータや関数、書式をコピーできる機能。アクティブセルの右下に表示されるフィルハンドルをドラッグするか、ダブルクリックして利用する。オートフィルを実行した後に表示される［オートフィルオプション］ボタンをクリックすれば、コピー方法を変更できる。
→関数、書式、セル

オートフィルター
データの一覧から条件に合わせて行を抽出する機能。テーブルの列見出しには抽出に利用するフィルターボタンが自動で表示される。テーブル以外の表では、［データ］タブの［フィルター］ボタンをクリックしてフィルターボタンを表示する。フィルターボタンの一覧から抽出条件を指定できるほか、昇順や降順での並べ替えも可能。
→行、テーブル、列

回帰直線
2つのデータに強い相関関係があるとき、散布図グラフ上には、直線的にデータマーカーが配置される。この直線を回帰直線という。

改行コード
セル内で文字列を複数行の表示にするには、[Alt]+[Enter]キーで改行を行うが、このとき入力されるのが改行コード。改行を指示する文字列で、Excelでは表示されないが、[Delete]キーで削除する（改行を取りやめる）ことは可能。
→制御文字、セル、文字列

関数
よく使う計算や複雑な計算を簡単に行うために、Excelに用意されている数式。例えば、セルA1～A5までの合計を求めるとき、「=A1+A2+A3+A4+A5」と長い数式を入力しなくても「=SUM（A1:A5）」とSUM関数を入力するだけで簡単に合計が求められる。
→数式、セル

行
ワークシートの横方向へのセルの並びのこと。
→セル、ワークシート

行番号
行に付けられている番号のこと。行番号は1～1,048,576まである。
→行

クイック分析
選択したデータに応じてグラフや集計、テーブルなどのデータ分析の機能が表示される機能。セル範囲を選択すると［クイック分析］ボタンが表示され、それをクリックすることで、グラフ作成や一部の関数入力などを簡単な操作で実行できる。
→関数、セル範囲、テーブル

空白セル
何も入力されていないセル、または関数や数式の結果として空白文字列「""」が表示されているセルのこと。
→関数、空白文字列、数式、セル

空白文字列
セルの内容が「空白」であることを表す記号。例えば、セルA1の内容が「10」であることを表したい場合に「A1=10」と記述するが、セルA1が『空白な状態』を表したい場合には「A1=""」と記述する。
→セル

クロス集計表
データを2つの分類で集計する表。表の上端と左端に分類の項目を配置し、それぞれの項目が交差する位置に該当するデータの個数や割合などの集計結果を表示する。データをどのような観点から集計するか、分類項目の配置がポイントになる。

構造化参照
テーブルで利用できる参照方法。テーブル名、見出し（項目名）などでセル参照が表示され、数式を簡潔にできる。データ行が追加・削除されたときでもセル参照の修正が不要なので操作を効率化できる。
→数式、セル参照、テーブル

互換性
異なるソフトウェアやバージョンで相互にデータのやりとりができるかどうかを表すもの。Excelではバージョンが変わるごとに新しい関数が追加されているが、それらの関数は古いバージョンで使用できない。この問題を解決するために、古いバージョンで利用できる互換性関数が用意されている。
→関数

参照先
［数式］タブにある［参照先のトレース］で使われる「参照先」は、数式により計算、あるいは処理される値から見た数式のこと。セルA3に「=A1+A2」の数式があるとすると、A1、A2から見た参照先はA3になる。
→参照元、数式、セル、トレース

参照元
［数式］タブにある［参照元のトレース］で使われる「参照元」は、数式から見た計算、あるいは処理される値のこと。セルA3に「=A1+A2」の数式があるとすると、A3から見た参照元はA1、A2になる。
→参照先、数式、セル、トレース

最頻値
データ群の中で最も頻繁に出現する値のこと。ExcelではMODE関数で調べられる。
→関数

指数回帰曲線
散布図グラフでデータの全体的傾向を示す曲線の一種。グラフ上の曲線はカーブの特徴により成り立つ式が異なるが、xとyの関係が指数関数であるとき指数回帰曲線となる。
→関数

条件付き書式
セルに条件と書式を設定することで、セルの内容が条件を満たしたとき、セルの色や罫線などの書式が適用される機能。［ホーム］タブにある［条件付き書式］ボタンの設定項目で条件や書式を設定できる。
→書式、セル

書式
セルの内容をどのように見せるかを設定するもの。セルに入力した値は、書式を設定して「,」や「¥」などを付けて表示できる。
→セル

書式記号
TEXT関数で数値や日付、時刻などの表示形式を設定するときに使う記号。例えば、日付から曜日を表示するときは、「"aaa"」や「"aaaa"」といった書式記号を指定する。［セルの書式設定］ダイアログボックスの［表示形式］タブの［ユーザー定義］でも同じ書式記号を指定できる。
→関数、書式、数値、表示形式

シリアル値

日付や時刻を表す数値。セルに日付や時刻を入力すると、シリアル値に変換されるとともに書式が［日付］や［時刻］に変更される。日付のシリアル値は、1900年1月1日を「1」とし、1日で1ずつ増える。例えば「2019年7月1日」のシリアル値は「43647」となる。時刻のシリアル値は、24時間を「1」で表し、12時の場合は「0.5」となる。Excelでは、日付や時刻をシリアル値で管理することで、日数や時間を計算可能にしている。
→書式、セル

数式

「=」から始まる式のこと。演算子を使った数式や関数がある。計算結果を表示したいセルには数式を入力するが、その際、「=」を入力しないと、数式は文字列と見なされてしまう。
→演算子、関数、セル、文字列

数式オートコンプリート

関数の入力や作成をサポートする機能。「=」に続けてアルファベットを入力すると、そのアルファベットから始まる関数やアルファベットの文字列が含まれる関数の一覧がリスト表示される。一覧で↑キーや↓キーを押して関数を選んでからTabキーを押すか、関数名をダブルクリックすると関数を入力できる。
→関数

数式バー

アクティブセルの内容を表示する場所。入力した関数は数式バーで確認できるほか、修正もできる。関数や数式が入力されたセルには計算結果しか表示されないが、アクティブセルにすると数式バーで数式の内容を確認できる。
→関数、数式

数値

セルに入力した数字のデータや、関数や数式の計算結果として表示された数字。
→関数、数式、セル

制御文字

コンピューター上の文字はそれぞれに割り当てられた番号があり、これを文字コードという。その中には、表示や印刷、通信の機器を制御するものがあり、これを制御文字、あるいは制御コードという。改行コードもその一種。
→改行コード

絶対参照

セルの数式をほかのセルにコピーしたときにも参照先のセルが変わらない参照方法。セルの列番号、行番号の前に「$」を付ける。例えば、セルA1に入力してある「=$B$1」という数式をセルA2にコピーしても、数式は「=$B$1」のままでコピーされる。
→行番号、数式、セル、列番号

セル

行と列が交わるマス目のこと。このセルに数値や文字、数式を入力する。
→行、数式、数値、列

セル参照

ほかのセルの内容を利用して計算するときに、列番号と行番号でセルを指定すること。セルA1とセルB1の数値を足し算したい場合、セル参照による「=A1+B1」という数式を入力する。
→行番号、数式、数値、セル、列番号

セル範囲

引数などで指定する複数のセルのこと。セル番号の間に「:」を入れて記述する。例えば、セルA1からセルC3のセル範囲は「A1:C3」となる。関数や数式の入力中にドラッグしてセル範囲を選択することもできる。
→関数、数式、セル、引数

相関係数

2つの変数の間にある相関関係（一方が変化するともう一方も変化する）の強さを表す-1から+1の間の数値。-1か+1に近いほど強い相関関係があることを指す。Excelでは、CORREL関数で求められる。
→関数、数値

相乗平均

すべての数値を掛けて平均したもの。積の累乗根で求める。Excelでは、GEOMEAN関数で求められる。なお、一般的な「平均」は、すべての数値を足してデータ個数で割る相加平均のことを指す。
→関数、数値

相対参照

数式や関数をほかのセルにコピーしたときに、参照するセルがコピー先のセルに合わせて変わる参照方法。例えば、セルA1に入力してある「=B1」という数式をセルA2にコピーすると、数式は「=B2」になる。何も設定しないときは、参照方法が相対参照となる。
→関数、数式、セル

中央値

データを小さい順に並べたとき、中央に位置する値のこと。ExcelではMEDIAN関数で求められる。
→関数

中間項平均
平均を求めるデータ群に、極端に高い値や低い値が含まれていると、平均値はその値に影響される。これを防ぐために、上下の値を除外して求める平均のこと。ExcelではTRIMMEAN関数で求められる。
→関数

調和平均
平均値の一種。数値それぞれの数の逆数の和を個数で割った平均の逆数。ExcelではHARMEAN関数で求められる。
→関数、数値

テーブル
表の作成、管理、分析をサポートする機能。表をテーブルに変換すると、データの追加や削除、並べ替え、抽出が簡単になる。ほかに、テーブルスタイルを設定することで表全体の色や書式なども簡単に設定できる。表をテーブルに変換するには、表内のセルをクリックして［挿入］タブの［テーブル］ボタンをクリックする。
→書式、セル

等号
「=」の記号。関数では、「=」に続けて関数名を入力する。条件式の記述では、「>」や「<」と組み合わせて比較演算子としても使う。
→演算子、関数、比較演算子

度数分布表
複数のデータをいくつかの階級（区間）に分け、階級ごとの個数を調べ、階級と個数を表にしたもの。Excelでは、FREQUENCY関数により作成できる。
→関数

トレース
一般的にはプログラムや数式の過程を追うことを「トレース」というが、Excelでは［数式］タブの［参照元のトレース］、［参照先のトレース］の機能の名前。参照元や参照先を矢印の線で表示する。
→参照先、参照元、数式

ネスト
関数を、ほかの関数の引数に組み込んで使用すること。特定の条件を設定するIF関数では、引数にほかの関数をネストする場合が多い。ネストができるのは64レベルまで。
→関数、引数

配列
同じ種類のデータが入力された列や行からなるセル範囲のこと。
→行、セル範囲、列

配列数式
配列のデータを一括で計算する数式のこと。FREQUENCY関数のように配列数式として入力することで、必要な結果が得られる関数がある。なお、配列数式として入力するには、数式を作成した後 Ctrl + Shift + Enter キーを押す。これにより式全体が「{}」でくくられ、配列数式となる。
→関数、数式、配列

ハンドル
セルやセル範囲、図形、グラフなどを選択したときに、周囲に表示される四角、あるいは円の小さなつまみ。アクティブセルやセル範囲に表示されるフィルハンドルをドラッグすると、セルの内容をコピーできる。
→セル、セル範囲

比較演算子
値を比較して論理値の結果を表示する記号。比較演算子には「=」「>」「<」「>=」「<=」「<>」などがある。［論理式］の引数で使われることが多い。
→演算子、引数、論理式

引数
関数の結果を得るために必要な値のこと。「ひきすう」と読む。関数に引数を指定することで結果を得られる。引数の数や内容は関数ごとにそれぞれ決まっている。
→関数

百分位数
数値を小さい順に並べたとき、百分率で指定した順位の値。ExcelではPERCENTILE.INC関数で求められる。
→関数、数値

表示形式
セルの数値や日付などのデータの見せ方のこと。表示形式を変えてもデータの内容は変わらない。「1234」という数値を通貨表示形式にすると「¥1,234」と表示されるが、データに「¥」や「,」が追加されたわけではなく、セルには「1234」と入力されている。［ホーム］タブにある［数値の書式］の▼をクリックするか、［セルの書式設定］ダイアログボックスの［表示形式］タブで表示形式を変更できる。
→書式、数値、セル

標準化変量
単位や基準の異なる値を共通の基準になるように「標準化」した値。平均が「0」、標準偏差が「1」となるように変換する。Excelでは、STANDARDIZE関数で求められる。
→関数、標準偏差

標準偏差
データのばらつき具合を表す値で、「分散」の正の平方根で求める。分散はExcelではSTDEV.P関数（標準偏差）やSTDEV.S関数（標本標準偏差）で求められる。
→関数、分散

複合参照
列と行でセルの参照形式を変える参照方法。「A$1」の場合は、列が相対参照で行が絶対参照、「$B2」の場合は、列が絶対参照で行が相対参照となる。このように複合参照には、相対参照と絶対参照を組み合わせた2種類の参照方法がある。
→行、絶対参照、セル、相対参照、列

ブック
Excelで1つ、あるいは複数のワークシートを1つにまとめて保存したファイルのこと。
→ワークシート

分散
データのばらつき具合を表すもので、それぞれのデータの平均値との差を2乗した値の平均。これにルートを付けたものが「標準偏差」。分散も標準偏差もデータのばらつきを表すが、分散は2乗しているためデータの単位と一致しない。単位を一致させるために分散の正の平方根を取ったものが標準偏差となる。Excelは、VAR.P関数（分散）、VAR.S関数（不偏分散）で求められる。
→関数、標準偏差

偏差値
あるデータがデータ群の中のどのくらいの位置にいるかを表す値。偏差値は、「（偏差値を求めたい値－平均）÷標準偏差×10＋50」や「標準化変量×10＋50」の計算で求められる。
→標準化変量、標準偏差

文字列
セルなどに入力した文字データのこと。Excelでは、文字列のデータと数値のデータが区別される。TEXT関数で表示形式を変更すると、数値が文字列になる。
→関数、数値、セル、表示形式

乱数
規則性がなく予測できないランダムな数字。無作為のサンプルデータが必要なときなどに生成する。Excelでは、RAND関数（0～1未満の乱数）、RANDBETWEEN関数（指定した範囲内の乱数）で生成できる。
→関数

リボン
Excelでよく使われる機能のボタンや項目が表示されている領域のこと。タブをクリックすると表示が切り替わり、用意されているボタンでExcelのさまざまな操作が行える。操作によっては、リボンに表示される内容が自動的に変化する。

列
ワークシートの縦方向のセルの並びのこと。
→セル、ワークシート

列番号
列に付けられている番号のこと。A～XFD列まで16,384列ある。
→列

連番
「1、2、3、4……」のように連続して並ぶ数字や番号のこと。たくさんのデータを識別するための番号として使うことがある。Excelでは、ROW関数やCOLUMN関数を利用して作成できる。
→関数

論理式
「A1=10」（セルA1の値が「10」である）のように比較演算子で表した数式。「正しい」（TRUE）か「正しくない」（FALSE）かが論理値で表される。
→FALSE、TRUE、数式、セル、比較演算子、論理値

論理値
論理式の結果を表す値。論理式が正しい場合は「TRUE」、正しくない場合は「FALSE」で表される。OR関数やAND関数などで複数の条件に合っているかどうかを求めると表示される。この「TRUE」または「FALSE」を「論理値」という。
→FALSE、TRUE、関数、論理式

ワークシート
Excelで文字や数値を入力するシートのこと。1つのワークシートに16,384列×1,048,576行のセルがある。ワークシートには画像や図形の挿入もできる。
→行、数値、セル、列

ワイルドカード
文字列を検索するとき、文字の代わりに指定できる記号のこと。「*」は任意の複数の文字を表す。「?」は任意の1文字を表す。
→文字列

索引

記号・数字

&	199, 275
○番目に大きい値	80
○番目に小さい値	81
○番目の値	118
1営業日の日付	170
3D集計	62, 275

アルファベット

FALSE	275
Office 365	265
Office Insider	275
TRUE	275

ア

異常値	228
エラー	
IF	110
IFERROR	110
IFNA	111
種類	101
非表示	110
エラーインジケーター	61, 275
演算子	275
オートSUM	46, 49, 275
オートフィル	38, 275
オートフィルオプション	58
オートフィルター	275
大文字	212

カ

回帰直線	236, 275
Excel 2013以前	237
改行コード	275
カタカナ	201
関数	275
[関数の引数] ダイアログボックス	35
関数ライブラリ	37
コピー	38
仕組み	30
修正	36
書式	31
数式バー	31
入力	34
引数	31
関数ライブラリ	37
間接参照	116
機能の大幅な損失	263
行	276
今日の日付	102
行番号	276
切り上げ	112
CEILING	124
CEILING.MATH	124
Excel 2010以前	125
切り捨て	112, 124
FLOOR.MATH	124
クイック分析	276
空白	
COUNTBLANK	135
ISBLANK	256
TRIM	208
位置を調べる	193
エラー	110
罫線を引く	258
削除	208
調べる	256
セル	135
全角と半角	193
表示	71
含めない	195
変換	211
空白セル	276
空白文字列	276
クロス集計表	150, 276
計算	
余り	126
切り上げ	112
切り捨て	112
四捨五入	112
積	114
罫線	258
月初	175
月末	174
月齢	173
合計値	
1行置き	248
2行置き	249
CSUM	154
SUM	48
SUMIF	138
SUMIFS	150
SUMPRODUCT	184
オートSUM	49
積の和	184
複雑な条件	154
複数の条件	150
構造化参照	276
互換性	276
互換性チェック	263

互換モード ―― 264
個数
　COUNT ―― 134
　COUNTA ―― 135
　COUNTBLANK ―― 135
　COUNTIFS ―― 148
　DCOUNT ―― 152
　複雑な条件 ―― 152
　複数の条件 ―― 148
コピー ―― 38
　横方向 ―― 63
小文字 ―― 212

サ

再現性の低下 ―― 263
最小値 ―― 52
　DMIN ―― 156
　MIN ―― 52
　複雑な条件 ―― 156
最大値 ―― 52
　DMAX ―― 156
　MAX ―― 52
　MAXIFS ―― 142
　複雑な条件 ―― 156
最頻値 ―― 146, 276
　MODE ―― 146
　MODE.MULT ―― 147
　MODE.SNGL ―― 146
　複数 ―― 147
　文字列 ―― 147
参照先 ―― 41, 276
参照元 ―― 41, 276
散布図 ―― 233
時刻 ―― 178
　HOUR ―― 178
　MINUTE ―― 178
　SECOND ―― 178
　TIME ―― 178
　時を求める ―― 178
　表示形式 ―― 179
　秒を求める ―― 178
　分を求める ―― 178
四捨五入 ―― 112
指数回帰曲線 ―― 232, 276
祝日 ―― 181
順位 ―― 84
　RANK ―― 85
　RANK.AVG ―― 85
　RANK.EQ ―― 84
条件
　AND ―― 78
　COUNIF ―― 136
　OR ―― 78

数える ―― 136
合計値 ―― 138, 150, 154
個数 ―― 148, 152
最大値 ―― 142, 156
複雑な条件 ―― 156
平均値 ―― 140
条件付き書式 ―― 254, 276
　解除 ―― 257
　変更 ―― 255, 258
小数点 ―― 113
消費税 ―― 113
書式 ―― 276
書式記号 ―― 276
書式なしコピー ―― 58
シリアル値 ―― 177, 250, 277
　文字列 ―― 251
新関数
　FILTER ―― 265
　SEQUENCE ―― 265
　SORT ―― 266
　UNIQUE ―― 266
数式 ―― 277
数式オートコンプリート ―― 277
数式バー ―― 31, 277
数値 ―― 277
制御文字 ―― 277
　削除 ―― 208
絶対参照 ―― 55, 277
　行や列のみ ―― 59
セル ―― 277
　空白 ―― 256
セル参照 ―― 54, 277
　COLUMNS ―― 245
　ROWS ―― 245
　絶対参照 ―― 55
　相対参照 ―― 54
セル範囲 ―― 277
　名前 ―― 117
　表示方法 ―― 31
全角 ―― 210
相関関係 ―― 277
相関係数 ―― 234
相乗平均 ―― 230, 277
相対参照 ―― 54, 277

タ

中央値 ―― 224, 277
中間項平均 ―― 228, 278
調和平均 ―― 278
テーブル ―― 278
　データ範囲 ―― 160
統計
　CORREL ―― 234

FORECAST.LINEAR	236
GEOMEAN	230
GROWTH	232
HARMEAN	231
INTERCEPT	237
MEDIAN	224
PEARSON	234
SLOPE	237
TREND	238
TRIMMEAN	228
VAR.P	226
VAR.S	227
異常値	228
回帰直線	236, 238
指数回帰曲線	232
相関係数	234
相乗平均	230
中央値	224
中間項平均	228
分散	226
等号	278
特殊文字	208
度数分布表	278
トレース	40, 278

ナ

ネスト	72, 278
年齢	173

ハ

場合分け	70
IF	70
IFS	74
ネスト	72
パーセントスタイル	56, 91, 93
配列	278
配列数式	144, 278
半角	210
ハンドル	278
比較演算子	71, 278
引数	278
省略	31
日付	
DATE	176
DATEDIF	172
DATEVALUE	250
DAY	177
EOMONTH	174
MONTH	177
NETWORKDAYS	182
TEXT	168
WORKDAY	170
YEAR	177

色を付ける	254
営業日	170
期間	172
今日	102
勤務日数	182
月末	174
月を求める	177
祝日	181
書式	105
シリアル値	177, 250
データに変換	250
年、月、日	176
日を求める	177
年を求める	177
離れた日付	104
表示形式	179
曜日	168, 180
和暦	169
百分位数	92, 278
PERCENTILE	93
PERCENTILE.INC	92
百分率	90
PERCENTRANK	91
PERCENTRANK.EXC	90
PERCENTRANK.INC	90
表示形式	278
標準化変量	278
標準偏差	86, 226, 279
STDEV.P	86
STDEV.S	87
STDEVP	87
標本データ	87
複合参照	59, 279
複数	
条件	78
数値の積	114
場合分け	74
ワークシート	62
ブック	279
不偏分散	227
ふりがな	200
カタカナにする	201
修正	200
分散	226, 279
分布	144
平均値	50
AVERAGE	50
AVERAGEIF	140
AVERAGEIFS	141
条件を満たす	140
相乗平均	230
中間項平均	228
複数の条件	141

文字列	50
偏差値	88, 279
STANDARDIZE	88
平均値	89

マ

文字列	279
文字列操作	
ASC	210
CLEAN	208
CONCAT	198
CONCATENATE	199
EXACT	206
Excel 2016以前で連結	199
FIND	192
ISTEXT	257
JIS	210
LEFT	194
LEFTB	194
LEN	214
LENB	214
LOWER	212
MID	196
MIDB	196
PHONETIC	200
PROPER	213
REPLACE	202
REPLACEB	203
REPT	216
RIGHT	195
RIGHTB	195
SUBSTITUTE	204
TEXTJOIN	198
TRIM	208
UPPER	212
位置	195
英単語の先頭文字	213
大文字	212
改行	208
カタカナ	201
空白位置	193
空白の削除	208
繰り返し	216
検索して置換	204
小文字	212
削除	203
指定した位置から抽出	196
指定した位置からバイト数で抽出	196
指定した文字数で置換	203
調べる	257
制御文字	208
全角	210
先頭から抽出	194
先頭からバイト数で抽出	194
置換	202
特殊文字	208
都道府県名	197
長さ	214
バイト数	214
バイト数の位置	192
半角	210
比較	206
ふりがな	200
末尾から抽出	195
末尾からバイト数で抽出	195
郵便番号	194
連結	198

ヤ

| 曜日 | 168 |
| 表示形式 | 169 |

ラ

乱数	252, 279
ランダム	252
リボン	279
累計	60
列	279
列番号	279
連番	244, 279
COLUMN	244
COLUMNS	245
ROW	244
ROWS	245
常に表示	244
分類ごと	246
論理式	279
論理値	279

ワ

ワークシート	279
複数	62
ワイルドカード	139, 279
割り算	126
和暦	169

できるサポートのご案内

できるシリーズの書籍の記載内容に関する質問を下記の方法で受け付けております。

電話　　FAX　　インターネット　　封書によるお問い合わせ

質問の際は以下の情報をお知らせください

① 書籍名・ページ
② 書籍の裏表紙にある**書籍サポート番号**
③ お名前　④ 電話番号
⑤ 質問内容（なるべく詳細に）
⑥ ご使用のパソコンメーカー、機種名、使用OS
⑦ ご住所　⑧ FAX番号　⑨ メールアドレス

※電話の場合、上記の①〜⑤をお聞きします。
　FAXやインターネット、封書での問い合わせについては、各サポートの欄をご覧ください。

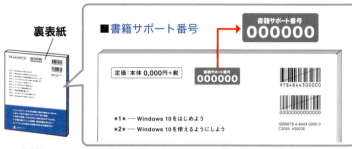

※**裏表紙にサポート番号が記載されていない書籍は、サポート対象外です。なにとぞご了承ください。**

回答ができないケースについて（下記のような質問にはお答えしかねますので、あらかじめご了承ください。）

● **書籍の記載内容の範囲を超える質問**
書籍に記載していない操作や機能、ご自分で作成されたデータの扱いなどについてはお答えできない場合があります。

● **できるサポート対象外書籍に対する質問**

● **ハードウェアやソフトウェアの不具合に対する質問**
書籍に記載している動作環境と異なる場合、適切なサポートができない場合があります。

● **インターネットやメールの接続設定に関する質問**
プロバイダーや通信事業者、サービスを提供している団体に問い合わせください。

サービスの範囲と内容の変更について

● 該当書籍の奥付に記載されている初版発行日から3年が経過した場合、もしくは該当書籍で紹介している製品やサービスについて提供会社によるサポートが終了した場合は、ご質問にお答えしかねる場合があります。
● なお、都合により「できるサポート」のサービス内容の変更や「できるサポート」のサービスを終了させていただく場合があります。あらかじめご了承ください。

電話サポート　0570-000-078　（月〜金 10:00〜18:00、土・日・祝休み）

・**対象書籍をお手元に用意**いただき、**書籍名**と**書籍サポート番号**、**ページ数**、**レッスン番号**をオペレーターにお知らせください。確認のため、お客さまのお名前と電話番号も確認させていただく場合があります
・サポートセンターの対応品質向上のため、通話を録音させていただくことをご了承ください
・多くの方からの質問を受け付けられるよう、1回の質問受付時間はおよそ15分までとさせていただきます
・質問内容によっては、その場ですぐに回答できない場合があることをご了承ください
　※本サービスは無料ですが、**通話料はお客さま負担**となります。あらかじめご了承ください
　※午前中や休日明けは、お問い合わせが混み合う場合があります

FAXサポート　0570-000-079　（24時間受付・回答は2営業日以内）

・必ず上記①〜⑧までの情報をご記入ください。メールアドレスをお持ちの場合は、メールアドレスも記入してください
　（A4の用紙サイズを推奨いたします。記入漏れがある場合、お答えしかねる場合がありますので、ご注意ください）
・質問の内容によっては、折り返しオペレーターからご連絡をする場合もございます。あらかじめご了承ください
・FAX用質問用紙を用意しております。下記のWebページからダウンロードしてお使いください
　https://book.impress.co.jp/support/dekiru

インターネットサポート　https://book.impress.co.jp/support/dekiru/　（24時間受付・回答は2営業日以内）

・上記のWebページにある「できるサポートお問い合わせフォーム」に項目をご記入ください
・お問い合わせの返信メールが届かない場合、迷惑メールフォルダーに仕分けされていないかをご確認ください

封書によるお問い合わせ
（郵便事情によって、回答に数日かかる場合があります）

〒101-0051
東京都千代田区神田神保町一丁目105番地
株式会社インプレス できるサポート質問受付係

・必ず上記①〜⑦までの情報をご記入ください。FAXやメールアドレスをお持ちの場合は、ご記入をお願いいたします
　（記入漏れがある場合、お答えしかねる場合がありますので、ご注意ください）
・質問の内容によっては、折り返しオペレーターからご連絡をする場合もございます。あらかじめご了承ください

本書を読み終えた方へ
できるシリーズのご案内

シリーズ累計7500万部突破
売上No.1 ベストセラー
※1:当社調べ　※2:大手書店チェーン調べ

Office 関連書籍

できるWord 2019
Office 2019/Office 365両対応

田中 亘＆
できるシリーズ編集部
定価：本体1,180円＋税

文字を中心とした文書はもちろん、表や写真を使った文書の作り方も丁寧に解説。はがき印刷にも対応しています。翻訳機能など最新機能も解説！

できるExcel 2019
Office 2019/Office 365両対応

小舘由典＆
できるシリーズ編集部
定価：本体1,180円＋税

Excelの基本を丁寧に解説。よく使う数式や関数はもちろん、グラフやテーブルなども解説。知っておきたい一通りの使い方が効率よく分かります。

できるPowerPoint 2019
Office 2019/Office 365両対応

井上香緒里＆
できるシリーズ編集部
定価：本体1,180円＋税

見やすい資料の作り方と伝わるプレゼンの手法が身に付く、PowerPoint入門書の決定版！　PowerPoint 2019の最新機能も詳説。

Windows 関連書籍

できるWindows 10 改訂4版
特別版小冊子付き

法林岳之・一ヶ谷兼乃・
清水理史＆
できるシリーズ編集部
定価：本体1,000円＋税

生まれ変わったWindows 10の新機能と便利な操作をくまなく紹介。詳しい用語集とQ&A、無料電話サポート付きで困ったときでも安心！

できるWindows 10
パーフェクトブック 困った！＆便利ワザ大全 改訂4版

広野忠敏＆
できるシリーズ編集部
定価：本体1,480円＋税

Windows 10の基本操作から最新機能、便利ワザまで詳細に解説。ワザ＆キーワード合計971の圧倒的な情報量で、知りたいことがすべて分かる！

できるポケット スッキリ解決
仕事に差がつくパソコン最速テクニック

清水理史＆
できるシリーズ編集部
定価：本体1,000円＋税

仕事や生活で役立つ便利＆時短ワザを紹介！　メニューを快適に使う方法や作業効率を上げる方法のほか、注目の新機能の使い方がわかる。

できるゼロからはじめる
パソコン超入門
ウィンドウズ 10対応

法林岳之＆
できるシリーズ編集部
定価：本体1,000円＋税

大きな画面と文字でウィンドウズ 10の操作を丁寧に解説。メールのやりとりや印刷、写真の取り込み方法をすぐにマスターできる！

読者アンケートにご協力ください！
https://book.impress.co.jp/books/1118101139

このたびは「できるシリーズ」をご購入いただき、ありがとうございます。
本書はWebサイトにおいて皆さまのご意見・ご感想を承っております。
気になったことやお気に召さなかった点、役に立った点など、
皆さまからのご意見・ご感想をお聞かせいただき、
今後の商品企画・制作に生かしていきたいと考えています。
お手数ですが以下の方法で読者アンケートにご回答ください。
ご協力いただいた方には抽選で毎月プレゼントをお送りします！

※プレゼントの内容については、「CLUB Impress」のWebサイト
（https://book.impress.co.jp/）をご確認ください。

ご意見・ご感想をお聞かせください！

1 URLを入力してEnterキーを押す
2 [アンケートに答える]をクリック

※Webサイトのデザインやレイアウトは変更になる場合があります。

◆会員登録がお済みの方
会員IDと会員パスワードを入力して、
[ログインする]をクリックする

◆会員登録をされていない方
[こちら]をクリックして会員規約に同意して
からメールアドレスや希望のパスワードを入
力し、登録確認メールのURLをクリックする

本書のご感想をぜひお寄せください　https://book.impress.co.jp/books/1118101139

「アンケートに答える」をクリックしてアンケートにご協力ください。アンケート回答者の
中から、抽選で**商品券（1万円分）**や**図書カード（1,000円分）**などを毎月プレゼント。
当選は賞品の発送をもって代えさせていただきます。はじめての方は、「CLUB
Impress」へご登録（無料）いただく必要があります。

読者登録サービス　CLUB Impress
登録カンタン　費用も無料！
アンケートやレビューでプレゼントが当たる！

⚠ 本書の内容に関するお問い合わせは、無料電話サポートサービス「できるサポート」
をご利用ください。詳しくは284ページをご覧ください。

■著者
尾崎裕子（おざき ゆうこ）
プログラマーの経験を経て、コンピューター関連のインストラクターとなる。企業におけるコンピューター研修指導、資格取得指導、汎用システムのマニュアル作成などにも携わる。現在はコンピューター関連の雑誌や書籍の執筆を中心に活動中。主な著書に『テキパキこなす！ ゼッタイ定時に帰る エクセルの時短テク121』（共著：インプレス）、『今すぐ使えるかんたんEx Excel文書作成[決定版]プロ技セレクション [Excel 2016/2013/2010対応版]』（技術評論社）、『Excel 5000万人の入門BOOK』（共著：宝島社）、『会社でExcelを使うということ。』（共著：SBクリエイティブ）などがある。

STAFF

本文オリジナルデザイン	川戸明子
シリーズロゴデザイン	山岡デザイン事務所<yamaoka@mail.yama.co.jp>
カバーデザイン	株式会社ドリームデザイン
カバーモデル写真	PIXTA
本文イメージイラスト	ケン・サイトー
	フクイヒロシ
本文イラスト	松原ふみこ・福地祐子
DTP制作	町田有美・田中麻衣子
編集協力	今井　孝
デザイン制作室	今津幸弘<imazu@impress.co.jp>
	鈴木　薫<suzu-kao@impress.co.jp>
制作担当デスク	柏倉真理子<kasiwa-m@impress.co.jp>
編集制作	高木大地
編集	進藤　寛<shindo@impress.co.jp>
デスク	小野孝行<ono-t@impress.co.jp>
編集長	藤原泰之<fujiwara@impress.co.jp>
オリジナルコンセプト	山下憲治

本書は、できるサポート対応書籍です。本書の内容に関するご質問は、284ページに記載しております「できるサポートのご案内」をよくお読みのうえ、お問い合わせください。
なお、本書発行後に仕様が変更されたハードウェア、ソフトウェア、サービスの内容などに関するご質問にはお答えできない場合があります。該当書籍の奥付に記載されている初版発行日から3年が経過した場合、もしくは該当書籍で紹介している製品やサービスについて提供会社によるサポートが終了した場合は、ご質問にお答えしかねる場合があります。また、以下のご質問にはお答えできませんのでご了承ください。
・書籍に掲載している手順以外のご質問
・ハードウェア、ソフトウェア、サービス自体の不具合に関するご質問
・本書で紹介していないツールの使い方や操作に関するご質問
本書の利用によって生じる直接的または間接的被害について、著者ならびに弊社では一切の責任を負いかねます。あらかじめご了承ください。

■落丁・乱丁本などの問い合わせ先
TEL 03-6837-5016 FAX 03-6837-5023
service@impress.co.jp
受付時間 10:00～12:00 / 13:00～17:30
(土日・祝祭日を除く)
●古書店で購入されたものについてはお取り替えできません。

■書店／販売店の窓口
株式会社インプレス 受注センター
TEL 048-449-8040 FAX 048-449-8041

株式会社インプレス 出版営業部
TEL 03-6837-4635

できるExcel関数
Office 365/2019/2016/2013/2010対応
データ処理の効率アップに役立つ本

2019年3月21日 初版発行

著　者　　尾崎裕子＆できるシリーズ編集部
発行人　　小川 亨
編集人　　高橋隆志
発行所　　株式会社インプレス
　　　　　〒101-0051　東京都千代田区神田神保町一丁目105番地
　　　　　ホームページ　https://book.impress.co.jp/

本書は著作権法上の保護を受けています。本書の一部あるいは全部について（ソフトウェア及びプログラムを含む）、株式会社インプレスから文書による許諾を得ずに、いかなる方法においても無断で複写、複製することは禁じられています。

Copyright © 2019 Yuko Ozaki and Impress Corporation. All rights reserved.

印刷所　　株式会社廣済堂
ISBN978-4-295-00586-5 C3055
Printed in Japan